ISBN 978-0-282-30884-1
PIBN 10563545

1 MONTH OF FREE READING

at

www.ForgottenBooks.com

By purchasing this book you are eligible for one month membership to ForgottenBooks.com, giving you unlimited access to our entire collection of over 700,000 titles via our web site and mobile apps.

To claim your free month visit:

www.forgottenbooks.com/free563545

English
Français
Deutsche
Italiano
Español
Português

www.forgottenbooks.com

Mythology Photography **Fiction**
Fishing Christianity **Art** Cooking
Essays Buddhism Freemasonry
Medicine **Biology** Music **Ancient**
Egypt Evolution Carpentry Physics
Dance Geology **Mathematics** Fitness
Shakespeare **Folklore** Yoga Marketing
Confidence Immortality Biographies
Poetry **Psychology** Witchcraft
Electronics Chemistry History **Law**
Accounting **Philosophy** Anthropology
Alchemy Drama Quantum Mechanics
Atheism Sexual Health **Ancient History**
Entrepreneurship Languages Sport
Paleontology Needlework Islam
Metaphysics Investment Archaeology
Parenting Statistics Criminology
Motivational

L'ORIGINE

ET

LE DÉVELOPPEMENT DES FLORES

DANS LE MASSIF CENTRAL DE FRANCE

AVEC APERÇU SUR LES MIGRATIONS DES FLORES DANS L'EUROPE SUD-OCCIDENTALE

Société anonyme de l'Imprimerie A. REY, 4, rue Gentil, Lyon.

L'ORIGINE

ET

LE DÉVELOPPEMENT DES FLORES

DANS LE MASSIF CENTRAL DE FRANCE

AVEC APERÇU SUR LES MIGRATIONS DES FLORES DANS L'EUROPE SUD-OCCIDENTALE

PAR

JOSIAS BRAUN-BLANQUET

PRIVAT DOCENT

A L'ÉCOLE POLYTECHNIQUE FÉDÉRALE, ZURICH

———

Avec 6 planches, cartes et figures

———

PARIS

LÉON LHOMME, ÉDITEUR

3, rue Corneille

ZURICH

BEER ET CIE, ÉDITEURS

Schlüsselgasse

1923

A

MA FEMME ET COLLABORATRICE

L'ORIGINE

ET

LE DÉVELOPPEMENT DES FLORES

DANS LE MASSIF CENTRAL DE FRANCE

AVEC APERÇU SUR LES MIGRATIONS DES FLORES

DANS L'EUROPE SUD-OCCIDENTALE

> « Un système, pourvu qu'il soit raison-
> nable et quel que soit le sort que les progrès
> de l'observation lui réservent dans l'avenir,
> offre à nos yeux l'avantage d'établir un lien
> logique entre des faits dont la signification
> nous échappe quand ils demeurent isolés. »
>
> (A. DE LAPPARENT.)

AVANT-PROPOS

L'idée première de ce travail m'a été suggérée par mes recherches sur la flore nivale des Alpes et sur les migrations probables de cette flore (1913). Dès ce moment, j'ai pressenti l'intérêt général qu'aurait une étude sur le développement histo-rique de la flore du Massif Central de France. En effet, ce massif ancien, placé entre les deux chaînes de montagnes les plus importantes de l'Europe, au carrefour de trois grandes circonscriptions phytogéographiques a dû jouer un rôle pré-pondérant, soit pour la conservation de certaines « sippes » et de certains groupements de végétaux, soit pour les échanges floristiques entre territoires divers. La clef de maints problèmes de géobotanique historico-génétique se trouve dans le Massif Central.

Depuis 1912, j'ai eu le privilège de parcourir une grande partie de ce territoire. J'ai étudié en particulier la végétation des Cévennes du Languedoc. Les premiers résultats de ces recherches ont été présentés comme thèse de doctorat à la Faculté des Sciences de Montpellier (1915). Dès lors, les problèmes se sont posés avec plus de netteté. Peu à peu j'ai pu réunir les documents nécessaires à une étude plus générale, englobant tout le système montagneux compris entre le seuil de Naurouze et le Languedoc d'une part, le Morvan et le bassin de la Saône d'autre part.

Pour mener à bien ce travail, il a fallu consulter une bibliographie considérable. Je me suis efforcé d'apporter dans cette tâche laborieuse la critique nécessaire, excluant les indications qui paraissent suspectes ou simplement douteuses. Toutes les fois que j'ai pu vérifier moi-même un fait sur place, je l'ai indiqué par un signe de certitude (!).

Pour donner plus de poids aux conclusions, je ne me suis pas fondé seulement sur les plantes vasculaires, mais j'ai essayé de mettre à profit aussi certaines classes de Cryptogames dont l'étude systématique est suffisamment avancée : Mousses, Hépatiques, Lichens fruticuleux et foliacés. Ils ne pouvaient cependant pas être traités sur un pied d'égalité avec les Phanérogames. Leur répartition géographique étant moins bien connue, on doit s'attendre encore à bien des découvertes intéressantes. La meilleure preuve en est dans la rencontre, en 1919, sur les pentes du mont Lozère, du *Solorina crocea*, si caractéristique et si facile à reconnaître, et qui, jusqu'à présent, n'était connu entre les Alpes et les Pyrénées que dans peu de localités d'Auvergne. En outre, les modes de reproduction et de dissémination facilitent l'extension des Cryptogames et leur assurent un rayon d'expansion beaucoup plus étendu. Indicateurs très exacts de conditions stationnelles déterminées, leur valeur relative dans les problèmes qui nous occupent est bien moindre que celle des végétaux supérieurs. Voilà pourquoi j'ai préféré les citer simplement en notes infrapaginales.

Il aurait été évidemment d'un grand intérêt de me baser non

seulement sur la flore, mais sur tous les êtres organisés. Certains faits auraient été soulignés et plusieurs de mes conclusions confirmées par les résultats des études faunistiques. Mais ce travail formidable et très délicat m'aurait mené trop loin dans un domaine où je ne me sens pas assez compétent. Il m'a paru plus sage de me concentrer et d'approfondir le sujet au lieu de l'étendre. Espérons que les zoogéographes, de leur côté, s'attaqueront aux problèmes que nous venons de traiter au point de vue phytogéographique.

Mon travail n'eût guère été possible sans le secours désintéressé de nombreux confrères et amis.

Avec un sentiment de profonde reconnaissance, je me souviendrai toujours de la manière libérale dont me furent ouvertes toutes les portes, à l'Institut Botanique de Montpellier. Son laboratoire me fournissait la plupart des moyens de travail : bibliographie, cartes, herbiers. Il est toujours resté le centre de mon étude. MM. Flahault et Pavillard m'ont fait bénéficier de leur critique éclairée ; ils m'ont en outre aidé dans la mise au point du texte français.

Parmi les confrères qui m'ont prêté leur concours, je dois une mention spéciale à M. l'abbé *H.* Coste, qui connaît mieux que personne la flore du Massif Central. Il m'a fourni des renseignements précis sur la répartition de nombreuses plantes dans les Causses, l'Aubrac, la Margeride ; M. Ch. Meylan (la Chaux) a bien voulu revoir quelques passages qui traitent des Muscinées. Des renseignements divers m'ont été fournis, en outre, par MM. Alias (Montpellier), l'abbé Charbonnel (Roffiac), J. Daveau (Montpellier), J.-B. Gèze (Montpellier), G. Gola (Turin), *H.* Humbert (Clermont-Ferrand), A. Luquet (Riom) ; ma femme m'a secondé à diverses reprises. Que tous ceux qui m'ont aidé veuillent bien recevoir l'expression de ma plus vive gratitude.

Montpellier, mai 1920.

CHAPITRE PREMIER

APERÇU PALÉOBOTANIQUE

A: La Végétation tertiaire du Massif Central.

La paléobotanique est à la fois la base et le point de départ de toute étude de phytogéographie historico-génétique. Il est donc indispensable de discuter brièvement et de coordonner les résultats des principaux travaux paléobotaniques qui s'occupent du Massif Central.

L'origine primitive de la vie végétale dans nos montagnes remonte au Carbonifère; mais la flore des époques primaire et secondaire, d'ailleurs imparfaitement connue, a si peu de relations avec celle d'aujourd'hui qu'elle ne peut guère servir à élucider les problèmes posés par la répartition actuelle des végétaux.

De nombreux et importants mémoires nous font connaître la succession des flores au cours de l'époque tertiaire. Ils traitent aussi en partie des conditions de vie et des causes de cette succession. La flore pliocène surtout a pu être étudiée en détail, grâce à de riches gisements fossilifères.

Ces études nous apprennent que la différenciation des climats, constatée dès l'ère secondaire, s'est poursuivie et accentuée pendant le Tertiaire. Les conditions climatiques nouvelles ont profondément modifié la composition de la flore, des familles et des genres nouveaux apparaissent et forment souche.

Sur le Plateau Central, les premiers témoignages relatifs à des *genres* de végétaux existant encore sous notre climat, datent du début de l'ère tertiaire : *Quercus, Populus, Andromeda, Laurus*. Dans les dépôts oligocènes, leur nombre a considérablement augmenté. Les couches oligocènes renferment entre autres des bouleaux *(Betula)*, des aulnes *(Alnus)*, des noisetiers *(Corylus), Smilax*, un *Phragmites* (*Ph. œningensis* Heer, à Gergovie).

Les représentants de climats plus ou moins tempérés vivent côte à côte avec des espèces de caractère tropical ou subtropical. La flore de Fontgrande dans l'Aubrac, attribuée par M. Lauby (1910, p. 125-29) à l'Oligocène supérieur (Aquitanien), renferme à la fois les genres exotiques *Podocarpus, Dryophyllum, Engelhardtia, Sapindus, Cissus* et des *Pinus, Abies, Larix (L. sibirica* Ledeb. var. *fossilis* Lauby), *Sparganium, Betula, Salix*, mélange curieux de genres à appétences climatiques très diverses, à en juger d'après leurs exigences actuelles.

La première *espèce* identique, ou à peu près, à l'une de celles qui vivent aujourd'hui près des limites de notre territoire, paraît être le *Pistacia (Lentiscus) oligocenica* Marty du Sannoïsien (Oligocène inférieur) de Ronzon ; *Hedera Helix*, connu de l'Éocène de Sézanne et de l'Oligocène d'Aix-en-Provence, apparaît dans le Pliocène du Cantal.

Pendant la période miocène, de puissants mouvements orogéniques eurent pour conséquence une surélévation considérable du Massif Central. Par suite, la végétation des parties élevées diffère sensiblement de celle du pied de la montagne ; des étages de végétation se sont nettement différenciés.

Dans le bas s'étale tout un cortège de végétaux des climats chauds ; vers le haut, des espèces tropophiles, caractérisant les climats tempérés dominent. Les représentants de la flore actuelle apparaissent de plus en plus fréquents et déjà on constate un mélange intime de types méditerranéens et eurasiatiques. A ce point de vue, le dépôt de Joursac (Cantal) étudié surtout par M. Marty (1903), est particulièrement intéressant parce qu'il montre les *Quercus Ilex* et *Quercus coccifera*, sclérophylles de la garigue méditerranéenne, à côté des *Taxus baccata, Fagus silvatica, Carpinus Betulus, Betula pendula*, ensemble qu'on ne rencontre nulle part aujourd'hui. Cependant, les restes de ces espèces ont été accumulés dans les mêmes gisements par les eaux courantes ; elles peuvent donc avoir peuplé des stations et des altitudes très diverses. Il est possible aussi que déjà la limite entre les deux grandes régions botaniques de l'Europe ait commencé à s'esquisser.

Voici l'énumération des végétaux miocènes (pontiens) de Joursac [J.], du Trou-de-l'Enfer (Cantal) [E.] et de Rochesauve (Ardèche) [R.], qui vivent encore aujourd'hui dans nos montagnes ou dans les contrées voisines :

Pinus Pinaster Sol. var. *rhodanensis* N. Boul. [R.].	*Salix alba* L. [J.].
Betula alba L. [J.].	— *cinerea* L. [J., R.].
Carpinus Betulus L. [J., E.].	*Pyrus amygdaliformis* Willd. (ou voisin) [J.].
Corylus Avellana L. [J.].	*Sorbus Aria* (L.) Crantz [J.].
Fagus silvatica L. [J., E.].	*Vitis vinifera* L. [R.].
Castanea sativa Mill. [E.].	*Rhamnus* cf. *alpina* L. [J.].
Quercus Ilex L. [J., R.].	*Fraxinus Ornus* L. [J., R.].
— *coccifera* L. [J.].	

En même temps et dans la même contrée, mais peut-être à des altitudes diverses, croissaient des lauriers *(Laurus primigenia)*, des *Cinnamomum*, des *Bumelia*, des *Cæsalpinia*, un figuier voisin du *Ficus stipulata* de Chine.

Le caractère assez hétérogène de cette flore, réunie dans les mêmes dépôts, rend difficile l'appréciation du climat pontien du Massif Central.

Une tendance pourtant ressort clairement de l'ensemble des investigations paléobotaniques : c'est le refroidissement toujours plus prononcé, accompagné sans doute d'une diminution de l'humidité atmosphérique au cours de l'époque tertiaire. La différenciation de plus en plus nette des éléments et des territoires phytogéographiques s'explique par ce changement du climat général, océanique, tiède, devenant moins chaud et moins humide, et manifestant aussi des variations saisonnières plus accusées.

L'effacement vers la fin du Tertiaire des végétaux subtropicaux les plus sensibles et l'apparition de plus en plus fréquente de formes contemporaines eurasiatiques moins délicates semblent provoqués par ce nouveau régime climatique. Il est possible pourtant que l'action des grands volcans, prolongée jusqu'au Quaternaire récent, ait créé des îlots climatiques où les représentants des contrées chaudes et humides pouvaient se maintenir encore plus ou moins longtemps.

Les documents sur la végétation *pliocène* du Massif Central abondent dans les Cinérites du Cantal. Les précieux gisements fossilifères de Niac, de Las Clauzades, de Saint-Vincent-de-la-Sabie (à 980 mètres d'altitude), du Pas-de-la-Mougudo (à 925 mètres d'altitude), explorés et décrits avec soin par plusieurs savants, ont été l'objet d'une étude générale approfondie par M. L. Laurent. Dans sa belle « Flore pliocène des Cinérites du Pas-de-la-Mougudo et de Saint-Vincent-de-la-Sabie » (1904-05), M. Laurent applique une méthode rigoureusement critique pour établir l'inventaire floristique de ces dépôts. S'inspirant des problèmes géobotaniques, il essaie, en outre, de reconstituer les groupements végétaux et de discerner les étages de la végétation. Nous résumerons brièvement les principaux résultats auxquels l'auteur est arrivé, sans cependant partager toutes ses conceptions et sans nous dissimuler l'arbitraire que comporte nécessairement un tel essai.

D'après M. Laurent, les volcans plaisanciens du Cantal étaient couverts de prairies verdoyantes. De cette végétation montagnarde peu de chose est d'ailleurs connu : *Vaccinium uliginosum* Éricacée circumboréale fait ici sa première apparition ; ses feuilles sont très bien conservées. Une large ceinture de sapin *(Abies Ramesi)*, voisin — selon M. Marty — de l'*Abies cilicica* d'Asie Mineure, entourait les flancs de la montagne. Des pins formaient des massifs dans certaines · situations spéciales. Les clairières où les laves et les cendres refroidies ne permettaient pas le développement de grands arbres, étaient occupées par le curieux *Abronia Bronnii,* Nyctaginacée aujourd'hui cantonnée dans les Montagnes Rocheuses.

A l'étage moyen s'étalaient des forêts exubérantes d'arbres à feuilles caduques. Les *Fagus silvatica, Alnus glutinosa, Ulmus effusa, Populus Tremula, Cornus sanguinea,* vivaient en société des *Pterocarya caucasica, Zelkowa Ungeri, Sassafras ferretia-*

num, *Acer palmatum*, *A. lætum*, *Fraxinus arvernensis*, *Prunus pereger*, *Cotoneaster arvernensis*. Des lianes : *Berhemia volubilis*, *Jasminum heterophyllum*, *Vitis subintegra*, s'élevaient jusqu'à la couronne des arbres.

Un peu à l'écart, dans des conditions stationnelles spéciales, des forêts de *Laurus* et de *Myrsine*, auxquelles s'associaient le *Persea* et peut-être l'*Oreodaphne*, donnaient au paysage l'aspect des forêts canariennes.

Grewia crenata et *Sterculia Ramesiana* s'épanouissaient dans les vallées les plus chaudes.

Toute cette végétation porte l'empreinte d'un climat océanique. M. Marty (1905, p. 30) le considère comme subinsulaire, tempéré, tiède et humide ; moyenne thermique : de 14 à 16 degrés.

Les gisements de la Garde [L.], explorés par M. Maury, de Niac [N.] et de Capels [C.], étudiés surtout par MM. P. Marty et L. Laurent, de la Dent-du-Marais [D.] et de Varennes [V.], décrits par l'abbé Boulay, et ceux de las Clauzades [Cl.] et de Houdettes [H.], tous placés dans le *Pliocène inférieur* (Plaisancien) ont fourni en outre :

Aspidium Filix mas L. [L.].
Polypodium vulgare L. [D.].
Carex pendula Huds. [L.].
Carpinus Betulus L. [C., N.].
Corylus Avellana L. [L., N.].
Quercus Robur L. v. *pliocenica* Sap.
 [H.].
Salix Caprea L. [N.].
Populus alba L. ? [L.].
Ulmus campestris L. [Cl., N.].

Clematis Vitalba L. [N.].
Ilex Aquifolium L. [C.].
Acer Pseudoplatanus L. [V.].
Hedera Helix L. [L., N.].
Fraxinus excelsior L. v. *pliocenica* Laur. [N.].
Vinca minor L. v. *niacensis* Marty [N.].
Viburnum Tinus L. [N.; C.].

ainsi que de nombreuses plantes de caractère subtropical, n'habitant plus le pays.

Le *Pliocène moyen* et *supérieur* est pauvre en fossiles. La flore de Ceyssac dans le Velay (Astien supérieur), décrite par de Saporta, accuse un climat plus froid et moins océanique que celui de la période précédente. Elle contient *Picea excelsa* (?), *Abies*, *Vaccinium uliginosum*, *Alnus*, *Ulmus*, *Salix alba*, *S. viminalis*, *Acer*, *Cratægus*, *Pirus*.

Dans la flore actuelle médio-européenne, toutes ces espèces

sont représentées par des formes identiques ou du moins très affines. L'élément subtropical manque presque complètement (Zizyphus). Dans la faune dominent les Cervidés ; c'est une faune froide de caractère sylvatique. A Tirebœuf, non loin de Ceyssac, dans des couches du même âge, apparaît pour la première fois le mélèze des Alpes (Larix decidua). Fagus silvatica, si répandu dans les dépôts plaisanciens, manque dans l'Astien de Ceyssac et de Tirebœuf.

Dès le Pliocène moyen et supérieur, l'élément eurosibérien paraît avoir définitivement gagné le dessus dans le Plateau Central. Il l'a gardé jusqu'à nos jours.

B. Le Quaternaire en France et dans les contrées voisines.

Nous possédons peu de données paléobotaniques sur le Quaternaire du Massif Central, qui a si profondément influencé la répartition actuelle de la végétation européenne. Elles suffisent cependant pour prouver une succession de changements climatiques soulignés par l'alternance des faunes et des flores de caractères bien différents. L'homme paléolithique avec sa culture primitive fait son apparition. Avec lui vivent les grands herbivores : Elephas, Rhinoceros, aujourd'hui émigrés ou éteints.

La détermination précise de l'âge des dépôts quaternaires rencontre beaucoup de difficultés. Dans les Alpes et les Pyrénées, où les différentes glaciations successives facilitent la subdivision des terrains, les dépôts fossiles sont très rares : ils ont été pour ainsi dire complètement détruits par les glaciations.

Dans les grandes vallées en dehors des montagnes, les terrasses fluviales permettent parfois d'évaluer l'âge approximatif d'un gisement. Les recherches de M. Depéret (1918-20) sur le synchronisme entre les lignes de rivage et les terrasses alluviales ont déjà permis de mieux dater les terrasses du Rhône et de la Loire (Chaput, 1919). Parfois on trouve dans l'industrie humaine ou dans la faune les moyens pour établir le classement et déterminer l'âge exact d'un gisement. La flore, à elle seule, ne conduit que rarement à des déductions relatives à l'âge absolu d'un dépôt quaternaire ; elle est, par contre, l'indicateur le plus sûr du caractère climatique.

Depuis le Quaternaire, peu d'espèces ont disparu complètement de l'Europe moyenne *(Brasenia purpurea, Salix polaris, Cercis)* ; cependant beaucoup ont modifié leur aire de répartition, et l'ensemble de la végétation a subi des démembrements et des transformations profondes.

Les dépôts de Coudes et de Besac (Auvergne) nous renseignent sur la flore pléistocène du Massif Central ; mais ils ne donnent aucune indication permettant leur classement précis à l'intérieur de cette époque. On est donc obligé de chercher des points de comparaison avec les dépôts des contrées les plus rapprochées dont l'âge a pu être mieux déterminé. Tel est le cas pour la flore des tufs et des lignites du Nord-Est de la France. Ces dépôts présentent *deux facies* différents et très caractéristiques :

1° Une flore de caractère relativement chaud ou tempéré et océanique où dominent les arbres feuillus, sans Conifères ;

2° Une flore de caractère froid, boréal et subarctique, avec prédominance de Conifères et d'arbrisseaux nains, sans arbres feuillus (excepté *Alnus* et *Betula*).

Stratigraphie, faune et flore, ainsi que l'industrie paléolithique correspondante, nous font attribuer le facies tempéré-océanique aux phases interglaciaires et le facies froid à Conifères aux phases glaciaires (1).

_____

(1) G. et A. de Mortillet, dans leur traité classique du « Préhistorique » (IIIe éd., 1900, p. 487), divisent, d'après les données botaniques, le Quaternaire ancien en trois grandes époques :

1° Le Quartenaire inférieur ou Chelléen, avec flore chaude ;

2° Le Quartenaire moyen ou Moustérien, avec flore froide ;

Du *Quaternaire inférieur* date le dépôt de Durfort dans le Gard. Il renferme la faune Saint-Prestienne avec l'*Elephas meridionalis* et les *Quercus lusitanica, Quercus Farnetto, Zelkowa* et *Parrotia,* ainsi qu'une variété spéciale, microphylle, du *Fagus silvatica.* Ces arbres, notamment *Quercus lusitanica* et *Parrotia,* exigent un climat tiède à écarts assez faibles ; *Parrotia* est aujourd'hui un arbre caractéristique des forêts humides de l'étage inférieur au Sud de la mer Caspienne.

Il est probable que la flore de Durfort correspond à une phase interglaciaire relativement chaude.

Dans le Quaternaire ancien, il n'existe pas de traces d'une végétation boréale ou froide.

Une flore *interglaciaire* de caractère tempéré-chaud a été constatée dans le gisement classique de *la Celle-sous-Moret,* près de Paris, étudié par de nombreux savants. G. de Saporta (1876) y a reconnu :

Phyllitis Scolopendrium (L.) Newm.
Salix fragilis L.
— *cinerea* L.
Populus canescens Sm.
Corylus Avellana L.
Ficus Carica L.
Clematis Vitalba L.
Laurus canariensis Webb et Berth.
Prunus Mahaleb L.

Cercis Siliquastrum L.
Buxus sempervirens L.
Evonymus europæus L.
— *latifolius* (L.) Mill.
Acer Pseudoplatanus L.
Hedera Helix L.
Fraxinus excelsior L.
Sambucus Ebulus L.

D'après Fliche, cette flore serait contemporaine de celle de Resson qui date de la dernière période interglaciaire. Nous sommes arrivé à une conclusion différente, voici pourquoi :

La flore méridionale est contenue dans les couches moyennes et inférieures d'un banc de tufs qui atteint 15 mètres de hauteur. Dans la partie supérieure de ces tufs, on a découvert une trentaine de coups de poing en silex, fortement cacholonné du type de Chelles ; les limons superposés aux tufs récents contenaient une pointe en silex d'âge moustérien. La flore

3° Le Quaternaire supérieur, comprenant le Solutréen et le Magdalénien, avec flore encore plus froide, n'exigeant pas un climat aussi égal que les précédentes.

A l'état actuel de nos connaissances, cette subdivision demande à être modifiée.

méridionale de la Celle est donc sensiblement antérieure au Chelléen et remonterait ainsi à l'*avant-dernière* période interglaciaire (Interglaciaire mindélien-rissien). La présence dans ces tufs du *Laurus canariensis*, disparu depuis du continent européen, ainsi que des *Cercis Siliquastrum* et *Ficus Carica*, laissent également présumer un âge relativement ancien, car la flore de la *dernière* période interglaciaire du Centre et de l'Est de la France dénote un caractère bien moins chaud. Les recherches de M. Chouquet et de M. Jodot sur la faune malacologique s'accordent parfaitement avec notre supposition. Plusieures espèces méridionales trouvées dans les tufs de la Celle ne se rencontrent plus dans le bassin de Paris *(Helix limbata, H. cinctella)* ; d'autres sont complètement éteintes *(Helix Chouqueti, Succinea Joinvillensis, Zonites acieformis)*. M. Jodot (1908, p. 429), trouve les signes indéniables d'un climat un peu plus chaud, plus humide et plus doux dans la conformation particulière des coquilles de certaines espèces. La présence du *Succinea Joinvillensis*, considéré comme caractéristique de la partie inférieure du Diluvium de la Seine, prouverait que les tufs de la Celle ont commencé à se déposer vers la fin de l'avant-dernière période interglaciaire. La végétation de ces tufs réclame également un climat relativement chaud et humide à écarts faibles. L'humidité plus élevée est d'ailleurs prouvée par la formation abondante de tufs dans un endroit aujourd'hui dépourvu de sources.

Des raisons paléobotaniques nous déterminent à considérer le dépôt de la Perle, près de Fismes, dans l'Aisne, comme étant de même âge (Interglaciaire mindélien-rissien). Ce tuf, reposant sur le Tertiaire, contient des ossements de *Cervus elaphus*, de *Castor fiber* et du sanglier, ainsi qu'un morceau de grès, peut-être apporté par l'homme paléolithique. Parmi les Mollusques présents, *Helix cellaria* aime l'humidité. Bleicher et Fliche (1889) donnent la liste suivante des plantes reconnues dans le gisement de la Perle :

Marchantia polymorpha L.	*Alnus incana* L.
Phragmites communis L.	*Quercus [pedunculata ?]*
Carex riparia Curt.	*Juglans regia* L.
Salix cinerea L.	*Ficus Carica* L.
Populus nigra L.	*Ulmus campestris* L. em. Huds.
Betula [pendula Roth ?]	*Clematis Vitalba* L.
Corylus Avellana L.	*Cercis Siliquastrum* L.

Pirus acerba Mér.

Evonymus europæus L.

Tilia cordata Mill.

Tilia platyphyllos Scop.

Acer campestre L.

Sassafras [?].

Ficus Carica et *Cercis Siliquastrum*, tous deux à la Perle et à la Celle, ne dépassent pas aujourd'hui (à l'état spontané) les limites de la région méditerranéenne ; *Cercis* se plaît surtout dans les terrains frais ou humides, sur les bords des rivières.

La *première flore de caractère froid* que l'on a révélée est antérieure à l'*Elephas primigenius*. Elle est conservée dans les lignites de Jarville, près de Nancy, vallée de la Meurthe, et du Bois-l'Abbé, près d'Epinal, vallée de la Moselle. Ils reposent à Jarville sur les marnes et argiles du Lias et sont *surmontés* d'une couche puissante de graviers quaternaires à l'*Elephas primigenius*. Le lignite forme une couche mince ; il présente les mêmes caractères physiques de part et d'autre. Fliche, professeur à l'Ecole Forestière de Nancy, a étudié ces dépôts ; il a résumé ses recherches dans deux importantes communications. Outre des dents et des ossements de cheval *(Equus spec.)* et des Insectes de caractère surtout septentrional et de stations humides *(Agonum gracile, Patrobus excavatus, Mononychus pseudo-acori, Bembidium nitidulum* (?)*, B. obtusum,* etc.). *Fliche* a constaté la présence dans les lignites de Jarville de :

Elyna myosuroides (Vill.) Fritsch (achaines).

Cyperaceæ.

Picea excelsa (Lamk.) Link (cônes, etc., pas rares), var. *medioxima* Nyl. et var. *oboÿata* Ledeb.

Larix decidua Mill. (bois, rameaux, cônes, feuilles, etc., en abondance).

Pinus montana Mill. (1 cône, du bois,

de l'écorce, etc., probablement de la même espèce).

Juniperus (?)

Taxus baccata L. (?)

Alnus viridis (Chaix) Lamk. (cônes et samare).

Betula [pubescens Ehrh. ?]

Rubus spec.

Compositæ.

et à Bois-l'Abbé :

Rynchospora alba (L.) Vahl (fruits).

Eriophorum vaginatum L. (abondant).

Picea excelsa (Lamk.) Link (bois, écailles, graines).

Pinus montana Mill. (écorce, rameaux, bois, feuilles, écailles du cône ; très abondant).

Alnus incana (L.) Mœnch (2 samares de petite taille).

Betula pubescens Ehrh. (écailles de

cône, écorce, rameau ; le tout très petit).

Daphne cneorum L. ou *D. striata* Tratt. (rameaux, feuilles).

Loiseleuria procumbens (L.) Desv. (feuille).

Arctostaphylos Uva-ursi (L.) Sprg. (bois, feuille).

Menyanthes trifoliata L. (graines).

Galium palustre L. (fruits).

Fliche a consacré à l'étude de ces dépôts plusieurs années de travail. Tous les bois ont été soumis à l'examen microscopique. Les échantillons recueillis sont déposés au Musée de la Faculté des Sciences de Nancy.

Non seulement d'après les données stratigraphiques, mais aussi par le caractère de leur flore, les deux dépôts semblent contemporains (v. Fliche, 1883, p. 1). Leur âge rissien paraît hors de doute. Tous deux sont couverts d'alluvions quaternaires des Vosges qui atteignent l'épaisseur considérable de 7 m. 50 à Bois-l'Abbé.

L'ensemble biologique de ces dépôts indique un climat analogue à celui de la Russie boréale, de la Sibérie subarctique ou de l'horizon du pin de montagne et du mélèze dans les Alpes. La forêt de pin et d'épicéa et surtout la fréquence du mélèze nous font croire que le climat aurait été assez froid et relativement sec.

Les dépressions humides de la forêt de Conifères, qui alors s'étalait dans la plaine lorraine, étaient occupées par la végétation des tourbières. Les clairières moins humides montraient *Daphne* [*cneorum* ou *striata*], *Elyna myosuroides*, *Loiseleuria procumbens* ; le sous-bois était constitué en partie, soit par *Alnus viridis*, soit par *Arctostaphylos Uva-ursi* (satellite du pin) et sans doute par d'autres végétaux. Aujourd'hui, cette végétation a complètement disparu de la plaine lorraine ; les tourbières y manquent et aucun Conifère, à l'exception du *Juniperus communis*, ne s'y rencontre à l'état spontané. Le mélèze (*Larix decidua*) s'est retiré dans les Alpes et les Carpathes. Les deux variétés du *Picea excelsa*, d'ailleurs très voisines l'une de l'autre (var. *medioxima* et var. *obovata*) sont dans les Alpes, dans le Nord de la Scandinavie, de la Finlande et de la Russie , *obovata* traverse toute la Sibérie septentrionale. Le *Picea excelsa* type, manquant sur le Plateau Central de France et dans les Pyrénées, est autochtone dans les hautes Vosges, où l'on trouve aussi *Pinus montana*. *Loiseleuria procumbens* et *Elyna myosuroides* font partie de la flore des hautes montagnes et des contrées boréales au delà de la limite des forêts. Toutes deux ont aujourd'hui leurs localités les plus rapprochées dans les Alpes.

De la période *interglaciaire rissienne-würmienne* datent les dépôts quaternaires de Pont-à-Mousson, la Sauvage et Resson, étudiés par Bleicher et Fliche. Les tufs de Resson, près de

Nogent (Aube), superposés aux alluvions anciennes de la Seine, renferment avec une riche flore les ossements du *Rhinoceros tichorhinus* et de l'*Elephas primigenius*. Ce dépôt, plus récent que celui de Bois-l'Abbé, a dû être formé à une époque pendant laquelle les conditions climatiques différaient peu de celles de nos jours. D'après Fliche, les dépôts de Pont-à-Mousson, la Sauvage et la Perle seraient du même âge. Leurs flores montrent, en effet, beaucoup d'analogies, sauf toutefois celle de la Perle qui se rapproche davantage de la flore prérissienne de la Celle.

Les gisements de Resson [R.], Pont-à-Mousson [P.] et la Sauvage [S.] ont fourni les végétaux suivants qui nous donnent une bonne idée des conditions climatiques interglaciaires, rissiennes-würmiennes :

Pellia epiphylla Radd. [M.].
Bryum bimum Schreb. [R.].
Chara fœtida A. Br. [R.].
— *hispida* L. var. [R.].
Phyllitis Scolopendrium (L.) Newm. [R., très abondant].
Taxus baccata L. [S.].
Typha latifolia L. [M., R. ?].
Sparganium ramosum Huds. ? [M.].
Phragmites communis Trin. [R.].
Scirpus spec. [R.].
Carex diversicolor Crantz (*C. glauca* Murr.) [R.],
Carex pendula Huds. (*C. maxima* Scop.) [R.].
Carex paniculata L. [S.].
— *panicea* L. [S.].
— *flava* L. [R.].
— *riparia* Curt. [S.].
Juncus spec. [R.].
Salix cinerea L. [M., R.].
— *grandifolia* Ser. [R. ? ?].
— *nigricans* Sm. [R. ? ?].
— *Caprea* L. [M.].
— *purpurea* L. [R.].
Populus canescens Sm. [R.].
— *tremula* L. [M., R.].
Betula pendula Roth var. *papyrifera* Spach. [R.].

Corylus Avellana L. [M. ? R.].
Alnus incana (L.) Willd. [R, ?].
— *glutinosa* L. [R. ?].
Fagus silvatica L. [R., assez abondant].
Quercus pedunculata Ehrh. [M., S. ?].
Juglans regia L. [R.].
Rumex Hydrolapathum Huds. [M.].
Clematis Vitalba L. [R.].
Berberis vulgaris L. [M.].
Rubus fruticosus L. [R.].
Prunus [*Padus?*] [R.].
Buxus sempervirens L. [R.].
Evonymus europæus L. [M.].
Frangula Alnus L. [M., R., S.].
Tilia cordata Mill. [M. ?].
— *platyphyllos* Scop. [M., S. ; R. ?].
Acer campestre L. [R.].
— *Pseudoplatanus* L. [S.].
— *platanoides* L. [S., R.].
— *Opalus* Mill. [R.].
Hedera Helix L. [M., R.].
Cornus sanguinea L. [R.].
Ligustrum vulgare L. [S., R.].
Fraxinus excelsior L. [S.].
Solanum Dulcamara L. [M.].

La plupart de ces végétaux proviennent des tufs de Resson, dont l'âge rissien-würmien n'est pas contesté. Outre les osse-.

ments du mammouth, du *Rhinoceros tichorhinus*, de *Cervus elaphus* et de *Canis familiaris* var. *fossilis*, ils renferment des fragments de crâne et de mâchoire humains et une pointe de silex moustérienne. Les Mollusques cités par Fliche (1884) appartiennent tous à des espèces très répandues, vivant encore de nos jours dans la contrée. Parmi les plantes, *Juglans regia*, *Buxus sempervirens*, et *Acer Opalus* se sont retirés vers le Sud. *Juglans regia* manque à l'état spontané en France ; *Buxus sempervirens* possède encore quelques localités isolées en Lorraine, mais son aire continue ne dépasse pas la Côte-d'Or ; *Acer Opalus* s'arrête dans le Jura bâlois.

Il y a une analogie remarquable entre cette végétation interglaciaire et celles du même âge de l'Allemagne du Sud (Cannstadt) et de Flurlingen, près de Schaffhouse.

L'âge interglaciaire rissien-würmien des tufs de Flurlingen est démontré non seulement par la présence du *Rhinoceros Merckii*, mais encore par la stratigraphie. Ils reposent sur la Molasse et sont recouverts par les graviers à blocs striés de la dernière glaciation (würmienne). A Flurlingen, les feuilles fossilisées d'*Acer Pseudoplatanus*, également présent à la Sauvage et à Cannstadt, forment des bancs entiers ; 95 % de tous les débris végétaux appartiennent à cet arbre. On y trouve, en outre, *Buxus sempervirens*, qui est aussi à Cannstadt et à Resson, puis *Fraxinus excelsior*, également indiqué à la Sauvage. *Abies alba* a été constaté par une seule graine ailée (Wehrli, 1894). Le dépôt de Cannstadt a fourni un plus grand nombre d'espèces ; ne citons que les plus expressives : *Abies alba*, *Picea excelsa*, *Salix fragilis*, *Populus alba*, *P. tremula*, *P. Fraasii* [?], *Juglans* spec., *Corylus*, *Carpinus Betulus*, *Betula pendula*, *Quercus pedunculata*, *Ulmus* spec., *Evonymus europæus*, *Frangula Alnus*, *Tilia* spec., *Cornus sanguinea* (v. Heer, 1865). Ce dépôt contient encore le *Zonites acieformis*, également présent à la Celle.

Nous sommes renseignés sur la végétation contemporaine du *versant méridional* des Alpes par plusieurs dépôts dont le plus important et le mieux daté est celui de Pianico-Sellere, au bord du lac d'Iséo. Les débris fossiles ont été déposés ici dans des argiles lacustres, entre les moraines rissiennes et würmiennes. Leur âge interglaciaire est souligné aussi par la faune. *Rhino-*

ceros Merckii, connu des dépôts du même âge de Menton (Baoussé-Roussé) et de Flurlingen, y est représenté ainsi que *Cervus elaphus,* tandis qu'il n'y a pas de traces de la faune froide à renne. La flore riche en espèces, montre également un caractère franchement interglaciaire qui la relie à la flore de Resson.

Pourtant la proximité des Alpes se manifeste ici par la présence de l'épicéa *(Picea excelsa)* et du sapin *(Abies alba).* Mais les arbres à feuilles caduques dominent : on y a indiqué quatre espèces d'*Acer* qui se réduisent peut-être à deux, appartenant aux groupes des *Acer Opalus* Ait. et *A. Lobelii* Ten. (v. Pax, F., *Aceraceæ,* Pflanzenreich IV, 163, 8). Les *Castanea vesca, Quercus sessiliflora, Carpinus Betulus, Ulmus campestris* s'associent aux *Tilia* spec., *Ilex Aquifolium, Cratægus Pyracantha, Vitis vinifera.* Le sous-bois était formé, entre autres, par le buis *(Buxus sempervirens)* et le *Rhododendron ponticum,* végétaux caractéristiques des dépôts de la dernière période interglaciaire. Ils se retrouvent en société d'*Acer Pseudoplatanus, Carpinus Betulus, Fagus silvatica, Philadelphus coronarius,* etc., dans les argiles lacustres de Calprino, près de Lugano, qui, d'après M. Baltzer (1891) et MM. Penck et Brückner, seraient du même âge. Toute cette végétation d'appétences océaniques témoigne non pas d'un climat un peu plus continental, à étés plus chauds et hivers un peu plus rigoureux, comme le pensent MM. Penck et Brückner (1909, III, p. 822), mais d'un climat océanique, doux, à écarts peu accusés.

Une végétation semblable, de caractère assez océanique, occupait même des vallées intérieures des Alpes. La fameuse brèche interglaciaire (rissienne-würmienne) de *Hötting,* près d'Innsbruck, à 1.150 mètres d'altitude, étudiée par de nombreux savants, en particulier par M. R. Wettstein, a révélé non seulement les *Acer Pseudoplatanus* (en masse), *Tilia platyphyllos, Ulmus campestris, Prunus avium,* etc., mais encore *Buxus sempervirens* et *Rhododendron ponticum* (très abondant) ; tous deux manquent aujourd'hui à l'intérieur des Alpes.

Ce coup d'œil général sur la végétation de la dernière période interglaciaire nous permet de classer au moins approximativement les gisements quaternaires du Massif Central par rapport aux dépôts voisins datés avec plus de précision.

Il s'agit en première ligne du gisement important de Besac, commune de Saint-Saturnin, sur la rive gauche de la Monne, affluent de la Veyre. Les débris végétaux ont été déposés dans des couches stratifiées d'eau douce, superposées à la coulée de lave provenant d'un des volcans les plus récents de l'Auvergne et situés à 6-8 mètres au-dessus du niveau actuel de la rivière. L'abbé Boulay y a recueilli les espèces suivantes :

Riccia fluitans L.
Hypnum spec.
Pteridium aquilinum (L.) Kuhn.
Phragmites communis Trin. (?).
Scirpus silvaticus L. (?).
Pinus silvestris L. (1 feuille).
Populus nigra L. (3 feuilles).
— *alba* L. (2 feuilles).
Salix cinerea L. (commun).
— *Caprea* L. (1 feuille).
Alnus glutinosa (L.) Gärtn. (commun).
Corylus Avellana L. (3 feuilles).
Fagus silvatica L. (1 feuille).

Quercus pedunculata Ehrh. (feuilles et fruits très abondants).
Humulus Lupulus (1 feuille).
Cratægus spec. (1 feuille).
— *Oxyacantha* L. (1 feuille).
Sorbus torminalis (L.) Crantz (1 feuille).
Tilia platyphyllos Scop. (feuilles).
— *cordata* Mill. (feuilles et fruits assez abondants).
Acer campestre L. (2 feuilles).
— *platanoides* L. (feuilles et fruits).

Presque tous ces végétaux se rencontrent dans les tufs rissiens-würmiens du Nord-Est de la France. C'est la même forêt humide à feuilles caduques, caractérisée par l'abondance du chêne pédonculé, des tilleuls et des érables. Les deux *Tilia* et l'*Acer platanoides* sont devenus depuis rares dans les montagnes du Massif Central. Au contraire, le hêtre y est aujourd'hui l'arbre social dominant : *Quercus pedunculata* lui est subordonné et manque en beaucoup d'endroits. L'ensemble de la végétation, ainsi que des raisons stratigraphiques, nous conduisent à rattacher ce dépôt à l'Interglaciaire rissien-würmien plutôt que de le placer dans le Postglaciaire.

Les travertins de Coudes renferment une faune boréale à renne. M. Laurent (1909) y signale un saule *(Salix* spec.), le *Phragmites communis* et le *Sambucus nigra*. Ces documents, trop fragmentaires, n'autorisent pas de déductions.

Les recherches paléobotaniques que nous venons d'exposer nous font conclure que la végétation interglaciaire rissienne-würmienne de la France orientale et des contrées voisines, y compris le Massif Central et le versant Sud des Alpes, possédait un caractère océanique. La prédominance absolue d'arbres à feuilles caduques, l'abondance des érables *(Acer)* et des *Tilia* réclament un climat doux à variations thermiques relativement faibles, à étés humides et à hivers peu rigoureux. Aujourd'hui *Acer* et *Tilia* périssent si on les transplante dans les vallées intérieures des Alpes où les minima hivernaux sont au-dessous de - 25 degrés (v. Br.-Bl., 1918, p. 23). *Buxus* est encore plus sensible aux gelées ; mais il supporte une période de sécheresse estivale prolongée, tandis que la plupart des feuillus cités la redoutent et la fuient. Comparé aux conditions actuelles, le climat interglaciaire rissien-würmien de l'Europe moyenne aurait été plus humide et moins froid. Il était semblable au climat atlantique de la France occidentale. Les forêts, constituées par un mélange peu dense d'arbres divers, possédaient alors un riche sous-bois, presque absent sous la couverture du hêtre. Ces conditions devaient favoriser particulièrement les migrations d'espèces à appétences atlantiques. *Fagus silvatica*, très abondant durant le Pliocène, semble avoir perdu beaucoup de terrain au cours de la période quaternaire. Existant encore pendant la dernière époque interglaciaire dans le Nord-Est de la France. où il ne semble pas avoir formé de grandes forêts, il aurait repris son mouvement définitif d'expansion vers le N. et E. bien après la dernière glaciation.

La végétation quaternaire du Midi méditerranéen et de la bordure méridionale des Cévennes semble assez différente de celle de l'Auvergne et du Nord-Est de la France. Cependant, les dépôts de tufs quaternaires, assez fréquents dans les Cévennes calcaires, ont été trop peu étudiés pour permettre des conclusions générales. Une période froide n'y a pu être révélée, jusqu'à présent.

L'abbé Boulay (1887) a examiné les tufs de la vallée de la Vis, entre Gorniès et Madières (à 200 mètres d'altitude environ). Ces dépôts, dont l'âge précis n'a pu être établi, mais qui semblent peu anciens, renferment beaucoup de feuilles de hêtre *(Fagus silvatica)*, d'*Alnus glutinosa*, d'*Ulmus campestris* et aussi de *Laurus nobilis*. Les empreintes des végétaux suivants y sont plus rares :

Marchantia polymorpha L.	*Cratoneuron commutatum* (Hedw.).
Conocephalus conicus (L.) Dum.	Graminæ.
Reboulia hemisphærica Raddi (?).	*Arundo Donax* L. (?).

Carex spec.
Salix cinerea L.
— incana L.
— alba L. (?).
Ficus Carica L.
Prunus persica L. (?).
Acer campestre L.

Buxus sempervirens L.
Ilex Aquifolium L.
Hedera Helix L.
Cornus sanguinea L.
Phillyrea media L.
Fraxinus excelsior L.

Tous ces végétaux, les espèces douteuses *Arundo* et *Prunus persica exceptés*, croissent encore de nos jours dans la contrée. Cependant, la spontanéité actuelle du laurier y est contestée et le hêtre y est réduit aujourd'hui à quelques buissons rabougris, végétant à l'ombre des falaises des gorges de la Vis.

La flore quaternaire de la Vis se relie assez étroitement à celle des tufs de Montpellier, plus riche en espèces méditerranéennes, et qui paraît du même âge. Ces tufs, superposés aux alluvions pliocènes, renferment les traces d'une trentaine de végétaux et de nombreux Mollusques. La plupart des plantes observées sont méditerranéennes :

Smilax aspera L., très fréquent.
Quercus Ilex L., rare.
— coccifera L., rare.
Vitis vinifera L., fréquent.
Laurus nobilis L., très fréquent.
Ficus Carica L., fréquent.
Cotoneaster Pyracantha (L.) Spach, rare.

Phillyrea angustifolia L., assez fréquent.
— media L., fréquent.
Viburnum Tinus L., assez fréquent.
Rubia peregrina L.
Acer monspessulanus L.
— neapolitanum Ten.

Quelques autres : *Pinus nigra* var. *Salzmanni*, *Buxus sempervirens* (fréquents), *Rubus discolor*, *Acer Opalus* (fréquents), *Fraxinus Ornus*, *Salix atrocinerea* Brot. (*Salix cinerea* des auteurs montpelliérains) s'avancent davantage vers le Nord ; le *Salix* est subatlantique.

Les espèces répandues également dans l'Europe moyenne sont :

Conocephalus conicus (L.) Dum.
Phyllitis Scolopendrium (L.) Newm.
Pteridium aquilinum (L.) Kuhn
Sparganium ramosum Huds.
Typha angustifolia L.
Alnus glutinosa (L.) Gärtn.

Quercus sessiliflora Salisb.
Ulmus campestris L., assez fréquent.
Clematis Vitalba L.
Fraxinus excelsior L.
Ilex Aquifolium L.
Hedera Helix L., pas rare.

L'ensemble des plantes observées indique un climat assez différent du climat actuel. Remarquons surtout la rareté des

Quercus Ilex et *coccifera*, aujourd'hui partout dominants, et l'abondance du laurier, très sensible aux fortes gelées. Quelques espèces ont quitté les environs de Montpellier. *Cotoneaster Pyracantha, Laurus nobilis, Vitis vinifera* n'y sont plus à l'état spontané, mais se rencontrent ailleurs vers le bord septentrional de la Méditerranée. D'autres se sont retirées dans la montagne et manquent maintenant à la plaine ; ainsi, *Pinus nigra* vár. *Salzmanni* et *Acer Opalus*, cantonnés aujourd'hui-aux étages du chêne blanc et du hêtre dans les Cévennes. *Ilex Aquifolium*, planté à Montpellier, se rencontre très rarement à l'état spontané au delà de la bordure cévenole. *Fraxinus Ornus* enfin, espèce subméditerranéenne-montagnarde de l'étage du chêne blanc, suit le cordon montagneux de l'Illyrie à la Ligurie et aux Alpes-Maritimes pour y atteindre sa limite extrême vers l'Ouest. *Acer neapoletanum* est localisée dans les bois montagneux de l'Italie méridionale.

Toutes ces espèces demandent un climat non plus chaud, mais moins extrême et surtout plus humide, en d'autres termes plus océanique. Elles trouvent leur optimum de développement dans les basses montagnes sur la lisière méditerranéenne où les brouillards sont fréquents et où les précipitations atteignent de 1400 à 2000 mm. par an.

Les recherches de M. Viguier (1881) sur la faune malacologique des tufs de Montpellier cadrent parfaitement avec les données fournies par la flore. Sur 63 espèces de Mollusques observées, 58 vivent encore dans la contrée ; trois, dont la présence dans les tufs est d'ailleurs douteuse, ont disparu du département de l'Hérault, et deux se sont retirées dans les montagnes cévenoles *(Helix nemoralis* et *Carychium tridentatum)*. Par contre, quelques espèces méridionales (notamment le *Zonites algirus*), aujourd'hui très communes à Montpellier manquent dans les tufs.

A en juger d'après les Mollusques, la moyenne de température, lors de la formation des tufs, aurait été sensiblement égale à la moyenne actuelle, les maxima et minima un peu moins extrêmes et surtout l'humidité plus persistante, peut-être aussi le régime pluviométrique un peu différent.

Nous n'avons malheureusement pas de preuves qui permettent de préciser l'âge de ce riche gisement et de celui de la Vis.

Il semble pourtant peu probable qu'une flore forestière de caractère aussi méridional ait pu se maintenir dans les vallées cévenoles et à Montpellier au temps des grandes migrations d'espèces alpines et boréo-arctiques. D'autre part, cette flore se rapproche beaucoup de celle des Aygalades près de Marseille, qui est datée par là présence des ossements de l'*Elephas antiquus*. Les tufs des Aygalades, d'âge interglaciaire rissien-würmien, renferment :

Pinus nigra Sol. var. Salzmanni (Dum.).	*Pirus acerba* DC.
Quercus pubescens Willd.	*Cratægus oxyacantha* L.
Corylus Avellana L.	*Sorbus domestica* L.
Celtis australis L.	*Cercis Siliquastrum* L.
Ficus Carica L.	*Laurus nobilis* L.
	— *canariensis* Webb et Berth.

A Meyrargues, près d'Aix, un gisement semblable contient :

Pinus nigra Sol. var. Salzmanni (Dum.).	*Clematis Vitalba* L.
Quercus pubescens Willd.	*Rhus Cotinus* L.
Juglans regia L.	*Acer neapoletanum* Ten.
Celtis australis L.	*Vitis vinifera* L.
Ficus Carica L.	*Hedera Helix* L.
	Laurus canariensis Webb et Berth.

D'accord avec M. de Saporta (1867, p. 9), nous considérons les tufs de Montpellier comme contemporains ou à peine postérieurs aux travertins des Aygalades et de Meyrargues. L'ensemble de ces flores, caractérisées par l'abondance des lauriers, représenterait donc l'équivalent des flores tempérées-océaniques du Centre et du Nord-Est de la France qui correspond, comme nous l'avons vu, à la dernière période interglaciaire.

Les pages précédentes étaient écrites lorsque nous avons eu la bonne fortune, à la fin du mois d'avril 1919, de mettre la main sur plusieurs fragments et sur une feuille complète et très bien conservée du *Laurus canariensis* dans les tufs de Montpellier. Cette heureuse découverte confirme l'attribution de ces tufs à l'interglaciaire rissien-würmien (v. Br.-Bl., 1919).

Les traces de la dernière glaciation (würmienne) ont été particulièrement bien conservées dans les pays boréaux (Scandinavie, Finlande, Danemark, Grande-Bretagne, Allemagne du Nord, Pologne), ainsi que sur le Plateau suisse, où nous avons eu l'occasion de les étudier de près. Parmi les témoins fossiles de cette glaciation, citons ici seulement : *Dryas octopetala, Salix herbacea, S. polaris, S. retusa, S. reticulata, S. myrtilloides, Loiseleuria procumbens,* végétaux alpins et boréo-arctiques disparus depuis de la plaine suisse. Cette flore a été déposée au voisinage du glacier würmien pendant son retrait ; les arbres y manquaient complètement.

Ils étaient pourtant présents à une certaine distance du grand glacier. La basse terrasse de Saint-Jakob-sur-Birs, près de Bâle, a fourni entre autres le *Carpinus Betulus* et quelques arbustes (*Corylus Avellana, Salix aurita, S. cinerea, Frangula Alnus, Cornus sanguinea, Ligustrum vulgare, Viburnum Lantana*) ; surtout de nombreux restes du *Pinus silvestris,* puis *Vaccinium Vitis idæa* et *V. uliginosum* qui ont quitté la contrée (v. Gutzwiller, *Verh. Nat. Ges.,* Bâle, t. X, p. 543).

La présence du pin sylvestre dans plusieurs dépôts du Quaternaire récent du Nord-Est de la France, constatée par Fliche (1900, p 28), est d'autant plus remarquable que l'arbre n'y est plus à l'état spontané. Fliche le signale en abondance à la base des tourbes de la vallée de la Vanne dans l'Yonne, à la base de la tourbe qui occupe le fond de plusieurs petits affluents de la Seine aux environs de Troyes, dans les tufs de Lasnez (Lorraine) et dans les graviers quaternaires de la Seine, près de Clérey (Aube), où il est associé à l'*Elephas primigenius,* A Clérey, il paraît avoir formé une pineraie pure.

Les cavernes magdaléniennes de la Suisse septentrionale (Kesslerloch, Schweizersbild) et la tourbière de Niederwenigen (Zurich), datant de la fin de la dernière période glaciaire, renferment surtout du bois d'épicéa, mais pas d'arbres feuillus, excepté *Corylus* et *Alnus* spec. !

Le climat rigoureux, semblable à celui de la glaciation rissienne, paraît avoir éliminé la plupart des arbres à feuilles caduques tels que *Acer, Tilia, Quercus,* etc. Ils auraient trouvé un refuge dans les contrées méridionales et atlantiques. La forêt de Conifères, surtout la pineraie, a repris en partie son domaine dans l'Europe moyenne et les associations à arbustes nains se sont de nouveau étendues dans les plaines sous l'influence du climat glaciaire.

L'abondance d'animaux steppiques dans les couches magda-

'léniennes du Schweizersbild et ailleurs est une preuve indirecte de l'existence de terrains étendus dépourvus de végétation forestière à la fin de la dernière glaciation.

Les résultats des recherches paléobotaniques dans le Nord-Est de la France s'accordent avec ceux du Plateau suisse. A Lasnez, près de Nancy, Fliche (1889) a découvert un tuf correspondant à la fin de la dernière glaciation. Il contient, outre le pin (Pinus silvestris ou P. montana), Populus tremula, Salix cinerea, S. nigricans, S. vagans And. (S. livida Wahl.) Le tuf est recouvert de tourbe avec silex taillés et molaires de Bos taurus et d'Equus caballus. Cette tourbe a fourni, en outre, de nombreuses coquilles de Mollusques vivant encore dans la contrée, puis deux Mousses (Neckera complanata, Acrocladium cuspidatum) et les Alnus glutinosa, Betula pendula, Salix cinerea, Corylus Avellana, Ulmus (effusa ?), Prunus Padus, Cornus sanguinea, Sambucus nigra, Galium palustre. Au-dessus de la tourbe apparaît le hêtre (Fagus silvatica), donnant par l'abondance des feuilles l'impression qu'il y formait une forêt continue.

Pendant la dernière glaciation, la faune boréale à renne s'est étendue sur tout le Massif Central et jusqu'aux abords immédiats de la plaine languedocienne où les grottes magdaléniennes renferment des restes de marmottes, de rennes et de bouquetins. Dans la célèbre grotte magdalénienne de la Salpêtrière, près du Pont-du-Gard, on a trouvé un bon dessin de l'épicéa gravé sur un os de renne. L'autorité de Duval-Jouve répond de la détermination exacte du dessin. De nos jours, Picea excelsa manque à l'état spontané dans le Massif Central et n'apparaît qu'à l'intérieur des Alpes sud-occidentales. Il est donc probable que l'aire de cette Conifère subalpine a eu dans le bassin du Rhône aussi, une étendue bien plus considérable.

La faune boréale avec le renne, la marmotte, le bouquetin, le Rhinoceros tichorhinus a également été reconnue sur la Côte d'Azur, dans la grotte de Baoussé-Roussé, près de Menton, où elle est mélangée à l'industrie magdalénienne.

Une flore contemporaine du Quaternaire moyen tout à fait supérieur (würmien et néowürmien) est connue de Saint-Antonin aux environs d'Aix-en-Provence. Elle renferme d'après de Saporta :

Quercus sessiliflora Salisb.
— *Ilex* L.
Hedera Helix L.

Rubus cæsius L.
Pistacia Terebinthus L.
Vitis vinifera L.

Les empreintes fossiles sont accompagnées de silex taillés magdaléniens.

Une flore de caractère plus montagnard et d'exigences thermiques modérées est conservée dans les tufs de Belgentier (Var) qui offrent :

Corylus Colurna L.
Ulmus scabra Mill. var. *latifolia.*
Acer Opalus Mill.

Tilia platyphyllos Scop.
Fraxinus Ornus L.

Les espèces caractéristiques de la dernière période interglaciaire et en particulier les lauriers y manquent.

Les renseignements fragmentaires que nous possédons sur la végétation postglaciaire, néolithique, se rapportent surtout aux tourbières immergées de l'Océan, et aux dépôts lacustres et tourbières de l'Est de la France et des pays voisins. Ils paraissent indiquer une évolution assez régulière vers les conditions actuelles. Fliche (1889, 1897) a démontré, — et les recherches de M. Neuweiler sur les essences ligneuses de la Suisse préhistorique concordent parfaitement — que le hêtre, refoulé pendant le Quaternaire, s'étend de nouveau au cours des temps néolithiques pour devenir dominant à l'âge du bronze. Des preuves de l'existence d'une période postglaciaire sensiblement plus chaude et plus sèche que la période actuelle n'ont pu être révélées (1). L'étude stratigraphique des tourbières de la Suisse

---

(1) M. Gadeceau (1919) admet un changement de climat survenu, après l'époque néolithique, dans l'Ouest de la France, car les tourbes submergées de la côte atlantique ne contiennent que de rares espèces méridionales (p. ex. : *Silene gallica, Linum angustifolium*), tandis que la flore actuelle en est assez riche. Il explique ce manque par la supposition que le Gulf-Stream n'existait pas encore aux temps néolithiques. Sans insister sur les réserves qu'exigent toujours les constatations négatives, rappelons que le Gulf-Stream baignait les côtes scandinaves dès la période à Littorines (v. Andersson, 1897, p. 474-475), ayant déposé des graines de plantes tropicales. Cette période correspond à l'âge de la pierre (Kjökkenmöddings).

N'oublions pas d'ailleurs que la flore des tourbières submergées de Belle-Ile est essentiellement hygrophile et que la plupart des plantes méridionales recherchent des stations xérophiles. Nous verrons aussi plus tard (chap. III) combien l'homme a favorisé l'extension vers le Nord de certaines espèces méditerranéennes.

et des contrées voisines de l'Allemagne du Sud, faite avec beaucoup de soin, n'a pas fourni d'indice susceptible d'être interprêté en faveur d'une période postglaciaire xérothermique (v. Früh et Schröter, 1904, p. 384 ; Stark, 1912). Il en est de même des nombreux restes de plantes trouvés, soit dans les tourbières, soit dans les stations humaines, cavernes ou habitations lacustres de l'Europe centrale. Ajoutons cependant que les recherches récentes sur la faune postglaciaire de la Suisse septentrionale ont permis de constater une couche de rongeurs steppiques à l'intérieur du Néolithique (M. de Mandach, *in litt.*). Depuis l'âge de la pierre polie, les modifications climatiques ont dû se passer dans un cadre plutôt local, et leur influence sur la végétation de nos contrées a dû être assez faible.

AGE géologique	ÉTAGES d'après Depéret	FAUNE MALACOLOGIQUE de la Méditerranée d'après Depéret	TERRASSES alluviales	
Quaternaire récént	—			

QUATERNAIRE MOYEN	Monàstirien ligne de rivage 18-20 mètres	Sur la côte nord-méditerranéenne : peu différente de la faune actuelle ; sur la côté álgéro-túnisienne ; fauné chàude à Strombus.	Basse-terrasse, terrasses de la Loire et du Rhône 15-20 mètres	Würm
	Tyrrhénien ligne de rivage 28-3o mètres	Immigration d'une faune thermophile de caractère subtropical : Strom- bus bubonius, Čardita senegalensis, Naticà Turtoni, Natica-lactea, Tàpes scnegalensis, etc.	Terràsses de la Loire et du Rhône 3o-35 mètrès	Derniè e
	—		Terrasse moyenne	Glaciation
QUATERNAIRE ANCIEN	Milazzien ligne de rivage 55-6o mètres	Faune de caractère tempéré-chaud. Formes de dimensions très grandes : Mytilus galloprovincialis v. hercu- lea, Pecten pes-felis, etc.	Haute terrasse, terrasses de la Loire et du Rhône 6o mètres	I te gla mindelien
	Sicilien ligne de rivage 9o-1oo mètres	Maximum de fréquence d'espèces boréo-atlantiques : Cyprina islan- dica, Mya truncata, Panopaea nor- vegica, Trichotropis borealis, etc.	Deckenschotter récent, terrasses de la Loire et du Rhône 9o-1oo mètres	Glacia
	—		—	Intergla günzien-m
	Calabrien	Première immigration d'espèces bo- réo-atlantiques : Cyprina islandica, Buccinum undatum, Neptunea sini- strorsa, etc. Peu d'espèces pliocènés persistent, par exemple : Arca-mytiloides, Turi- tella tornata, Cancellaria hirta, etc.	Deckenschotter ancien	

Pliocéne récent de certains auteurs

(1) D'après M. Depéret (1919 et in litt.), le Tyrrhénien, avec sa faune malacologiqu correspond à la glaciation rissienne, le Milazzien à la glaciation mindélienne et le Sicilie à la glaciation günzienne. Nous n'osons pas, pour le moment, faire correspondre la fau subtropicale du Tyrrhénien à l'avant-dernière glaciation.

FAUNES d'animaux terrestres	VÉGÉTATION PRÉDOMINANTE	CLIMAT probable
	Forêts de feuillus dans l'Ouest: tourbes submergées de l'Océan. Palafittes	Se rapprochant de plus en plus du climat actuel
Elephas primigenius, Rhinoceros tichorhinus, Rangifer tarandus, Ursus arctos, Arctyomis marmotta, Ovibos moschatus, etc.	Forêts de *Conifères* et de bouleaux. Caractère de la végétation : boréal-subalpin, Tourbières, arbrisseaux nains ; Lasnez, Clérey, Schwerzenbach, etc.	Froid et assez extrême.
Elephas antiquus, Rhinoceros Merckii, Ursus spelaeus, Hyaena spelæa, Trogontherium Cuvieri, etc.	Forêts d'*arbres* à *feuilles caduques* Caractère de la végétation : océanique, tempéré ; Resson, Pont-à-Mousson, Besac, Flurlingen, Pianico-Sellere, etc. Dans les pays méditerranéens, forêts de lauriers : Montpellier, Aygalades, Meyrargues.	Tempéré, humide, à écarts relativ. faibles.
Elephas primigenius (?)	Forêts de *Conifères* et de bouleaux. Végétation de caractère boréal et subalpin. Tourbières, arbrisseaux nains : Jarville, Bois-l'Abbé.	Froid et relativement sec.
Elephas meridionalis, Megaceros hibernicus, Equus Stenonis, Trogontherium Cuvieri, etc.	Forêts *mixtes de feuillus*. Caractère de là végétation : méditerranéenne-atlantique ; la Celle, la Perle.	Tiède, humide (océanique).
Elephas meridionalis, Hippopotamus major, Equus Stenonis, Cervus carnutorum, etc. (St-Prestien).	Forêts de *lauriers* et d'arbres à feuilles caduques à affinités pliocènes : Durfort, Monte-Mario près de Rome.	Tempéré-chaud, humide.
Mastodon arvernensis, Elephas meridionalis, Rhinoceros etruscus, Tapirus arvernensis, etc. (Villafranchien).		

CHAPITRE DEUXIÈME

ÉLÉMENTS ET TERRITOIRES PHYTOGÉOGRAPHIQUES

S'il nous est impossible d'aller plus loin pour le moment et de retrouver dans la flore quaternaire l'ébauche de la répartition de notre flore actuelle, il nous reste cependant une ressource : l'étude attentive de la répartition et de la filiation de la flore actuelle. Du présent, on tâche ainsi de remonter au passé.

Parmi les méthodes qui permettent d'aborder ce problème, deux surtout nous paraissent promettre des résultats satisfaisants.

L'une, *géographique*, part de la distribution actuelle des organismes et de leurs groupements naturels. Elle étudie leurs conditions de vie, leur capacité d'accommodation, leur faculté d'expansion. Retracer les voies de migration, esquisser aussi exactement que possible les liens géographiques, discerner les centres de dispersion, voilà le but auquel tendent les efforts.

L'autre méthode, appelée *génétique*, s'appuie sur les résultats de la systématique pour pénétrer le secret de la phylogénèse. C'est en grande partie un travail patient de monographe ; il s'agit d'établir les affinités naturelles, de découvrir les foyers primitifs des différentes « sippes », d'étudier l'histoire du déve-

loppement des groupements végétaux (étude des successions).
Il est vrai que l'étude génétique des groupements ne peut guère,
pour le moment, entrer en ligne de compte ; elle est encore à
ses débuts. Par contre, une synthèse approfondie des données
phylogéniques se rapportant aux « sippes » permet, dès maintenant, d'en établir la filiation et de résoudre ainsi des
questions d'ordre général. M. Diels (1910) nous en a donné un
excellent exemple.

Pour reconstituer quelques pages de l'histoire de la flore et
de la végétation, on ne peut pourtant pas s'adresser à chaque
espèce prise individuellement ; il faut se contenter d'étudier de
près certaines unités, puis de circonscrire des collectivités
comparables en quelque sorte aux collectivités dont s'occupe
l'histoire de l'humanité et les suivre dans leur évolution.

Depuis Christ (1867), on appelle *éléments* ces collectivités,
bases de l'étude phyto-historique. Le sens primitif du terme
élément était purement géographique. Dès 1867, M. Christ s'en
était servi pour exprimer, dans sa carte des éléments de la flore
alpine d'Europe, l'aire topographique de certains ensembles
spécifiques. En 1882, M. Engler appliqua le terme d'élément
en premier lieu à des groupes historico-géographiques, présumés
de même souche (élément arcto-tertiaire, élément tertiaire-
boréal, etc.). Mais il parle en même temps d'un élément
« rudéral » nullement comparable aux éléments historico-
géographiques. Depuis on n'a cessé d'étendre le sens du mot
élément, l'appliquant à une foule de notions géobotaniques
hétérogènes et qui se superposent en partie (p. ex. : élément
biologique, élément de formation, etc.). Convaincu que cette
extension abusive ne fait que compliquer la nomenclature
phytogéographique, nous voudrions, au contraire, restituer au
terme élément son sens primitif, purement géographique qu'il
a d'ailleurs toujours conservé dans les pays de langue latine.

Quelques-unes des notions comprises jusqu'ici sous le même
nom méritent, à notre avis, des dénominations spéciales.

Ainsi, pour désigner l'*élément génétique*, on pourra utiliser
le terme *souche*, s'appliquant aux espèces et aux collectivités
de même origine ancestrale. On parlera des espèces de souche
méditerranéenne (Arten von mediterranem Stamm), etc.

On pourrait appeler *essaim* ou *courant migrateur* ou simplement *migration* les espèces ou collectivités ayant effectué leurs migrations ensemble ou à la même époque.

Il est indispensable de consacrer encore quelques remarques à la notion élément dans son sens primitif, géographique, auquel nous voudrions la ramener. Étudiant un territoire restreint, on peut parfois être conduit à désigner sous le nom d'élément un groupe d'espèces provenant d'une même contrée ou simplement de la même direction (élément méridional, élément boréal, élément thermophile, ou élément provençal, rhodanien, alpin, etc.). Ceci présente le grave inconvénient de rendre impossible la subordination et la comparaison directe de ces groupes hétérogènes. Mieux vaut placer au premier plan la nature même de l'élément, lui assigner sa valeur territoriale étendue et étudier ensuite la répartition réelle de chaque élément. De cette façon seulement, on peut espérer rendre possible une synthèse générale.

Nous arrivons donc à la définition suivante : l'*élément phytogéographique est l'expression floristique et phytosociologique d'un territoire étendu défini ; il englobe les « sippes » et les collectivités phytogéographiques caractéristiques d'une région déterminée.*

Sans entrer dans des détails sur la délimitation et la distinction des territoires phytogéographiques, — nous renvoyons à ce sujet à ce que nous avons écrit ailleurs (1919), — nous reproduirons ici les définitions des territoires de différents degrés tels que nous les avons donnés en 1919.

I. Au sommet de l'échelle se place la *région* phytogéographique, territoire généralement très étendu, possédant en propre des endémiques paléogènes d'ordre systématique supérieur : familles, sous-familles, tribus, beaucoup de genres, de nombreux groupements végétaux très évolués (groupements climatiques). Elle conserve cependant une certaine homogénéité de caractère phytosociologique et floristique. Exemples : région méditerranéenne, région eurosibérienne-boréo-américaine, région océanique (à l'exclusion des côtes), etc.

II. Le *domaine* est une subdivision de la région caractérisée par un endémisme paléogène générique généralement assez faible et un endémisme spécifique progressif très accentué, par au moins un groupement climatique bien évolué (rarement plusieurs, par exemple : hautes montagnes), par des groupements locaux spéciaux, par le riche développement de certains genres et de certains groupements sociologiques moins bien développés dans les domaines voisins. Exemples : domaine atlantique, domaine médio-européen, domaine circumboréal.

III. Le *secteur* possède en propre des groupements phytosociologiques locaux (édaphiques et biotiques) généralement peu spécialisés (font exception, par exemple, les secteurs chevauchant sur les ceintures : littoral, étages altitudinaux dans les montagnes). Il n'y a pas de groupements climatiques spéciaux.

L'endémisme spécifique est, en général, nettement accusé, l'endémisme générique nul ou réduit à quelques survivants en voie de disparition. Exemples : secteurs ibéro-atlantique, armorico-aquitanien, boréo-atlantique, boréo-européen.

IV. Le *sous-secteur* est une subdivision du secteur moins bien délimité au point de vue spécifique et phytosociologique. Il possède cependant en propre soit certains groupements végétaux (locaux), soit des espèces paléo-endémiques. On y rencontre, en outre, de très nombreuses espèces néo-endémiques et des groupements végétaux peu ou point représentés dans les territoires limitrophes. Exemples : sous-secteur du Massif Central de France, sous-secteur du pin sylvestre des Alpes.

V. Le *district* est un territoire sans groupements végétaux particuliers, mais possédant souvent des groupements qui manquent dans les districts voisins, des faciès territoriaux correspondant à des différences floristiques constantes ou des colonies d'échappées (irradiations).

L'endémisme, s'il existe, y est réduit à des micro-endémiques d'âge récent. Il y a des espèces faisant défaut dans les districts voisins. Exemples : district auvergnat, district des Causses, district des Cévennes méridionales, districts nîmois-montpelliérain, narbonnais, etc.

VI. Le *sous-district*, terme inférieur de la hiérarchie, comprend enfin les dernières unités territoriales susceptibles d'être discernées. Il se distingue soit par l'absence, soit au contraire par la présence ou même la fréquence de certaines espèces typiques, échappées de territoires voisins, etc. ; en outre, par des différences purement quantitatives dans la constitution du tapis végétal : prépondérance ou rareté de certains groupements, etc.

BRAUN-BLANQUET. 3

Exemples : sous-district du Cantal, du Mont-Dore, du Forez ; sous-district des coteaux et sous-district des plaines alluviales nîmoises-montpelliéraines ; sous-district occidental et oriental du Plateau helvétique, etc.

L'application de ces définitions provisoires et nécessairement assez élastiques demande non seulement du tact, mais encore une connaissance approfondie de la végétation et de la flore d'un territoire.

Fig. A. — Garigue à *Cistus albidus* se transformant en taillis de *Quercus Ilex*
(plaine languedocienne). (Phot. W. Lüdi.)

Fig. B. — Rebord méridional du Causse du Larzac. Résultat du déboisement
des pentes calcaires : *Quercus Ilex* rabougri et *Quercus pubescens* isolé
(à droite), sur les limites de la région méditerranéenne. (Phot. Rousset.)

CHAPITRE TROISIÈME

LES ÉLÉMENTS PHYTOGÉOGRAPHIQUES DU MASSIF CENTRAL

DE FRANCE

A. Élément méditerranéen.

1° CARACTÉRISTIQUE PHYTOSOCIOLOGIQUE ET FLORISTIQUE

Trois grands territoires phytogéographiques viennent se joindre sur le Plateau Central de la France : les territoires méditerranéen, atlantique et médio-européen. La végétation médio-européenne et atlantique prédomine dans le Nord et le centre du massif ; dans les parties méridionales, au contraire, domine nettement l'élément méditerranéen, expression phytosociologique et floristique de la région méditerranéenne.

« La région méditerranéenne a reçu ce nom parce que les mêmes végétaux, ou des végétaux peu différents entre eux occupent presque toute l'enceinte de la Méditerranée. » (A. P. de Candolle 1808, p. 89) ; c'est là la première définition nette d'un territoire phytogéographique. La caractéristique de cette région, classique entre toutes, peut être résumée de la façon suivante :

Les associations climatiques finales appartiennent pour la plupart aux forêts composées d'arbres sclérophylles, à feuilles de faibles dimensions, coriaces, persistantes et adaptées de ma-

nière très diverse à une période de sécheresse estivale prolongée.
L'essence forestière, de beaucoup la plus importante, qui a dû
revêtir une grande partie de la région avant l'apparition de
l'homme, est le chêne-vert *(Quercus Ilex)*. On peut le considérer comme une incarnation du climat méditerranéen. Il s'étend
en forêts jusqu'aux limites de la région, atteignant en peuplements 1.800 mètres d'altitude dans le Moyen Atlas marocain (!)
et 2.500 mètres dans le Grand Atlas au Sud-Est de Marrakech
(R. Maire, in litt.). Son proche parent, *Quercus Suber*, le chêne-
liège, le remplace dans les terrains siliceux et sablonneux du
Portugal méridional — il y est l'essence dominante du groupement climatique primitif, — d'une partie de l'Espagne et de la
France méridionale (Roussillon, Provence), en Algérie et surtout dans le Maroc septentrional. L'immense forêt de la Mamora
à l'Est et au Nord de Rabat n'est qu'un vestige de cette forêt climatique primitive. *Quercus coccifera*, aujourd'hui surtout buis-
sonnant, envahit de sa broussaille naine, enchevêtrée de vastes
surfaces âpres et déboisées à sol pierreux-rocailleux. Au seuil
des basses Cévennes, sur les coteaux calcaires du Gard, il a pris
une extension telle que les habitants et ensuite les géographes
ont appliqué son nom patois « garoulia » à tout ce territoire
déshérité, aride entre le Vistre et le Gardon : « les Garri-
gues » (1). *Olea europæa, Pistacia Lentiscus, Myrtus communis,
Phillyrea spec. div., Rhamnus spec. sect. Alaternus, Teucrium
fruticans* et d'autres arbres ou arbustes de la même catégorie
de formes biologiques, concourent à donner à la végétation
méditerranéenne primitive sa physionomie relativement
uniforme, d'un charme étrange, captivant, indéfinissable. Aux
confins sud-occidentaux de la région, dans le Sud-Ouest du
Maroc encore, une Sapotacée monotype d'affinités tropicales,
Argania sideroxylon, imitant parfaitement l'aspect et la forme
biologique de l'olivier, constitue des forêts très étendues (groupement climatique final).

Il est pourtant rare de rencontrer aujourd'hui la forêt climatique bien développée dans les pays d'ancienne civilisation qui
entourent la Méditerranée. Elle s'est conservée un peu mieux

---

(1) Garrigue, Garigue signifie en Languedoc terrain inculte, aride, rocail-
leux, couvert surtout de petite broussaille ou presque nu.

dans les hautes chaînes de l'Atlas, où nous avons pu l'étudier rapidement. Ailleurs, ce sont le plus souvent des stades divers de dégradation : Maquis, Garigue, Monte bajo, Charnecas, Tomillares, Phrygana, etc., selon l'expression locale. Les principales espèces dominantes et sociales de ces groupements buissonnants, en grande partie consécutifs au déboisement, revêtent peu de formes biologiques analogues. Ce sont, outre les sclérophylles toujours vertes, les arbustes jonciformes (Rutensträucher) presque entièrement dépourvus de feuilles assimilatrices (*Spartium, Retama, Genista* spec. div., *Cytisus* spec. div., *Polygala Balansæ*, etc.), les arbustes ericiformes à feuilles plus ou moins aciculaires, enroulées par les bords (Rollblätter: (*Thymus* spec., *Rosmarinus, Fumana, Erica* spec., etc.), les arbustes épineux à surface transpiratoire très réduite (*Asparagus stipularis, Genista* spec. div., *Erinacea, Poterium spinosum*, etc.), les arbustes et arbrisseaux, souvent aromatiques, à feuilles de sauge, charnues ou coriaces, persistantes, couvertes d'un indument épais (*Salvia* spec. div., *Phlomis* et *Ballota* spec. div., *Cistus albidus*, etc.), et enfin le palmier nain, *Chamærops humilis* qui couvre à perte de vue les plaines dans la partie sud-occidentale de la région. Les lianes toujours vertes, assez nombreuses, perdent de plus en plus de place à mesure que la déforestation progresse. Dans l'extrême Sud-Ouest (Maroc) enfin, la forme cactoïde est représentée par une demi-douzaine d'espèces des genres *Euphorbia* sect. *Diacanthium*, *Caralluma* (Asclepiadacée), *Kleinia* (Composée). Une euphorbe cactoïde (*E. resinifera*) revêt de ses coussins compacts, glauques, des pentes entières sur le rebord du Grand Atlas, parfois à l'exclusion presque de toute autre végétation.

Les terrains dégarnis de végétation ligneuse sont envahis de Thérophytes et de Géophytes à bulbes et à tubercules. L'aspect physionomique de ces groupements est extrêmement varié ; ils imitent de merveilleux jardins fleuris dans l'Ouest du Maroc et le Tell algérien, pour dégénérer en maigres et fins gazons très discontinus dans les contrées moins bien partagées au point de vue de l'humidité atmosphérique. Au régime pluviométrique le plus sec correspondent des steppes à Hémicryptophytes sclérophylles graminoïdes du type des *Stipa* (Lygeum, Stipa, Ampelodesmos), steppes en grande partie climatiques, plus rarement édaphiques *(Ampelodesmos)*. Les Hémicryptophytes dominent également dans les strates inférieures sous le couvert épais de la futaie intacte de *Quercus Ilex*.

Les Ptéridophytes, Bryophytes en coussinet et les Lichens fruticuleux, relativement peu nombreux en espèces et surtout en individus, n'entrent pour ainsi dire pas dans la composition du tapis végétal.

Sur tout le pourtour de la Méditerranée, la végétation orophile s'ordonne en étages altitudinaux nettement différenciés. D'une façon générale, trois étages superposés se retrouvent dans la plupart des massifs montagneux :

1° L'étage des arbres sclérophylles toujours verts avec, à sa limite supérieure, une ceinture parfois absente d'arbres à feuilles caduques *(Quercus* spec. div., *Fagus silvatica, Acer* spec., *Ostrya carpinifolia*, etc.) ;

2° L'étage des Conifères *(Abies* spec. div., *Cedrus Libani, Juniperus* spec. div.) ;

3° L'étage des arbrisseaux nains et des pelouses alpines.

La spécialisation *floristico-systématique* de la région méditerranéenne se manifeste tout d'abord par le nombre très considérable (plusieurs milliers) d'*espèces endémiques*, eu-méditerranéennes. Parmi les *genres endémiques*, on compte de nombreux monotypes en partie étroitement localisés comme, par exemple, les Crucifères *Syrenopsis* (Bithynie), *Coincya* et *Guiroa* (chaînes bétiques), *Boleum* (Espagne), *Morisia* (Corse et Sardaigne), *Psychine* et *Cardylocarpus* (Algérie et Maroc), *Kremeria* et *Otocarpus* (Province d'Oran), *Ceratocnemum, Trachystoma* (Maroc méridional), *Hemicrambe* (Montagnes du Rif), *Fezia* (environs de Fez), la Caryophyllacée *Gouffeia* (Provence), les Ombellifères *Ammiopsis* (Algérie), *Sclerosciadium* (Maroc sud-occidental), *Petagnia* (Sicile), *Portenschlagia* (Dalmatie), *Kenopleurum* (Lesbos), *Astoma* (Syrie, Palestine), les Légumineuses *Petteria* (Illyrie, Dalmatie), *Cytisopsis* (Cilicie, Syrie), la Labiée *Dorystœchas* (Lycie et Pamphylie), les Composées *Hispidella* (Espagne centrale), *Hænselera* (Sierra Nevada), *Melitella* (îlot de Gozzo), *Nananthea* (Archipel tyrrhénien), l'Hépatique *Dichiton* (Afrique boréo-occidentale), etc., ou répandus dans une grande partie de la région *(Queria, Succowia, Carrichtera, Spartium, Erinacea, Hymenocarpus, Biserrula, Secu-*

*rigera, Ridolfia, Lagœcia, Physocaulos, Margotia, Prasium;
Tyrimnus, Geropogon, Zacintha,* etc.). Dans la partie occidentale de la région sont cantonnés les genres *Bivonæa* (4 espèces)
et *Vella* (3 espèces), puis quelques genres qui ne comptent que
deux espèces ; les genres *Enarthrocarpus* (4 ,esp.), *Ricotia*
(5 esp.), *Aubrietia* (12 esp.), sont méditerranéo-orientaux.

Parmi les genres-les plus importants, propres à la région
méditerranéenne ou ne la dépassant que rarement, nous cite-
rons : *Asphodeline, Muscari, Hyacinthus, Bellevalia, Gagea,
Crocus, Sternbergia, Serapias, Ophrys, Saponaria, Brassica,
Sinapis, Biscutella, Iberis, Alyssum, Ptilotrichum, Malcolmia
Eumalcolmia, Calycotome, Cytisus,. Coronilla, Scorpiurus,
Ebenus, Dorycnium, Ononis, Cistus, Biasolettia, Athamanta,
Elæoselinum, Scandix, Thapsia, Smyrnium, Alkanna, Phlomis,
Crucianella, Centranthus, Edrajanthus; Bellium, Anacyclus,
Santolina, Cynara, Staehelina, Catananche.*

Les familles les plus nombreuses en espèces sont les Composées, les Légumineuses, les Graminées, les Crucifères, les Labiées, les Ombellifères, les Caryophyllacées. Elles forment à peu
près la moitié de l'ensemble des espèces. La petite famille des
Cnéoracées (1) (deux espèces), la famille des Cynomoriacées (une
espèce), la sous-famille des *Primulaceæ-Corideæ* (deux espèces),
les *Rosmarinæ* (deux espèces) et les *Aphyllanthæ* (une espèce)
sont spéciales à la région méditerranéenne.

Des pluies d'hiver et une saison sèche d'été caractérisent avant
tout le climat méditerranéen, qui a prêté son nom à un régime
pluviométrique que l'on retrouve en Californie, au Chili, au
Cap et dans l'Australie méridionale. Au régime méditerranéen
correspondent, dans l'ancien et le nouveau monde, des « formations végétales » identiques ou du moins très semblables.

Dans le midi de-la France, l'association du chêne-vert *(Quercus Ilex),* groupement climatique final le plus important, et
les groupements dérivés rendront les plus précieux services
pour la délimitation exacte de la région. Parmi les cultures
méditerranéennes, celles de l'olivier, du figuier et de l'amandier s'étendent ici jusqu'aux limites de la région et la dépas-

---

(1) Voir aussi Chodat R., dans *Bull. Soc. botanique de Genève,* 2e sér.,
vol. XII, 1920.

sent parfois un peu. Depuis Giraud-Soulavie (1783) jusqu'à nos jours, l'olivier *(Olea europæa)* a été considéré comme un des meilleurs réactifs du climat méditerranéen. M. Ch. Martins (1866, p. 529) et surtout MM. Durand et Flahault (1886) s'en sont servi pour délimiter la région méditerranéenne en France.

2° EXTENSION DE LA RÉGION MÉDITERRANÉENNE DANS LES CÉVENNES MÉRIDIONALES

Limites horizontales et verticales, p. 40 ; extension méditerranéenne dans la vallée supérieure de l'Hérault, p. 42 : différences locales, p. 45. .

Dans le Massif Central, la région méditerranéenne englobe les vallées méridionales des Cévennes. Sa limite cadre ici à peu près avec celle de l'association bien développée du chêne-vert *(Quercus Ilex)* ; elle est d'autant mieux définie qu'une chaîne montagneuse de 1.000 à 1.702 mètres d'altitude arrête l'afflux de la végétation du Bas-Languedoc. Ce n'est pourtant pas une ligne droite de démarcation : des plaines narbonnaises elle s'insinue dans les vallées cévenoles, poussant jusqu'au cœur du massif de l'Aigoual et atteignant en moyenne 600 à 700 mètres aux adrets. Aux ubacs (versant Nord), à la même altitude, la végétation eurosibérienne prédomine le plus souvent (v. figure 1, p. 43).

La limite extrême de la région méditerranéenne dans les Cévennes touche les environs de Joncels et d'Avène dans la vallée de l'Orb, Valleraugue et Arre dans le bassin de l'Hérault, les environs de Collet-de-Dèze dans celui du Gardon, Concoules et Vialas dans la vallée de la Cèze. Nulle part elle ne déborde vers le Nord et l'Ouest la ligne de faîte, et les dépressions même les plus faibles : le Col des Bastides (651 m.) entre Concoules et Villefort, le Col Notre-Dame (667 m.) entre la vallée de l'Orb et celle du Dourdou, le Col de la Feuille (467 m.) entre les vallées du Jaur et du Thoré forment des arrêts nets. Aux peuplements sombres du chêne-vert, aux landes embaumées à cistes, à lavandes, à *Erica arborea* du versant Sud succèdent des bois frais d'arbres à feuilles caduques, des prairies vertes, des landes à *Sarothamnus scoparius*. Les espèces méditerranéennes ont presque disparu, pour réapparaître, en partie seulement, bien en aval dans des coins privilégiés des principales vallées atlantiques.

Dans l'extension. *altitudinale* de la végétation méditerranéenne, le climat *local* intervient comme facteur limitatif de premier ordre. D'une manière générale, on peut dire que la végétation méditerranéenne s'abaisse dans les Cévennes méridionales du Nord-Est au Sud-Ouest, c'est-à-dire du bassin de la Cèze et du Gardon aux cours du Thoré et du Sor : sur les contreforts sud-orientaux du Mont Lozère, entre Génolhac et Vïalas, et sur les adrets abrupts du Grand Aigoual, les bosquets de *Quercus Ilex* grimpent jusqu'à 950 mètres ; dans la vallée de l'Orb, ils ne s'élèvent guère au-dessus de 700 mètres (exceptionnellement à 810 m. au Roc Malaurède), et enfin, dans la partie occidentale de la Montagne Noire, les feuillus : *Quercus sessiliflora, Quercus pedunculata* et *Fagus silvatica* descendent dans le bas des vallées. L'influence dominante des courants atlantiques délimite ici l'extension de la végétation méditerranéenne.

Les limites altitudinales offrent d'ailleurs des différences notables, non seulement d'après la situation et l'orientation, mais encore suivant l'inclinaison des pentes et suivant la composition du sol. Ainsi l'apparition des terrains primitifs provoque l'arrêt d'une foule de végétaux méditerranéens, par exemple, dans la vallée du Gardon, aux environs de la Grand' Combe et dans la vallée de l'Hérault, entre Ganges et Pont-d'Hérault. Certaines espèces, indifférentes à l'égard du sol, s'élèvent bien plus haut sur le calcaire que sur les schistes. A Montolieu, dans la Montagne Noire, de nombreuses espèces méditerranéennes, ne dépassant pas l'altitude de 300 mètres sur le granit, abondent jusqu'à 630 mètres et affrontent les vents du Nord sur le calcaire compact des garigues de Caunes (Baichère, 1888). Les limites maxima sont atteintes sur les versants chauds, abrités, à pente rocheuse ou fortement inclinée.

L'étude détaillée des extensions méditerranéennes dans les vallées méridionales des Cévennes n'est pas assez avancée pour autoriser un aperçu synthétique comparatif, aussi nous bornerons-nous à décrire un des exemples les plus expressifs : la pénétration de l'élément méditerranéen dans le bassin supérieur de l'Hérault. Pour ce territoire, nous pouvons nous appuyer sur une statistique floristique complète et récente.

L'Hérault supérieur se divise, à Pont-d'Hérault, en deux branches à peu près égales : la vallée de l'Arre et la vallée de Valleraugue ou de l'Hérault proprément dite. Grâce à des circonstances particulièrement favorables, une riche flore méditerranéenne caractérise surtout la vallée latérale de l'Arre, tandis que — fait curieux — l'artère principale de l'Hérault n'a reçu qu'une colonie bien plus faible. Cela tient à diverses causes : climatiques, orographiques, édaphiques et historiques.

Parmi les causes *actuelles*, le climat privilégié analysé ailleurs (Br.-Bl., 1915, p. 21-40) et l'orientation de la vallée longitudinale (Ouest-Est), l'abritant contre les vents du Nord, ont dû faciliter l'immigration de la plaine languedocienne relativement proche. La composition du sol est très variée, des calcaires jurassiques et liasiques alternent avec le granit et les schistes. Il en résulte une grande diversité de conditions écologiques. En outre, le bassin du Vigan paraît avoir joué le rôle d'un refuge pour les espèces méditerranéennes tertiaires.

Cette riante vallée de l'Arre héberge, entre 200 et 400 mètres d'altitude, un assez grand nombre de végétaux qui trouvent ici leur limite septentrionale :

Corynephorus fasciculatus Bss. et Rt.	*Cistus Pouzolzii* Del.
Allium siculum Ucria	*Thapsia villosa* L.
Papaver Apulum Ten.	*Fœniculum piperitum* L.
Fumaria agraria Lag.	*Vincetoxicum nigrum* (L.) Mœnch
Arabis verna (L.) R. Br.	*Linaria rubrifolia* R. et C.
Genista candicans L.	*Phelipæa Muteli* Reut.
Trigonella gluaiata Stev.	*Viburnum Tinus* L.
Trifolium ligusticum Balb.	*Hedypnois cretica* (L.) Willd.
— *leucanthum* M. B.	*Zacintha verrucosa* Gærtn.
Vicia pubescens (DC.) Lk.	*Thrincia tuberosa* (L.) DC.

et les Mousses : *Orthotrichum acuminatum* Phil. et *Fontinalis Duriæi* Schimper.

Localisées en France dans la Provence, le Languedoc et le Roussillon, ces espèces franchement eu-méditerranéennes ont ici leurs derniers avant-postes dans le Massif Central.

D'autres, beaucoup plus nombreuses et plus abondantes dans les vallées de l'Arre et de l'Hérault supérieur, ont franchi quelque peu les limites de la région méditerranéenne, remontant le cours du Rhône jusqu'au delà de Montélimar, ou débordant

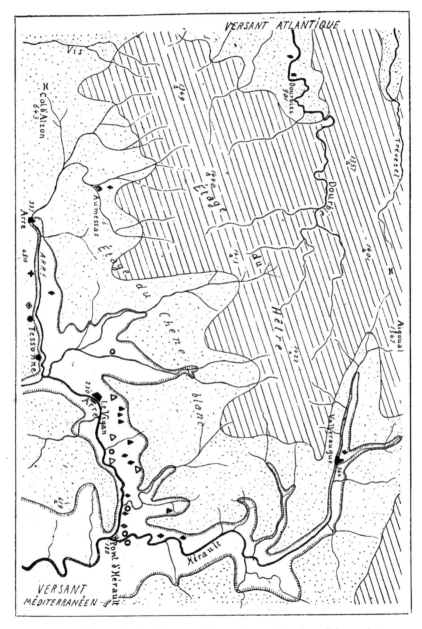

Fig. 1. — Limite de la région méditerranéenne dans la vallée supérieure de l'Hérault.

☐ Etage du chêne-vert ; ⁙ Etage du chêne-blanc ; //// Etage du hêtre, ◉ localité de l'*Allium siculum*, ✛ *Aquilegia Kitaibelii*, ● *Pæonia peregrina*, ▲ *Cistus laurifolius*, ◆ *Arbutus Unedo*, ◣ *Vincetoxicum nigrum*, ○ *Trifolium, Bocconi* (voir p. 72).

la ligne de partage des éaux vers les bassins du Tarn moyen et de la Garonne. Tels sont :

Cheilanthes odora Sw.
Stipa juncea L.
— *Aristella* L.
Briza maxima L.
Bromus rubens L.
— *intermedius* Guss.
Brachypodium ramosum (L.) R. et S.
Triticum triaristatum Willd.
Carex distachya Desf.
— *chætophylla* Steud.
Colchicum longifolium Cast.
Allium moschatum L.
Asparagus acutifolius L.
Narcissus juncifolius Lag.
Aristolochia Pistolochia L.
Rumex intermedius DC.
Silene inaperta L.
Paronychia cymosa Lamk.
Clematis Flammula L.
Lepidium hirtum DC.
Potentilla hirta L.
Genista Scorpius (L.) DC.
Trifolium hirtum All.
— *stellatum* L.
— *nigriscens* Viv.
Bonjeania recta (L.) Rchb.

Lens nigricans (M. B.) Godr.
Lathyrus annuus L.
— *inconspicuus* L.
— *setifolius* L.
Linum narbonense L.
Ruta angustifolia Pers.
Euphorbia Characias L.
— *nicæensis* L.
Scandix australis L.
Erica arborea L.
Coris monspeliensis L.
Cynoglossum cheirifolium L.
Lithospermum fruticosum L.
Teucrium Polium L.
— *flavum* L.
Thymus vulgaris L.
Linaria chalepensis (L.) Mill.
Vaillantia muralis L.
Lonicera implexa Ait.
Valerianella echinata (L.) DC.
— *discoidea* Lois.
Cephalaria leucantha (L.) Schrad.
Phagnalon sordidum (L.) DC.
Helichrysum angustifolium (Lamk.) DC.
Urospermum Daleschampii (L.) Desf.

ainsi que de nombreuses Bryophytes (v. Boulay, 1877, pp. 102, 103). Ce cortège eu-méditerranéen, auquel s'ajoutent une foule d'espèces subméditerranéennes, forme dans le bassin supérieur de l'Hérault le fond de la végétation de l'étage inférieur. L'association climatique finale, la forêt de *Quercus Ilex*, y est représentée actuellement par des taillis de 20 à 40 ans, soumis aux coupes régulières. Ils s'avancent aux adrets dans la vallée de l'Hérault jusqu'au delà de Valleraugue, dans celle de l'Arre jusqu'à la colline d'Arre. Les associations secondaires, dérivées par dégradation de la forêt primitive (landes à *Cistus* et à *Erica arborea*, pelouses à *Brachypodium ramosum*, etc., groupements de Thérophytes [annuelles]), revêtent les pentes chaudes, déboisées et incultes jusqu'à 600 mètres d'altitude environ. C'est aussi la limite extrême de la culture de l'olivier.

L'élément méditerranéen a perdu de son importance primitive par la création de jardins et de prairies irriguées étendues,

îlots de végétation eurosibérienne. Souvent aussi, dans les terrains siliceux, l'homme, en substituant à la forêt climatique
des châtaigneraies qui descendent parfois jusqu'à 150-200 mètres, a imprimé à la contrée une physionomie étrangère, plus
septentrionale.

Il y a peu de différence entre les groupements de plantes
méditerranéens de la vallée de l'Hérault et ceux des autres
vallées méridionales des Cévennes. Cependant, quelques ano-
malies dans la répartition de certains arbustes sociaux méritent
d'être signalées.

Ainsi *Erica scoparia* et *Lavandula Stœchas*, absentes dans le
bassin supérieur de l'Hérault, remontent, la première bien au
delà de Sainte-Cécile-d'Andorge dans la vallée du Gardon et
entre Chamborigaud et Génolhac dans le bassin de la Cèze, la
seconde au delà de la Levade (vallée du Gardon d'Alais) et vers
Avène dans la vallée de l'Orb, où elle atteint 630 mètres d'altitude. *Paliurus australis* et *Juniperus Oxycedrus* ont gagné les
environs de la Grand'Combe dans la vallée du Gardon, sans
pénétrer dans le bassin supérieur de l'Hérault. *Cistus crispus*,
manquant dans la partie orientale et moyenne des Cévennes
méridionales, s'élève jusqu'à Saint-Martin-d'Orb dans la vallée
de l'Orb ; *Cistus umbellatus* a escaladé le Roc Malaurède
(800 mètres). Au contraire, *Cistus populifolius* ssp. *narbonensis*,
qui s'arrête au seuil des Cévennes sud-occidentales (Saint-Chinian), se retrouve isolé dans le bassin du Gardon à Saint-
Etienne-Valfrancesque et à Saint-Paul-la-Coste (550 m.) (Coste
et Soulié). *Cratægus ruscinonensis* paraît avoir sa localité la
plus avancée dans le petit vallon de Vernasoubres, entre Serieis
et Avène, à 450 mètres d'altitude. *Bupleurum fruticosum* garnit
de ses buissons touffus les coteaux calcaires au delà de Bédarieux, vallée de l'Orb, et peu en aval de la Grand'Combe, au
Mazel (250 m.), tandis qu'il manque complètement à l'état
spontané dans le bassin supérieur de l'Hérault.

Ces différences locales s'expliquent en partie par des raisons
purement édaphiques, en partie par des raisons d'ordre histo-
rique.

Le foyer de développement primitif de nos espèces méditerranéennes ne pourra en général être précisé, vu l'extension
vaste et l'origine certainement très ancienne, tertiaire, de la

plupart d'entre elles. M. Trotter (1912, p. 90) fait remarquer
avec raison que la distribution actuelle ne permet souvent
aucune déduction sur leur centre de formation. Négligeant ce
problème, au moins en partie irrésoluble, nous nous contente-
rons de poursuivre la question moins abstraite de l'immigration
méditerranéenne dans le Massif Central.

3° LES IRRADIATIONS MÉDITERRANÉENNES DANS LE MASSIF CENTRAL ET DANS LES CONTRÉES VOISINES

Historique, p. 46 ; colonies méditerranéennes du bassin du Rhône, p. 47 ; de
la côte atlantique, p. 48 ; barrière des Cévennes méridionales, p. 50 ; colonie
de Meyrueis, p. 52 ; du Pas-de- l'Arc, p. 52 ; de Nant, p. 53 ; bassin du
Cernon et vallée centrale du Tarn, p. 55 ; Sorézois, p. 56 ; vallée supérieure
du Lot, p. 57 ; Cantal méridional, p. 57 ; Limagne, p. 58 ; bassin de Montbrison, p. 60.

Les associations méditerranéennes s'arrêtent, nous l'avons
dit, avec la plupart des végétaux eu-méditerranéens, sur les
flancs ensoleillés du rebord méridional des Cévennes. Cependant, des fragments d'associations et de très nombreuses espèces
subméditerranéennes ont franchi cette barrière, s'établissant
dans des conditions de milieu spéciales bien au delà de la région
d'où elles proviennent. Nous les rencontrons ainsi disséminées
dans beaucoup de vallées atlantiques du Massif Central. Elles
progressent d'autre part, soit par la large dépression du Rhône,
soit le long de la côte atlantique, se groupant de préférence
dans des stations sèches et chaudes, peu altérées par l'homme,
et y formant parfois de véritables colonies d'échappés méditerranéens.

Ces colonies méridionales, installées au milieu d'une végétation bien différente, ont suscité depuis longtemps l'intérêt des
botanistes. Dès 1779, H.-B. de Saussure (I, p. 42), parlant des
plantes de la France méridionale qui croissent aux environs de
Genève, y signale la présence des *Ornithogalum pyrenaicum,
Cucubalus baccifer, Colutea arborescens, Lathyrus Cicera,
Reseda Phyteuma, Althæa hirsuta, A. officinalis, Plantago
Cynops, P. Coronopus, Centaurea solstitialis, Lactuca virosa,*
etc. En 1859, A. Chabert attira l'attention sur l'existence d'espèces méditerranéennes dans la flore de la Savoie. Peu après,

Perrier de la Bathie et Songeon (1863) se sont occupés de ces
« échappés des plages méditerranéennes ». L'abbé Boulay (1877,
p. 97) a traité d'une façon sommaire les « extensions méditerranéennes » des Bryophytes. Sur les colonies subméditerranéennes du Lyonnais, nous possédons les travaux importants
de M. Magnin, et en particulier sa. « Végétation de la Région
Lyonnaise » (1886), qui contient aussi une carte des « extensions
de la flore méridionale » dans le Lyonnais. Des études très docu-
mentées sur les irradiations méridionales des environs de Grenoble, du Jura méridional, du bassin lémanien, sont dues à
MM. Vidal et Offner (1905), à M. Briquet (1890, 1898-99), et à
M. Beauverd ; M. Issler (1910) s'est occupé de l'immigration
méditerranéenne en Alsace.

Ces recherches et quelques autres de moindre importance
permettent de se faire une idée assez exacte de l'appauvrissement
successif de la végétation méditerranéenne dans le bassin
moyen et supérieur du Rhône. L'association climatique du
chêne-vert bien développée, et les associations dérivées s'arrêtent
avec une foule d'espèces eu-méditerranéennes sur les rampes du
défilé de Donzère et du Plateau de Montjoyer. Des colonies
isolées de végétaux eu-méditerranéens atteignent les coteaux
abrupts de Tain au Nord de Valence. *Quercus Ilex* remonte jusqu'à Vienne. Dans le Lyonnais, le Jura méridional et le Grési-
vaudan, s'arrêtent pour manquer plus au Nord :

Piptaptherum paradoxum (L.) P. B.	*Trigonella gladiata* Stev.
Aira capillaris Host	*Trifolium Lagopus* Pourr.
Avena bromoides Gouan	*Psoralea bituminosa* L.
Bromus madritensis L.	*Vicia peregrina* L.
Psilurus nardoides Trin.	*Euphorbia segetalis* L.
Ornithogalum tenuifolium Guss.	*Pistacia Terebinthus* L.
Allium paniculatum L.	*Rhamnus Alaternus* L.
Aphyllanthes monspeliensis L.	*Helianthemum pilosum* Pers.
Gladiolus segetum L.	*Cistus salvifolius* L.
Osyris alba L.	*Bupleurum junceum* L.
Thesium divaricatum Jan.	*Caucalis leptophylla* L.
Silene italica (L.) Pers.	*Jasminum fruticans* L.
Herniaria incana Lamk.	*Convolvulus cantabrica* L.
Ranunculus monspeliacus L.	*Alkanna tinctoria* (L.) Tausch
Sedum altissimum Poir.	*Lavandula Spica* L.
Spartium junceum L.	*Teucrium Polium* L.
Genista Scorpius (L.) DC.	*Verbascum Chaixii* Vill.
Cytisus argenteus L.	— *sinuatum* L.
Ononis minutissima L.	*Linaria simplex* (Willd.) DC.
Melilotus neapolitanus Ten.	*Rubia peregrina* L.

Centranthus Calcitrapa (L.) Dufr.
Campanula medium L.
— Erinus L.
Senecio gallicus Chaix
. — Doria L.
Cirsium ferox L.
Leuzea conifera (L.) DC.

Centaurea aspera L.
— collina L.
Pterotheca sancta F. Schultz
Picridium vulgare Desf.
Scorzonera hirsuta L.
Leontodon crispus Vill.

Près de 100 espèces subméditerranéennes s'infiltrent dans le Bassin de Paris et l'Alsace-Lorraine.

Les irradiations méridionales du domaine atlantique sont moins bien connues. Un travail d'ensemble sur la répartition des colonies méditerranéennes de l'Aquitaine, leurs conditions de vie, leur histoire, fournirait un beau sujet d'études.

Le bassin de la Garonne, rattaché de près à la région méditerranéenne, et séparé seulement par la barrière insignifiante du Col de Naurouze (186 m.), a reçu et reçoit encore, surtout par l'intervention de l'homme, de nombreux immigrants méditerranéens. Citons-en parmi les Phanérogames (1) :

Rosa pervirens Gren.
Euphorbia Chamæsyce L.
Rhamnus Alaternus. L.
Pistacia Terebinthus L.
Cistus laurifolius L.
Lavandula latifolia L.

Senecio lividus L.
Leuzea conifera (L.) DC.
Urospermum picroides (L.) Desf.
Tragopogon australis Jord.
Echinops Ritro L.

qui ne dépassent pas le Périgord vers le Nord-Ouest. Quercus Ilex forme des petits bosquets, notamment sur la rive droite de la Gironde.

Les espèces suivantes, établies en peu de localités de la Saintonge crétacée et de la Champagne charentaise, favorables à leur maintien, s'arrêtent au Sud du cours de la Charente ou la dépassent à peine (cf. Lloyd, 1898) :

Serapias Lingua L.
Aristolochia rotunda L.
Osyris alba L.
Cytinus Hypocistis L.
Corrigiola telephifolia Pourr.
Matthiola incana (L.) R. Br.
Sedum anopetalum DC.
Scorpiurus subvillosus L.
Ruta graveolens L.

Phillyrea angustifolia L.
Convolvulus cantabrica L.
Lithospermum apulum (L.) Vahl.
Sideritis romana L.
Verbascum sinuatum L.
Valeriana pumila DC.
Pallenis spinosa Cass.
Evax carpetana Lange
Chrysanthemum graminifolium L.

(1) En ce qui concerne les Mousses et les Hépatiques, nous renvoyons à Boulay (1877, p. 101-9, et 1904, p. LXXII-LXXVII).

En s'éloignant de la Charente, les espèces subméditerranéennes se montrent plus clairsemées.

L'apparition des terrains primitifs de la Vendée est marquée par un arrêt très accentué. De puissantes colonies se sont installées sur la bordure jurassique en deçà du territoire siliceux. Elles donnent un cachet spécial aux Iles-Hautes du Marais et aux coteaux calcaires environnants. Voici les espèces qui trouvent ici leur limite septentrionale :

Deschampsia media (Gouan) R. et S.
Kœleria setacea Pers.
Echinaria capitata (L.) Desf.
Carex Halleriana Asso
Allium roseum L.
Linum strictum L.
Helianthemum salicifolium (L.) Mill.
Acer monspessulanum L.
Melilotus sulcatus Desf.
Trigonella monspeliaca L.

Astragalus hamosus L.
 — monspessulanus L.
Vicia peregrina L.
Bifora testiculata DC.
Phillyrea media L.
Convolvulus lineatus L.
Micropus erectus L.
Inula montana L.
 — squarrosa L.
Carduncellus mitissimus (L.) DC. etc.

Près de 200 espèces subméditerranéennes enfin franchissent la Loire, et même en Bretagne encore, plus de 150 témoignent de la clémence du climat armoricain. N'en citons que les plus intéressantes :

Asplenium Ceterach L.
Cynosurus echinatus L.
Gaudinia fragilis (L.) Pal.
Vulpia ciliata (Danth.) Link
 — bromoides (L.) Dum.
Lolium rigidum Gaud.
Ruscus aculeatus L.
Arum italicum Mill.
Quercus Ilex L.
 (probablement introduit).
Silene gallica L.
Mœnchia erecta (L.) Fl. Wett.
Diplotaxis viminea DC.
Sisymbrium Columnæ Jacq.
Fumaria micrantha Lag.
 — parviflora Lamk.
Papaver. hybridum L.
Ranunculus parviflorus L.
Geranium lucidum L.
Adénocarpus complicatus Gay
Lupinus reticulatus Desv.
Ononis reclinata L.
Trifolium glomeratum L.
 — subterraneum L.

Trifolium angustifolium L.
 — scabrum L.
 — striatum L.
 — Bocconi Savi
Trifolium resupinatum L.
Lotus angustissimus L.
Vicia bithynica L.
 — lathyroides L.
 — gracilis Lois.
Lathyrus Nissolia L.
 — sphæricus Retz.
 — angulatus L.
Bupleurum tenuissimum L.
Torilis nodosa (L.) Gärtn.
 — heterophylla Guss.
Smyrnium Olusatrum L.
Tordylium maximum L.
Asterolinum Linum stellatum (L.) Lk. et Hoffm.
Anchusa italica Retz.
Cynoglossum creticum Ait.
Salvia Verbenaca L.
Bellardia Trixago (L.) All.
Valerianella eriocarpa Desv.

Rubia peregrina L.
Inula graveolens Desf.
Helichrysum Stœchas L.
Kentrophyllum lanatum L.

Carduus tenuiflorus Curt.
Scolymus hispanicus L.
Crepis Suffreniana (DC.) Lloyd
Crepis bulbosa Tausch

La Bretagne, sous la latitude de Paris et de Strasbourg, est donc incomparablement plus riche en échappés méditerranéens que les contrées du Centre. La raison principale nous paraît être, avec le climat peu rigoureux, qui a certes son importance, la facilité de l'immigration ininterrompue. L'accès du Centre de la France était barré par des obstacles bien plus sérieux ; aussi le mouvement progressif est-il resté bien en arrière par rapport aux deux ailes : la dépression du Rhône et la côte atlantique.

Les Cévennes méridionales schisteuses et granitiques furent de tout temps un premier et important obstacle orographique interceptant l'extension de l'élément méditerranéen dans le Massif Central (voir fig. 2). Cette large chaîne élevée (1.000-1.700 m.), couverte jadis d'un épais manteau de forêts, devait nécessairement constituer une barrière presque infranchissable pour les espèces calcicoles. Rien d'étonnant qu'au Nord et au Nord-Ouest de la ligne de faîte manquent une foule de végétaux communs sur l'autre versant. Dans les Cévennes de l'Aigoual, par exemple, quelques espèces sociales *(Quercus Ilex, Erica arborea, Cistus salvifolius*, etc.) s'élèvent très haut sur le flanc méditerranéen (1.000 à 1.300 m. d'alt.), frôlant l'étage du hêtre. *Quercus Ilex* franchit même la crête principale ; il apparaît en plusieurs points de la vallée supérieure du Tarnon entre 1.000 et 1.280 mètres, mais sans descendre plus bas de l'autre côté. Il réapparaît cependant au confluent de la Jonte et du Tarn et plus en aval, ayant contourné le massif siliceux par les dépressions qui circonscrivent les Causses.

Ces hauts plateaux jurassiques, tantôt plans, tantôt mamelonés, s'étendent sur une largeur de 50 kilomètres entre le massif de l'Aigoual et l'Espinouse. Ils sont sillonnés de profondes vallées, tributaires du Tarn, dont quelques-unes touchent les limites de la région méditerranéenne (vallée du Dourdou, de la Sorgues, bassin supérieur de la Dourbie), et qui forment un couloir pour les irradiations du Midi. De nombreuses colonies méditerranéennes se sont établies sur les pentes chaudes et dans les gorges des Causses.

Fig. 2. — Esquisse géologique du Massif Central de France
(surtout d'après M. Glangeaud).

☰ Terrain archéen (granitique etc.), ||||| Sédiments paléozoïques, ⴲⴲ Sédiments mésozoïques (surtout jurassiques et crétacés), ⦂⦂⦂⦂ Sédiments tertiaires et pléistocènes, ■ Terrain volcanique tertiaire et quaternaire.

L'entonnoir de Meyrueis (700-800 m.) sur le versant atlantique de l'Aigoual en est un exemple typique. Bon nombre des espèces subméditerranéennes de Meyrueis, calcicoles pour la plupart, sont absentes dans la vallée supérieure de l'Hérault sur le versant méditerranéen de l'Aigoual (marquées d'un *). Elles abondent au contraire dans les Causses, par lesquels leur pénétration dans la vallée supérieure de la Jonte a dû s'effectuer. Voici l'énumération des espèces subméditerranéennes de Meyrueis :

Kœleria setacea Pers.
Scleropoa rigida (L.) Gris.
Bromus squarrosus L.
Triticum [Ægilops] ovatum (L.) Rasp.
—   — triunciale (L.) Rasp.
Arum italicum Mill.
Thesium divaricatum Jan.
Rumex pulcher L.
Silene italica (L.) Pers.
* Buffonia paniculata Dubois
* Herniaria incana Lamk.
* Ceratocephalus falcatus (L.) Pers.
Galepina irregularis (Asso) Thell.
* Genista hispanica L.
Cytisus sessilifolius L.
— argenteus L.
Ononis pusilla L.
Medicago orbicularis (L.) All.
Trigonella monspeliaca L.
* Trifolium scabrum L.
— glomeratum (L.) (vallon de la Brèze).
Dorycnium suffruticosum L.
* Coronilla minima L.
Acer monspessulanum L.
* Linum narbonense L.

Bupleurum aristatum Bartl.
Tordylium maximum L.
Caucalis leptophylla L.
Thymus vulgaris L.
* Salvia Æthiopis L.
* Veronica acinifolia L.
Plantago Cynops L.
* Valerianella coronata DC.
Crucianella angustifolia L. (Villaret).
Knautia integrifolia (L.) Bert.
Helichrysum Stœchas L.
Xeranthemum inapertum Mill.
Catananche cœrulea L.
Crupina vulgaris Cass.
Centaurea Calcitrapa L.
* Achillea odorata L.
Echinops Ritro L.
* Inula montana L.
* Leontodon crispus Vill.
Pterotheca sancta F. Schultz
Tolpis barbata (L.) Gärtn. (vallon de la Brèze).
Scorzonera [Podospermum] laciniata L.
* Tragopogon crocifolius L.

Des colonies intermédiaires de caractère méditerranéen plus accentué ont trouvé des abris dans les gorges du Trévezel et de la Dourbie. Le défilé du Pas-de-l'Ase, près de Trèves, en est un des plus importants. La plupart des espèces de Meyrueis s'y rencontrent ; les pentes rocheuses et les falaises jurassiques du Pas-de-l'Ase (600-650 m.) fournissent de plus :

Adiantum Capillus Veneris L.
Piptatherum paradoxum (L.) P. B.
Asphodelus cerasifer Gay

Aphyllanthes monspeliensis L.
Ruscus aculeatus L.
Aristolochia Pistolochia L.

Rumex intermedius DC.

Fumana vulgaris Spach. ssp. ericoï-
des (Cav.) Br.-Bl. (= F. Spachii
G. G.).

Lonicera etrusca Santi
Convolvulus cantabrica L.
Rubia peregrina L.
Cephalaria leucantha (L.) Schrad.

Ces échappés n'ont pas pu arriver par la vallée supérieure
de l'Hérault et le plateau de l'Espérou (1.250 m.) comme le
pensait M. Beille (1889, p. 46) (1). A part l'*Asphodelus*, le
Ruscus, les *Lonicera etrusca* et *Rubia peregrina*, ils manquent
au contraire sur le versant de Valleraugue. La présence de ces
calcicoles dans les gorges du Trévezel doit également être attribuée à une migration à travers les Causses où l'on connaît de
nombreuses localités de jalonnement (v. fig. 3, p. 54).

Il en est de même pour les riches colonies de Nant et de Saint-
Jean-du-Bruel dans le bassin de la Dourbie. Favorisées par leur
situation à proximité des vallées méditerranéennes, par de
grandes facilités d'immigration, un climat propice et des conditions édaphiques très variées, un grand nombre d'espèces du
Midi s'y trouvent réunies. Outre les plantes déjà citées pour
Meyrueis et le Pas-de-l'Ase, le bassin délicieux de Nant-Saint-
Jean-du-Bruel (450-550 m. d'alt.) renferme beaucoup d'espèces
subméditerranéennes et plusieurs espèces eu-méditerranéennes
(v. surtout Martin, B.-A., 1890-1893), dont voici les plus intéressantes :

Echinaria capitata (L.) Desf.
Avena barbata Brot.
Koeleria phleoides (Vill.) Pers.
Bromus madritensis L.
Psilurus nardoides Trin.
Ornithogalum divergens Bor.
Asparagus acutifolius L.
Gladiolus segetum Ker-Gaw.
Aristolochia rotunda L.
Amaranthus albus L.
Silene conica L.
Polycarpon tetraphyllum L.
Ranunculus parviflorus L.
Alyssum campestre L.
Lepidium hirtum DC.
Genista Scorpius (L.) DC.

Ononis minutissima L.
Melilotus neapolitanus Ten.
Coronilla scorpioides (L.) Koch
Psoralea bituminosa L.
Vicia gracilis Lois.
Lathyrus Cicera L.
— *latifolius* L.
Erodium ciconium (L.) Willd.
Linum strictum L.
Euphorbia Chamaesyce L.
— *segetalis* L.
— *Characias* L.
Coriaria myrtifolia L.
Rhamnus Alaternus L.
Althæa hirsuta L.
Cistus laurifolius L.

(1) Le frère Héribaud (1899, p. 123) croit même que la plupart des espèces méridionales auraient atteint le Cantal par l'intermédiaire de ce col,
hypothèse qui ne s'accorde nullement avec les faits.

Torilis heterophylla Guss.
Bupleurum junceum L.
Phillyrea media L.
Jasminum frut̲icans L.
Cynoglossum creticum Ait.
Lavandula latifolia Vill.

Brunella hyssopifolia L.
Verbascum Bœrh̃avii L.
Linaria simplex (Willd.) DC.
Galium̃ verticillatum Danth.
Valerianella coronatá (L.) DC.
—   discoidea Lois.

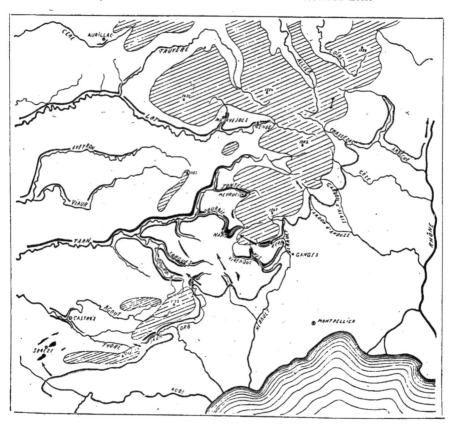

Fɪɢ. 3. — Limite de la région méditerranéenne dans le Massif Central et colonies subméditerranéennes (■). Les flèches indiquent les voies d'immigration. ⫽⫽ Territoires situés au-dessus de 1.000 m. d'alt.

Senecio gallicus Chaix
Inula graveolens (L.) Desf.
Cirsium ferox L.
Leuzea conifera (L.) DC.
Carthamus lanatus L.

Staehelina dubia L.
Carlina corymbosa L.
Rhagadiolus stellatus (L.) Gärtn.
Tragopogon australis Jord.

Peu en aval, dans les gorges de la Dourbie à Cantobre, viennent s'ajouter encore : *Euphorbia nicæensis, Salvia Verbenaca, Phagnalon sordidum, Urospermum picroides,* etc.

Toute cette flore a beaucoup d'analogie avec celle, plus riche, des vallées méditerranéennes de la Virenque, de la Vis et de l'Arre, séparées par des cols de 800 mètres d'altitude à peine. Trois espèces seulement de notre liste n'ont pas été signalées dans la vallée supérieure de la Vis et dans la vallée de l'Arre (*Erodium ciconium, Coriaria myrtifolia, Staehelina dubia*).

L'irradiation méditerranéenne dans le bassin du Cernon et la partie correspondante de la vallée du Tarn a dû longer surtout la falaise occidentale du Larzac exposée au Sud-Ouest et présentant des abris favorables. Cette voie d'immigration est jalonnée de nombreuses localités d'étapes ; *Quercus Ilex*, quoique toujours isolé, n'y est pas rare. Les colonies du bassin de Saint-Affrique sont alimentées par les vallées de la Sorgues et du Dourdou (Coste, 1893). Mais le centre d'échappés le plus important dans les Causses est la vallée moyenne du Tarn, artère principale pour les irradiations du Midi. Ses pentes calcaires, exposées en plein soleil et dominées au Nord par les croupes gneissitiques du Levezou et les falaises blanches des Causses de Séverac et de Sauveterre, constituent pour beaucoup d'espèces méditerranéennes la limite septentrionale. M. Ivolas (1889) et surtout M. l'abbé Coste (1893) ont donné des détails intéressants sur les infiltrations méridionales de la vallée du Tarn.

D'après M. Coste, environ 100 espèces s'arrêtent sur les rampes du Levezou et du Causse de Séverac. Nous relevons ici les plus importantes ; celles qui manquent dans les vallées méditerranéennes du Massif de l'Aigoual sont marquées d'une astérisque (*).

Brachypodium ramosum (L.) Rœm. et Schult.
* *Melica Bauhini* All.
Stipa juncea L.
— *Aristella* L.
* *Iris Chamæiris* Bert.
Allium moschatum L.
* *Juniperus Oxycedrus* L.
* — *phœnicea* L.
Clematis Flammula L.
* *Delphinium pubescens* DC.
Lepidium hirtum DC.
Potentilla hirta L.
Rosa sempervirens L.
Trifolium stellatum L.
Bonjeania recta (L.) Rchb.

Bonjeania hirsuta (L.) Rchb.
* *Lathyrus inconspicuus* L.
Ononis minutissima L.
Euphorbia flavicoma DC.
* *Helianthemum pilosum* (L.) Pers.
* *Passerina Thymelæa* DC.
* *Seseli elatum* L.
Scandix australis L.
Asterolinum Linum stellatum L.
Coris monspeliensis L.
Plumbago europæa L.
Lithospermum fruticosum L.
Cynoglossum cheirifolium L.
* *Phlomis Herba-venti* L.
Ajuga Iva L.
Teucrium flavum L.

Lavandula latifolia (L.) Vill.
Verbascum sinuatum L.
Linaria chalepensis (L.) Mill.
* Galium verticillatum Danth.
* —   pusillum L.
Valerianella echinata (L.) DC.

* Achillea Ageratum L.
Jasonia tuberosa (L.) DC.
Onopordum illyricum L.
Picnomon Acarna (L.) Cass.
Centaurea aspera L.
*   —   Salmantica L.

Quercus Ilex apparaît par ci par là dans la vallée du Tarn et de ses affluents. Il est, d'après M. Coste, abondant à Briols dans le bassin du Dourdou et plus encore dans la vallée du Tarn, à 14 kilomètres en amont de Millau, où il forme un bois de 8 hectares (Ivolas, 1889). Dans un peuplement de chênes-verts, à Peyrelade, près de Rivière, MM. Coste et Soulié (1897) ont découvert aussi le Quercus coccifera. Au Rozier, au confluent de la Jonte et du Tarn, l'olivier se maintient et donne même des fruits.

Quercus Ilex et Quercus coccifera ont également contourné les Cévennes sud-occidentales à l'Ouest, s'installant avec de nombreuses espèces méditerranéennes dans quelques localités favorisées des Causses du Sorézois (250 à 300 m.) au Nord de la Montagne Noire. M. Clos (1863 et surtout 1895) en a fait l'étude; il insiste sur le fait que ces colonies se trouvent presque toujours en terrain calcaire. Parmi les espèces les plus remarquables des colonies méditerranéennes du Sorézois, nous citèrons :

Briza maxima L.
, —   minor L.
Allium roseum L.
 —   polyanthum Rœm. et Schult.
Ornithogalum narbonense L.
Bellevalia romana L.
Iris fœtidissima L.
Smilax aspera L.
Serapias cordigera L.
Medicago Murex Willd.
 —   tribuloides Desr.

Malva nicæensis L.
Cistus albidus L.
Bupleurum tenuissimum L.
Erica arborea L.
Lavandula Stœchas L.
Santolina Chamæcyparissus L.
Helichrysum serotinum Boiss.
Carlina corymbosa L.
Urospermum Daleschampii (L.) Desf.
Picridium vulgare L.

Au Nord du Tarn et de la Jonte, l'importance des irradiations méridionales diminue sensiblement. La vallée du Lot supérieur forme un nouvel arrêt bien marqué, parallèle à celui du Tarn. Le thalweg, protégé des vents du Nord, bénéficie de l'espalier des contreforts de la Margeride et de l'Aubrac.

A Marvéjols, sous le 44° 30' lat., Quercus Ilex atteint sa limite extrême sur le Plateau Central (M. Coste, in litt.). Avec lui s'arrêtent dans la vallée supérieure du Lot :

Asphodelus cerasifer Gay
Aphyllanthes monspeliensis L.
Narcissus juncifolius Lag.
Celtis australis L.
Herniaria incana Lamk.
Genista Scorpius (L.) DC.
— hispanica L.
Cytisus sessilifolius L.
Psoralea bituminosa L.
Lathyrus inconspicuus L.
Ruta angustifolia Pers.
Euphorbia Chamæsyce L.
Coriaria myrtifolia L.
Rhamnus Alaternus L.
Fumana vulgaris Spach. ssp. ericoides (Cav.) Br.-Bl.

Onosma echioides L.
ssp. fastigiatum Br.-Bl.
Lavandula Spica L.
Satureia montana L.
Valeriana tuberosa L.
Valerianella pumila Willd.
Cephalaria leucantha (L.) Schrad.
Helichrysum Stœchas L.
Chrysanthemum graminifolium L.
Achillea odorata L.
Echinops Ritro L.
Carlina corymbosa L.
Crupina vulgaris Cass.
Catananche cœrulea L.
Leontodon crispus Vill.

Cette limite est climatique, mais aussi et surtout édaphique. On approche des hauteurs du Cantal. Les sédiments calcaires font place aux schistes siliceux ; la végétation calcicole richement représentée au Sud du Lot, a perdu son importance dans le Veinazès et la vallée du Celé, au seuil des monts du Cantal Cette contrée, coin le plus chaud de l'Auvergne, présente un cachet méridional assez prononcé : les 13.000 hectares occupés dans le Cantal par des châtaigneraies sont situés presque entièrement dans les cantons de Maurs, de Montsalvy et de Saint-Mamet. Ce « pays » a reçu par l'intermédiaire de la vallée du Lot :

Phleum arenarium L.
Briza minor. L.
Nardurus unilateralis (L.) Boiss.
Brachypodium distachyon R. et S.
Arum italicum Mill.
Ophrys lutea Cav.
— Scolopax Cav.
— fusca Link
Serapias longipetala Poll.
Ranunculus parviflorus L.
— chærophyllos L.
Sedum anopetalum DC.
Rosa Pouzini Tratt.
Ononis Natrix L.
Ononis pusilla L.

Coronilla minima L.
Linum strictum L.
Euphorbia Gerardiana Jacq.
Cistus salvifolius L.
Cornus. mas L.
Calamintha Nepeta Savi
Orobanche amethystea Thuill.
Centranthus Calcitrapa L.
Valerianella coronata DC.
Campanula Erinus L.
Senecio lividus L.
Carduncellus mitissimus (L.) DC.
Leuzea conifera (L.) DC.
Tolpis barbata (L.) Gärtn.

Ces espèces ne franchissent pas les croupes du Cantal et paraissent manquer ailleurs en Auvergne.

Au delà du massif cantalien, sur le rebord septentrional du Massif Central, les colonies méditerranéennes spontanées se resserrent de plus en plus, englobées par une luxuriante végétation de caractère atlantique. Elles bordent surtout les paliers alluviaux de l'Allier et de la Loire, entre 300 et 600 mètres d'altitude, qui reçoivent moins de 700 millimètres de pluie par an (v. tableau). Les collines et coteaux secs, volcaniques ou calcaires de la Limagne, qui produisent un vin renommé, sont assez riches en espèces méridionales. Cependant, la plupart d'entre elles paraissent introduites par l'homme et les animaux domestiques. Les moissons, les prés artificiels, les vignes, les bords des routes, les terrains vagues en sont particulièrement bien dotés. Voici un choix parmi les plus importantes des 130 espèces (env.) subméditerranéennes de la Limagne :

Kœleria setacea Pers.	*Coronilla scorpioides* L.
Bromus villosus Forsk.	*Lathyrus latifolius* L.
Cyperus longus L.	*Erodium ciconium* (L.) Willd.
Gladiolus illyricus Koch	*Helianthemum salicifolium* (L.) Mill.
— *segetum* Ker-Gawl.	*Bupleurum aristatum* Bartl.
Serapias Lingua L.	*Caucalis leptophylla* L.
Thesium divaricatum Jan.	*Anchusa italica* Retz.
Polygonum Bellardi All.	*Cynoglossum creticum* Ait.
Silene conica L.	*Salvia Verbenaca* L.
Buffonia paniculata Dubois	— *Æthiopis* L.
Ceratocephalus falcatus (L.) Pers.	*Verbascum Bœrhavii* L.
Arabis auriculata Lamk.	*Linaria Pelliceriana* DC.
Diplotaxis viminea DC.	*Convolvulus lineatus* L.
Alyssum campestre L.	— *cantabrica* L.
Fumaria parviflora Lamk.	*Plantago Cynops* L.
Althæa cannabina L.	*Inula bifrons* L.
Lupinus reticulatus Desv.	— *montana* L.
Trigonella monspeliaca L.	*Micropus erectus* L.
Trifolium subterraneum L.	*Xeranthemum inapertum* Willd
Lotus angustissimus L.	*Carduus tenuiflorus* Curt.
Astragalus hamosus L.	*Chondrilla juncea* L.

Spartium junceum, sinon spontané, est du moins naturalisé en plusieurs points de la Limagne. Lamotte (1877, p. 181) croit qu'il a été introduit à Gergovia pendant l'ère gallo-romaine.

Les colonies subméditerranéennes ne s'élèvent en général pas au-dessus de 600 mètres. Dans le vallon de la Couze de Chambon, par exemple, elles ne dépassent pas les coteaux des envi-

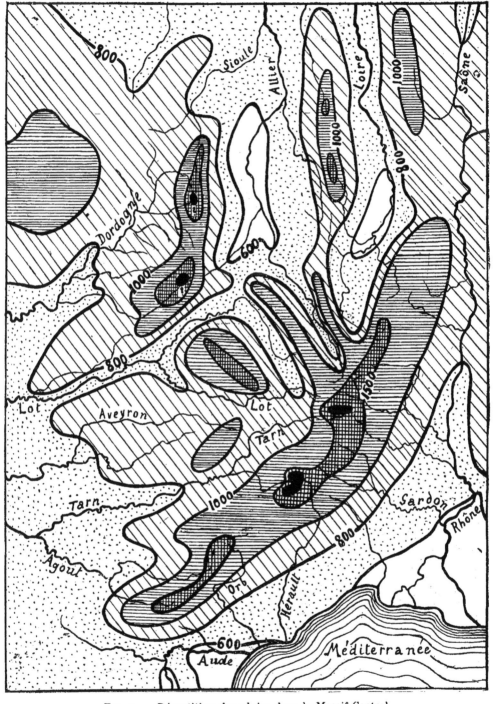

FIG. 4. — Répartition des pluies dans le Massif Central.

Précipitations annuelles moins de 600 mm.   Précipitations annuelles 1.000-1.500 mm.
—   —   —   600-800 mm.   —   —   —   1.500-2.000 mm.
—   —   —   800-1.000 mm.   —   —   —   plus de 2.000 mm.

rons de Champeix qui hébergent entre autres *Bromus villosus,
Lepidium graminifolium, Trigonella monspeliaca, Erodium
ciconium, Calendula arvensis, Lactuca viminea,* etc. La vallée
de l'Alagnon,. en contact direct avec le bassin de Saint-Flour
(vallée de la Truyère, affluent du Lot), paraît avoir reçu de ce
côté un certain appoint d'espèces méditerranéennes, signalées
jusqu'à des altitudes de 800 à 950 mètres. M. l'abbé Charbonnel
(1903) y indique *Fumana procumbens, Isatis tinctoria, Xeranthemum inapertum* et *X. cylindraceum* à 950 mètres, *Acer
monspessulanus* et *Bupleurum junceum* à 800 mètres.

Le *bassin de Montbrison*, dans la dépression de la Loire,
moins étendu et d'accès plus difficile, possède un nombre assez
restreint d'échappés méditerranéens. A peu près tous se retrouvent aussi dans la Limagne. Il en est ainsi, par exemple, des ·

Silene Armeria L.

Medicago Gerardi Willd.

Trifolium glomeratum L.

Onobrychis supina DC.

Acer monspessulanus L.

Bupleurum tenuissimum L.

Torilis nodosa L.

Plantago Coronopus L.

Rubia peregrina L.

Crucianella angustifolia L.

Kentrophyllum lanatum L.

Xeranthemum cylindraceum ¯Sibth.′

Scorzonera laciniata L.

Andryala integrifolia L.. etc.

Les *Ranunculus parviflorus, R. monspeliacus, Trifolium
angustifolium, T. parviflorum, Galium divaricatum,* par contre,
présents à Montbrison, manquent dans la Limagne

L'association climatique finale des parties basses de la Limagne et des plaines de Montbrison et de Roanne paraît être la
forêt de chêne-blanc *(Quercus sessiliflora* et *Quercus pedunculata)* aussi en mélange avec le hêtre *(Fagus silvatica).* Dans le
Roannais, le charme *(Carpinus Betulus)* existe en taillis sous-
futaie mélangé au chêne. Le chêne pubescent *(Quercus sessiliflora* var. *pubescens),* dominant au Sud du Cantal, est rare en
Auvergne et dans le bassin forézien. Il exige ici des conditions
stationnelles spéciales et ne s'élève guère au-dessus de 500 mètres d'altitude (v. d'Alverny, 1911, Cl. Roux, 1912). Parmi les
cultures, la vigne seule rappelle encore un peu le Midi. Le
vignoble occupe environ 22.000 hectares dans le Puy-de-Dôme;
il est également important sur les coteaux des environs de Montbrison et de Roanne. Les châtaigneraies, si étendues dans les
parties centrales et méridionales du Massif Central, occupent

de très petites surfaces en Auvergne (excepté le Sud du Cantal) et dans la Loire. L'élément méditerranéen, prépondérant dans les Cévennes méridionales, est devenu insignifiant sur le rebord septentrional du Massif Central.

4° IMMIGRATION DE L'ÉLÉMENT MÉDITERRANÉEN DANS LE MASSIF CENTRAL

Immigration actuelle, p. 61 ; étapes d'immigration, p. 62 ; groupements de transition, p. 63 ; moyens de dissémination, p. 64 ; les vents, p. 65 ; les animaux sauvages, p. 66 ; l'homme et les animaux domestiques, p. 69 ; exemples de survivance, p. 72.

Après avoir passé en revue les plus importantes colonies d'échappés méditerranéens du Massif Central, essayons de nous rendre compte comment leur immigration a pu s'effectuer et si elle a été possible dans les conditions actuelles.

Bien des coins du massif restant encore à explorer, les documents floristiques manquent donc pour résoudre ces questions dans leur ensemble. Quant aux Cévennes méridionales, dont la flore est bien connue et que nous avons eu l'occasion de parcourir pendant des années, une solution paraît dès maintenant possible.

La présence de nombreuses localités intermédiaires, généralement peu espacées, entre les colonies avancées et le foyer principal des espèces méditerranéennes, indique une diminution successive vers le Nord, facilement explicable par une immigration peu ancienne dans des conditions climatiques semblables aux conditions actuelles. L'observation directe confirme d'ailleurs que cette immigration se poursuit encore de nos jours. On constate une avance manifeste vers le Nord de certaines Composées, Crucifères, Légumineuses, Graminées méditerranéennes.

Diplotaxis erucoides, rare et localisé sur le littoral autour de 1880, est aujourd'hui extrêmement commun et envahissant dans la plaine du Languedoc et remonte dans les vallées cévenoles (cours supérieur du Vidourle) (v. aussi Thellung, 1912). *Pterotheca sancta*, très rare sur le Plateau Central dans la première moitié du siècle passé, y est maintenant dans la plupart des vallées jusqu'au Cantal. Dans le bassin du Tarn, Bras (1877) l'a cueilli pour la première fois en 1849 près de Saint-Affrique, dans la vallée de la Sorgues ; en 1864, il apparaissait dans la vallée de l'Aveyron, près de Mondalazac (Revel, 1885, p. 71) et depuis il est devenu très fréquent et s'est également étendu en Lozère. M. Magnin (1886, p. 470) résume l'histoire du *Ptero-theca* dans le Lyonnais. Il ne s'y est montré qu'accidentellement avant 1870 ; aujourd'hui on le vend à Lyon et on le mange en salade comme dans les villes du Midi. *Linaria striata*, *Crepis setosa*, *Crepis nicæensis*, diverses Centaurées, montrent une tendance semblable à l'expansion.

Pour le Gâtinais français, M. Evrard (1915) constate une avance pareille de certaines espèces subméditerranéennes. *Vicia narbonensis*, *V. purpurascens*, *Lathyrus angulatus*, *Orlaya grandiflora*, *Bifora radians*, *Cynoglossum creticum*, *Anchusa italica*, *Linaria arvensis*, *Xeranthemum cylindraceum* tendent de plus en plus vers le Bassin de Paris (l. c., p. 61, 79, 81, 87). Cette constatation a d'autant plus de poids qu'il s'agit ici d'un territoire exploré avec soin depuis des siècles.

Les exemples d'espèces méditerranéennes si expansives ne sont cependant pas très fréquents. L'extension par petites étapes et par les moyens ordinaires de dissémination semble la règle. Mais cette progression ne suit pas toujours les voies valleculaires et les cols. Le bassin du Vigan, par exemple, mentionné plus haut pour sa richesse, a reçu de nombreuses espèces calcicoles, non par la vallée schisteuse de l'Arre inférieure, mais à travers le plateau élevé des Causses de Blandas et de Campestre. Cette immigration, sans doute peu ancienne, est marquée par une série de jalons. *Allium moschatum*, *Phlomis Lychnitis* et *Globularia vulgaris* ssp. *Linnaei* ont poussé jusqu'aux environs de Blandas et de Montdardier. En haut de la Tessonne sont arrivés : *Lepidium hirtum*, *Potentilla hirta*, *Trigonella gladiata*, *Lithospermum fruticosum*, *Phlomis Herba-venti*, *Valerianella echinata*. *Coris monspeliensis* et *Bellis silvestris* ont atteint la Côte de Roquedur au-dessus du Vigan. D'autres enfin ont pénétré dans le bassin du Vigan pour s'arrêter là. Cette diminution successive et régulière caractérise les aires jeunes, expansives.

Dans la progression à travers les Causses, les adrets des déni-
vellations et les rebords rocheux bien exposés des hauts plateaux sont d'une grande importance comme localités d'étape
pour la flore méridionale. Tel est le cas pour le défilé du Pas-
de-l'Ase près de Trèves (v. p. 52), les mamelons rocheux autour
du Caylar, les versants Sud du Causse de Campestre, près du
Luc, et surtout pour le rocher de la Tude à l'Est de Montdardier. En s'approchant du versant Nord où s'étale une flore montagnarde dans un taillis de *Quercus sessiliflora* var. *pubescens*,
on est frappé d'entrer en pleine végétation méditerranéenne
dès qu'on a franchi la crête. Le chêne-blanc y manque et avec
lui les *Sesleria cœrulea*, *Anemone Hepatica*, *Kernera saxatilis*,
Sorbus Aria, *Bupleurum ranunculoides*, *Laserpitium Siler*,
Valeriana tripteris, *Phyteuma orbiculare*, etc. Des bosquets de
Quercus Ilex couvrent l'adret et les *Narcissus juncifolius*, *Aphyllanthes monspeliensis*, *Rumex intermedius*, *Genista Scorpius*,
Euphorbia nicæensis, *Rhamnus infectoria*, *Coris monspeliensis*,
. *Lavandula latifolia*, etc., grimpent jusqu'à 850 mètres, 200 mè-
tres environ au-dessus du niveau du Causse.

Le groupement climatique final des vallées méridionales des
Cévennes, l'association du chêne-vert ne s'arrête en général
pas brusquement. Des groupements de transition sont fréquents,
surtout dans les terrains calcaires ; la transition tend toujours
vers l'association à *Quercus sessiliflora* var. *pubescens*. Nous
l'avons étudiée dans la vallée de l'Arre (Br.-Bl., 1915, p. 82-88).
Les taillis mixtes sont riches en espèces méditerranéennes et
même les taillis purs de *Quercus sessiliflora* var. *pubescens*,
situés dans la ceinture limitrophe, renferment toujours des
espèces de l'association à *Quercus Ilex*. En dehors de la région
méditerranéenne, ces taillis et les stades de dégradation correspondants occupent des stations analogues à celles des taillis du
chêne-vert ; ils constituent leur équivalent écologique et
acquièrent de ce fait une importance particulière pour la progression vers le Nord d'espèces de l'association du chêne-vert.
— Certains arbustes et arbrisseaux de la brousse méditerranéenne (*Rhamnus Alaternus*, *Rh. infectoria*, *Phillyrea* spec.,
Jasminum fruticans, *Fumana ericoides*, etc.) montrent une
dépendance d'autant plus grande vis-à-vis de stations rocheuses,
sèches, qu'elles sont plus éloignées de la limite méditerranéenne.

*
* *

Les adaptations à la dissémination et les moyens de transport des plantes méditerranéennes sont des plus divers. On peut les classer avec M. Sernander (1901) et M. Holmboe (1913) de la façon suivante :

A. *Distribution active :*

   1? Au moyen de stolons.

   2° Par les fruits explosifs (p. ex. : *Ecballium).*

B. *Distribution passive :*

   1° Par le vent (plantes anémochores).

   2° Par l'eau (plantes hydrochores).

   3° Par l'homme et les animaux (plantes anthropo-zoo-chores).

     a) Distribution endozoïque (dans les excréments).

     b) Distribution épizoïque (involontaire, dans les poils, etc.).

     c) Distribution synzoïque (intentionnelle).

L'étude biologique des moyens de dissémination de la flore méditerranéenne reste encore à faire. Nous nous bornerons à citer quelques exemples des moyens de dissémination les plus efficaces qui, dans nos contrées, sont le vent, les animaux sauvages et surtout l'homme et les quadrupèdes domestiques (1).

Les vents du Sud, prédominants dans les parties méridionales du Massif Central pendant l'automne, soufflent avec impétuosité (cf. Br.-Bl., 1915, p. 38) et contribuent pour beaucoup au transport des graines « anémochores ». Aussi des parties légères du fruit ou de la fleur *(Graminées, Légumineuses, Composées, Labiées, Crucifères,* etc.), de l'inflorescence *(Composées, Labiées, Trifolium, Ombellifères,* etc.), parfois la plante entière sont détachées ou arrachées par le vent, l'homme ou les animaux et servent de flotteurs, diminuant ainsi le poids relatif des graines et facilitant leur transport à des distances assez grandes.

---

(1) Voir aussi A. Trotter (1912) qui étudie les possibilités de dissémination à grande distance pour les espèces balkaniques de la flore italienne.

Les *animaux* interviennent dans la dissémination des graines de façon très diverse.

Les oiseaux granivores et omnivores qui peuvent emporter des graines à des distances considérables sèment avec leurs excréments surtout les noyaux durs, les graines de fruits charnus et de baies (dissémination endozoïque).

Un mémoire suédois récent de M. A. Heintze (1917) réunit les observations relatives à ce mode de dissémination.

C'est un fait général que les végétaux dont les fruits servent régulièrement de nourriture aux oiseaux, dépassent largement à l'état stérile leur limite climatique. Les *Vaccinium Vitis-idæa, V. uliginosum, Juniperus, Empetrum*, par exemple, continuellement introduits par les oiseaux dans l'étage nival des Alpes jusqu'au-dessus de 3.000 mètres, y fleurissent rarement et ne mûrissent jamais leurs fruits (v. Br.-Bl., 1913, p. 150). M. Simmons (1913, p. 149) a constaté que les fruits à baies arrivent rarement à maturité dans les contrées arctiques de l'Amérique. Leur distribution étendue à travers tout l'Archipel boréo-américain serait due aux oiseaux et en particulier au ptarmigan, qui importerait les graines des contrées méridionales. Des faits semblables s'observent un peu partout sur les limites d'étages altitudinaux et de territoires phytogéographiques. Ils se présentent fréquemment aussi dans les parties méridionales du Massif Central de la France. Les *Celtis australis, Ficus Carica, Rhamnus infectoria, Rh. Alaternus, Arbutus Unedo, Lonicera etrusca, L. implexa* franchissent souvent l'aire de leur développement normal ; leur aspect rabougri et l'absence de fruits trahissent d'ordinaire l'introduction accidentelle étrangère. Nous nous permettons de citer encore deux exemples particulièrement frappants. Le laurier-tin (*Viburnum Tinus*), croît dans une seule localité du massif de l'Aigoual : sur un énorme bloc calcaire inaccessible, entre Molières et Esparron (450 m.), où il forme une broussaille épaisse. Les oiseaux seuls ont pu y apporter les graines de cet arbuste eu-méditerranéen .*Cratægus ruscinonensis*, arbuste de la garigue languedocienne, végète dans un coin perdu, rocheux de la haute vallée de l'Orb, à 450 mètres d'altitude. Le mode de son introduction n'est pas douteux.

Les pies, les geais et les corbeaux semblent contribuer pour beaucoup à la dissémination des fruits charnus ou juteux. Les observations directes montrent que la pic (*Pica caudata*) transporte les fruits d'*Arbutus, Cratægus, Olea, Lonicera, Rhamnus, Viburnum*, etc., le geai (*Garrulus glandarius*) ceux d'*Arbutus, Prunus Mahaleb, Quercus*, etc., le chocard (*Pyrrhocorax alpinus*): *Celtis, Cratægus, Ficus; Juniperus Oxycedrus, J. phœnicea, Olea*, etc., le corbeau mantelé (*Corvus cornix*) : *Cratægus, Ficus, Lonicera, Olea, Rhamnus, Viburnum*, etc., le corbeau ordinaire (*Corvus Corax*) : *Ficus, Lonicera, Olea*, etc. (cf. Heintze, 1917).

Les fourmis et les petits rongeurs transportent souvent des graines, mais jamais au loin. Nous avons observé la grande fourmi de la garigue traînant les épillets de plusieurs Graminées (*Kœleria setacea, Avena bromoides, Festuca* spec., *Bromus erectus*). M. Sernander (1906) a constaté le transport par les fourmis des graines de *Reseda Phyteuma, Euphorbia Characias, E. serrata, E. segetalis, Ajuga Iva, Rosmarinus officinalis, Carduus pycnocephalus, Galactites tomentosa* et d'autres espèces méditerranéennes. A Chypre, M. Holmboe (1913, p. 323) a vu transporter par les fourmis de nombreuses graines et en particulier celles des *Trifolium stellatum* et *T. procumbens* ; il leur attribue une influence assez grande pour la diffusion de diverses plantes dans cette île (1).

Le campagnol (*Arvicola subterraneus*) détache les épillets mûrs du *Festuca spadicea* et les accumule comme provision pour l'hiver. Il paraît en être de même pour les fruits des *Medicago* que l'on trouve parfois amassés en grande quantité. Les glands de chênes et les châtaignes sont transportés par les rongeurs, les geais et les pies. M. Tilsch (cf. Heintze, 1917) a pu observer un geai qui faisait en une heure 32 fois le chemin entre un châtaignier et sa cachette située à 600 pas et apportant chaque fois deux châtaignes. Les *Quercus Ilex* rabougris, du versant atlantique de l'Aigoual, entre 1.100 et 1.300 mètres d'altitude en pleine forêt de hêtre, ne portent jamais de fruits. Ils

---

(1) Des observations récentes, près de Montpellier, nous ont permis de constater le transport par une fourmi (*Messor barbarus* ssp. *barbara*) de nombreuses graines d'espèces méditerranéennes, à des distances de 20 à 40 mètres. Les nucules du *Rosmarinus* et du *Thymus vulgaris*, incluses dans le calice sont détachées par le *Messor* et accumulées par centaines dans sa fourmilière. (Note ajoutée pendant l'impression.)

s'y maintiennent uniquement grâce aux apports toujours renouvelés du versant méditerranéen voisin.

Un autre mode de dissémination synzoïque est réalisé par les rongeurs et les oiseaux qui se servent de débris végétaux pour construire leurs nids.

Il est difficile d'apprécier l'influence des grands quadrupèdes sauvages sur la végétation et en particulier sur le transport des graines ; mais cette influence aujourd'hui effacée dans nos contrées, était certainement très efficace avant l'apparition de l'homme. De nos jours, le sanglier *(Sus scrofa)* seul mérite d'être mentionné. Très abondant dans une grande partie du Massif Central, il est redouté du paysan dont il ravage les moissons et retourne les champs de pommes de terre. Il est également très friand de certains bulbes et tubercules d'espèces spontanées, en particulier de ceux du *Tulipa australis*, si fréquent sur les croupes des Cévennes méridionales. Dans les pelouses labourées par le sanglier, on rencontre parfois des quantités de bulbes très jeunes dédaignés par l'animal et qui trouvent là une station bien préparée, défrichée.

Mais le sanglier aide aussi — involontairement — à la dissémination. Pendant le jour, il reste couché parmi les herbes, dans les endroits humides, les « molières », où il aime se rouler dans la boue. Des fruits et des graines restent collés à ses poils et peuvent être transportés au loin. En 1919, des troupeaux de sangliers descendaient des Cévennes jusqu'au littoral méditerranéen et aux environs immédiats de Montpellier.

Cependant, la dissémination épizoïque se fait avant tout par l'homme et les animaux domestiques. C'est à l'homme que l'on doit l'introduction d'une foule d'espèces méditerranéennes dans les vallées du Massif Central de la France. Sans entrer dans les détails de la dissémination « anthropochore » — nous renvoyons à ce sujet aux études de M. Ch. Flahault (1893), et surtout aux travaux de M. A. Thellung sur « la Flore adventice de Montpellier » (1912) et « Migrations des végétaux sous l'influence de l'homme » (1915) — signalons simplement deux ou trois faits principaux, faciles à contrôler.

Depuis le Moyen Age, des centaines de milliers de moutons se dirigent chaque été des plaines du Languedoc, où ils hivernent, aux montagnes du Massif Central. Un rapport du Dr Blan-

quet à la Société d'Agriculture de la Lozère évaluait à 326.000
les moutons du Languedoc estivant sur les montagnes de la
Lozère vers le milieu du XIX° siècle. Les « drailles », pistes suivies par les troupeaux transhumants, se confondent rarement
avec les routes ; le plus souvent elles parcourent les pacages
stériles des hauteurs, les crêtes des montagnes et ne les aban-
donnent que pour traverser les vallées. Plusieurs grandes
« drailles » passent par les Cévennes méridionales pour gagner
l'Aubrac et la Lozère. L'une des principales conduit de Saint-
Martin-de-Londres par Ganges et Pont-d'Hérault à la Terisse
dans le bassin du Vigan. De là, elle gagne l'Espérou, traverse
tout le Massif de l'Aigoual et le Causse Méjean, descend dans la
vallée du Tarn sur le vieux pont de Sainte-Enimie, parcourt
ensuite le Causse de Sauveterre, franchit le Lot à Marijolet, à
Auxillac, au pont de Salmon et aboutit enfin à l'Aubrac. Une
branche secondaire de cette « grande draille » se détache sur le
territoire de Chanac (à l'Ouest de Mende), allant vers la Bou-
laine et dans la Margeride. Les bêtes à laine venues des plaines
du Gard, soit par Florac où trois drailles convergent, soit par
Pont-de-Montvert dans la vallée supérieure du Tarn, alimentent
surtout les pâturages de la Margeride et du Mont Lozère (cf.
Agrel, 1919).

Nous avons souvent constaté le rôle essentiel des moutons
dans le transport direct de débris végétaux, de fruits et de
graines. L'abondance de plantes « zoochores », c'est-à-dire
adaptées à la dissémination par les animaux, le long des drailles
et des pistes, est d'ailleurs un fait trop connu pour que nous
ayons à insister. Elles forment de véritables associations « zoo-
gènes » traversant tout le Massif Central. Jusqu'en Auvergne,
on rencontre dans des pareilles conditions :

Phleum arenarium L.	*Rapistrum rugosum* (L.) Berg.
Echinaria capitata L.	*Medicago rigidula* Desr.
Bromus squarrosus L.	— *arabica* (L.) Huds.
Triticum triunciale (L.) Rasp.	— *hispida* Gärtn.
Rumex pulcher L.	*Lappula echinata* Gil.
Scleranthus uncinnatus Schur	*Torilis nodosa* (L.) Gärtn.
Sisymbrium Irio L.	*Cynoglossum creticum* Ait.
— *Sophia* L.	*Hyoscyamus albus* L. (1).
Lepidium graminifolium L.	*Marrubium vulgare* L.

_____

(1) Rochers près du pont de Vieille-Brioude (Lamotte). Localité tout à fait

Salvia Æthiopis L.
— horminoides Pourr.
Centaurea calcitrapa L.
— solstitialis L.
Kentrophyllum lanatum L.

Carduus tenuiflorus Curt.
Silybum Marianum (L.) Gärtn.
Onopordum Acanthium L.
Xanthium spinosum L.

presque toutes méditerranéennes. Sur le rebord méridional du
Plateau Central, dans les Cévennes et sur les Causses restent
cantonnés :

Triticum ovatum (L.) Rasp.
— ov. ssp. triaristatum Willd.
Sisymbrium Columnæ Jacq.
— polyceratium L.
Cynoglossum cheirifolium L.
Sideritis romana L.

Centaurea aspera L.
Galactites tomentosa Mönch
Carduus pycnocephalus L.
Carlina corymbosa L.
Echinops Ritro L.
Onopordum illyricum L.

Quelques-unes des espèces citées se tiennent pour ainsi dire
exclusivement le long des voies de communication ; leur introduction peut néanmoins être ancienne.

Le nombre des plantes méridionales introduites par le chemin
de fer est considérable, mais il en est peu qui arrivent à prendre
définitivement pied (par exemple : *Eragrostis species, Sagina
ciliata, S. apetala, Brassica [Sinapis] incana, Tribulus terrestris,
Euphorbia Chamæsyce, Linaria striata*, etc.). Cette dernière
espèce, très abondante sur le talus de la voie ferrée entre Lyon
et Roanne, croît encore vigoureusement à l'entrée et à la sortie
du grand tunnel au-dessus de Tarare. De Roanne à Tarare,
nous avons noté dans les mêmes conditions, mais bien plus
rares : *Nardurus Lachenali, Chondrilla juncea, Andryala sin-
uata.* Lamotte (1877) fait remarquer que le *Brassica incana*
n'existait pas en Auvergne avant la construction des chemins
de fer et que le *Crepis setosa*, spontané dans le Gard seulement,
s'est répandu dans tout le Plateau Central depuis. L'importance
des voies ferrées, au point de vue de l'introduction d'espèces
méridionales dans le Bassin de Paris, a été soulignée par
M. Humbert (1910) et par M. Evrard (1915, p. 63). Le long de
la ligne de Melun à Moret, par exemple, *Silene Armeria, Lathyrus latifolius, Satureia montana* et d'autres immigrants du
Midi trouvent des conditions favorables à leur développement.

---

isolée ; la plante manque ailleurs sur le Plateau Central, elle réapparaît au
seuil méridional des Cévennes.

Quelques espèces plus ou moins halophiles du littoral méditerranéen, naturalisées ou à peu près dans certaines vallées des
Cévennes méridionales, doivent leur introduction probablement à l'apport du fumier végétal de la plage. De grandes
quantités d'Algues marines et de *Posidonia* (Potamogétonacée)
servent d'amendement dans les terrains siliceux, pauvres en
sels minéraux. *Hordeum marinum* (le Vigan), *Polypogon monspeliensis*, *Alyssum maritimum* (Anduze) et aussi *Salsola Kali*,
(abondant dans certaines vignes au Vigan) ont pu prendre pied
de cette façon.

Enfin, depuis l'ère néolithique, une foule d'espèces méditerranéennes aujourd'hui plus ou moins acclimatées, ont été introduites par l'ensemencement involontaire. Beaucoup d'entre
elles témoignent de leur origine étrangère par une fidélité
exclusive vis-à-vis de certaines cultures. *Echinaria capitata*,
Agrostemma Githago, *Ranunculus arvensis*, *Adonis flammea*,
Coronilla scorpioïdes, *Medicago orbicularis*, *Orlaya platycarpa*,
Turgenia latifolia, *Linaria simplex*, *Asperula arvensis*, *Galium
tricorne*, *Valerianella* spec. plur., *Centaurea Cyanus*, etc., se
maintiennent sur le Plateau Central uniquement dans les cultures. Dans la région méditerranéenne voisine, par contre, ces
mêmes espèces habitent pour la plupart aussi des stations naturelles et semi-naturelles. D'autres espèces, ségétales en Auvergne, sont moins strictement localisées dans les Cévennes méridionales.

Il ressort de notre examen rapide que les moyens ordinaires
de dissémination suffisent pour expliquer de manière satisfaisante l'extension du gros de l'élément méditerranéen dans des
conditions climatiques actuelles. Le raccord des colonies avancées avec la région méditerranéenne est en effet assez étroit.

Nous avons cependant à étudier et à expliquer quelques
exceptions assez curieuses. On connaît dans le Massif Central
un certain nombre de végétaux méditerranéens à aire très disjointe et dont les localités les plus proches sont beaucoup trop-

---

(1) Parmi les espèces halophiles des terrains salés de l'Auvergne, cinq
seulement ne se retrouvent pas ailleurs dans l'intérieur. Ce sont : *Triglochin
maritimum*, *Agrostis maritima*, *Spergularia marginata*, *Glaux maritima*,
Plantago maritima. Leurs graines ont probablement été apportées par les
oiseaux migrateurs. Il convient de remarquer qu'il s'agit d'espèces très
répandues dans les marais salants du littoral.

éloignées pour autoriser l'hypothèse d'une immigration récente. Parfois ces plantes croissent isolées, mais le plus souvent elles sont réunies en groupes ou en colonies dans des conditions spéciales, à l'écart de la sphère d'action humaine. Aussi leur introduction par l'homme ou les animaux domestiques n'est pas admissible. Elles n'ont pour la plupart aucun moyen spécial de dissémination et habitent des stations naturelles : rochers, bois, coteaux pierreux.

Une localité de ce genre qui mérite d'être visitée, est le bois de la Tessonne sur la rampe abrupte du Causse de Blandas (400 à 600 m.). C'est là que j'ai eu le plaisir de découvrir, en 1914, sur des escarpements peu accessibles, une douzaine de pieds du magnifique *Allium siculum*, espèce monotype du sous-genre *Nectaroscordum*, à grandes fleurs lavées de pourpre, en ombelle multiflore et à pédicelles épaissis vers le haut et dilatés en un disque. On le connaît en France, à l'état spontané, dans une seule localité de l'Estérel dans le Var (à 250 kilomètres au Sud-Est). Il est en outre indiqué en Corse, en Sardaigne et Sicile, dans les Balkans, en Asie Mineure (manque à Chypre, selon M. Holmboe). Avec lui croît *Teucrium flavum*, à aire moins disjointe. Aux environs se rencontrent en outre : *Minuartia [Alsine] Funkii, Lens nigricans, Lithospermum fruticosum, Linaria rubrifolia, L. chalepensis, Galium verticillatum*, et de plus: *Aquilegia Kitaibelii, Pæonia peregrina, Thapsia villosa, Jurinea mollis.*. Le *Thapsia*, ombellifère luxuriante, très décorative, unique représentant français de ce genre méditerranéen, compte parmi les raretés du Languedoc. En dehors de la Tessonne, nous n'en connaissons que trois localités situées entre l'Aude et le Rhône : la Gardiole, près de Cette, Notre-Dame-de-Londres et les environs de Nîmes, distantes de 25 à 50 kilomètres l'une de l'autre. Les localités les plus voisines des environs de Narbonne, où la plante est moins rare, se trouvent à plus de 100 kilomètres à l'Ouest de la Tessonne et à plus de 80 kilomètres à l'Ouest de la Gardiole. Un exemple semblable à celui de l'*Allium siculum* est fourni par *Minuartia [Alsine] Funkii* récolté par Diomède Tueskiewicz au bois d'Aurières, à une heure de la Tessonne. C'est la seule localité française connue de cette rare plante ibéro-mauritanique. Elle réapparaît de nouveau à plus de 300 kilomètres plus à l'Ouest près de Barcelone.

Une petite colonie du même genre comprenant des espèces calcifuges est cantonnée sur les pentes siliceuses, chaudes, des contreforts méridionaux de l'Aigoual, entre le Vigan et Pont-d'Hérault. Elle comprend entre autres les *Paronychia cymosa*, *Corrigiola telephifolia*, *Cistus laurifolius*, *Trifolium Bocconi*, *T. leucanthum*, *T. ligusticum*. Le *Trifolium ligusticum*, disséminé ici dans le gazon humide, manque partout ailleurs dans le Languedoc. On l'indique en Provence, dans les Pyrénées méditerranéennes, en Corse, en Sardaigne, en Sicile, etc. *Trifolium leucanthum*, plus rare encore, ne se trouve que dans les Pyrénées-Orientales, en Corse, en Sardaigne et plus à l'Est en Italie, dans les Balkans, en Asie Mineure (v. fig. 1).

Les pâturages à bœufs, étendus, du Larzac occidental sont renommés des botanistes par leur richesse en plantes rares ; je n'ai qu'à rappeler les noms de Tournemire et des « devèzes » de Lapanouse et de Viala-du-Pas-de-Jaux. Parmi les spécialités de ces « devèzes », quelques espèces méditerranéennes et méditerranéo-montagnardes demandent une mention particulière :

Saponaria bellidifolia Sm. — Lapanouse : unique localité française en dehors des Pyrénées. Se retrouve dans le massif de Ruda et près de Gavarnie dans les Hautes-Pyrénées. — Rare en Italie et disséminé dans les Balkans jusqu'en Grèce, s'attachant partout aux montagnes.

Arenaria modesta Duf. — Lapanouse, les Capouladoux, Saint-Guilhem-le-Désert, les Combrettes, Saint-Pons. Puis aux environs de Marseille d'un côté, dans le Roussillon (Salces, Cases-de-Pène, Perpignan) de l'autre. — Espagne, aux étages inférieur et montagnard des provinces méridionales et orientales.

Silaus virescens Boiss. — Viala-du-Pas-de-Jaux et Cornus. Isolé en Auvergne (Plateau de Mirabelle près de Riom, Laboural près Brezon, Murat, Saint-Flour, Pierrefort) et à la Côte-d'Or (environs de Dijon, etc.). — Pyrénées-Orientales à l'étage subalpin, Italie, Balkans, Asie Mineure, Caucase (ssp. *carvifolius*).

Alyssum serpyllifolium Desf. — Disséminé sur les Causses, près de Bédarieux et à Anduze, Mont Ventoux. — Espagne, Portugal septentrional, Sicile, Afrique septentrionale, hauts plateaux et montagnes.

Le Causse de Séverac a conservé deux arbustes méditerra-

Fig. C. — Colonies d'espèces subméditerranéennes calcifuges
et vignes dans la vallée supérieure de la Dourbie. (Phot. Rousset.)

Fig. D. — Coteaux du bassin de Nant-Saint-Jean-du-Bruel. Vignes abandon-
nées reprises par l'association climatique finale *(Quercetum sessiliflorae).*
(Phot. Rousset.)

néo-montagnards très remarquables : *Genista Villarsii* Clementi et *Genista horrida* DC. Le premier est abondant à la Barraque de la Croix, près d'Engayresque (Coste et Soulié) et manque partout ailleurs sur le Plateau Central. Il croît, plus abondamment, dans les Corbières, dans le Bas-Dauphiné et la Provence, en Illyrie et aux Balkans. *Genista horrida*, moins strictement localisé, a été rencontré aussi sur le Causse-Méjean (Lozère) et en deux ou trois localités aveyronnaises. Il fut observé pour la première fois en 1861, aux environs de Lenne, sur le calcaire jurassique, près du mamelon de Bel-Homme. Une race spéciale *(G. erinacea* Gil.) est cantonée à Couzon, au Nord de Lyon. G. *horrida* est répandu dans les Pyrénées et s'élève dans le haut Aragon jusqu'à l'étage alpin. On le signale en outre dans le midi de l'Espagne (Ballesteros, province de Murcia).

Au Puy de Wolf, près de Decazeville (Aveyron), on trouve *Carex brevicollis* qui a ses localités les plus proches dans les Corbières (Tuchan, Mont Alaric) et dans la Drôme, pour manquer partout ailleurs dans le Midi.

Le rebord méridional des basses Cévennes présente de nombreux exemples de distribution semblable :

Silene viridiflora L. — En France uniquement au bois de Pardailhan (600-650 m.), près de Saint-Chinian. Se retrouve en Espagne (étage montagnard) et dans les montagnes de l'Italie, de la Sardaigne, de la Sicile, de l'Illyrie, des Balkans, jusqu'en Grèce, de l'Asie Mineure.

Ononis fruticosa L. — Près d'Anduze (Miergue sec; Lamotte, 1877) à rechercher. Alpes occidentales jusque vers 1,800 mètres ; rare dans les Pyrénées ; Espagne sud-orientale, centrale et septentrionale aux étages inférieur et montagnard ; Algérie (Boghar, Beni-Abbès).

Lathyrus cirrhosus Ser. — Saint-Martin-d'Orb (Hérault), près du Pont-de-Montvert (Lozère) (Coste) et dans trois localités de la vallée moyenne de l'Ardèche ; Corbières, Pyrénées, françaises et espagnoles, à l'étage montagnard.

Passerina tinctoria Pourret — Chartreuse de Valbonne et à Saint-Michel-d'Euzet, près de Bagnols, dans le Gard, seules localités françaises connues. Réapparaît en Catalogne. Espagne orientale et méridionale, Portugal (Algarve).

Cyclamen repandum Sibth. et Sm. — Anduze, Moulin de la Beaume, sur le Gardon, puis dans les Bouches-du-Rhône et près de Narbonne. Région méditerranéenne, des Pyrénées à la Grèce.

Cyclamen balearicum Willk. — Les Capouladoux aux Combrettes. Pyrénées-Orientales (?), Baléares.

Nepeta Nepetella L. *(N. lanceolata* Lamk.). — La Séranne, près de Ganges. Unique escale entre la frontière espagnole (Puig de Noulous) dans les Albères et les montagnes de la Provence et du Dauphiné. Espagne orientale et centrale, Italie, Afrique septentrionale.

Galium setaceum Lamk. — Roquebrun, au seuil de l'Espinouse ; unique localité dans le Languedoc. Roussillon : à La Nouvelle et gorges de Feuilla ; puis à l'Est du Rhône. Tout le bassin méditerranéen, Canaries, Orient et plus à l'Est.

Impossible d'expliquer par une immigration récente par bonds à grande distance l'existence de tant de colonies et d'espèces disjointes dans le Sud du Massif Central ! Le pouvoir d'expansion actuel de ces espèces est nul ou faible. Les moyens de dissémination de l'*Allium siculum*, des Caryophyllacées en question, du *Teucrium flavum*, etc., ne favorisent point leur extension et un transport accidentel est ici exclu.

L'hypothèse d'une origine polytopique d'espèces aussi bien tranchées nous paraît plus que hasardée ; nous nous savons en accord sur ce point avec tous les botanistes ayant étudié la disjonction des espèces méditerranéennes.

Il ne reste donc qu'une explication : ces espèces (ou du moins la plupart d'entre elles) sont des témoins d'aires très anciennes étendues et plus continues, conservées grâce à des conditions spécialement favorables, grâce surtout à la situation de leurs localités sur le pourtour de la plaine languedocienne, mais en dehors des incursions de la mer mio-pliocène, en dehors aussi de l'action perturbatrice de l'homme si intense dans les plaines du Midi depuis l'époque gallo-romaine. Toutes les espèces en question portent l'empreinte incontestable d'une grande ancienneté ; ce sont des formes peu malléables. Malgré leur vaste extension, elles n'ont guère varié. Le morcellement extrême de l'aire générale de ces espèces parle également en faveur de l'origine ancienne, certainement tertiaire. Remarquons encore que la plupart d'entre elles possèdent des localités isolées dans

une ou plusieurs îles de la Méditerranée occidentale : Baléares,
Corse, Sardaigne, Sicile (1). Cela permet de situer au moins
approximativement l'époque de leur plus grande extension.
L'examen des endémiques (v. chap. V) nous prouvera également que cette époque correspond à la période miocène.

M. Scharfetter (1912), dans un essai d'étude génétique du
sous-genre *Saponariella* de *Saponaria*, arrive pour notre *Saponaria bellidifolia* à un résultat identique. Mais les causes du
morcellement de l'aire miocène de cette espèce et de beaucoup
d'autres de la même catégorie nous paraissent être plutôt les
transformations de la surface terrestre (effondrements, transgressions de la mer) et la faible capacité d'accommodation et de
concurrence de ces végétaux que le refroidissement destructif
du Quaternaire. *Saponaria bellidifolia* est peu sensible au froid.
Elle se tient encore de nos jours à l'étage subalpin des Pyrénées
entre 1.500 et 2.000 mètres ; Porta et Rigo l'ont récoltée au
Monte Morrone (Abruzzes) entre 1.800 et 2.200 mètres, et
M. Beck l'indique pour l'étage des hautes Alpes illyriennes
(1913) (2).

5.° LES ESPÈCES MÉDITERRANÉO-MONTAGNARDES.

Énumération des principales espèces, p. 75 ; leur passé, p. 84.

Saponaria bellidifolia, Lathyrus cirrhosus et *Silaus virescens*
appartiennent, avec un certain nombre d'autres végétaux, à un
groupe qui suit en général le cordon montagneux du bassin
méditerranéen, sans en dépasser beaucoup les limites et sans
descendre non plus dans les plaines. Ce sont des plantes propres aux basses montagnes du Midi de la France, de l'Espagne
et de l'Italie, réapparaissant parfois dans les îles méditerranéennes et dans les chaînes du Maroc, de l'Algérie, de la Grèce,
voire même de l'Asie Mineure. Leur distribution géographique

(1) Par exemple : *Allium siculum, Arenaria modesta, Corrigiola telephifolia, Paronychia cymosa, Trifolium leucanthum, T. ligusticum, Lens nigricans, Thapsia villosa, Linaria chalepensis, Teucrium flavum*, etc.

(2) M. Scharfetter (1912) considère le *Saponaria lutea* des Alpes comme
une race montagnarde dérivée du *S. bellidifolia*. Montagnardes l'une et
l'autre, les deux espèces montrent des différences morphologiques beaucoup
trop accusées pour autoriser cette hypothèse génétique.

et leurs affinités phylogéniques témoignent d'un âge fort
ancien et permettent de les considérer comme des descendants
orophiles de types eu-méditerranéens, actuellement au moins
en partie disparus.

Un des meilleurs exemples de ce groupe méditerranéo-montagnard est fourni par deux espèces d'*Alyssum*, sous-genre
Ptilotrichum : *A. spinosum* et *A. macrocarpum*, à fleurs blanches et à tiges ligneuses divariquées. Le premier orne les rochers des montagnes de l'Espagne (s'élève à 3.400 mètres dans
la Sierra Nevada, selon Edmond Boissier), du Maroc (Atlas entre 2.200 et 3.300 m.); de l'Algérie (Djurdjura et Babors) et du
Midi de la France. Dans les Cévennes, il atteint 1.420 mètres
au Pic de la Fajeole (!), dans les Pyrénées, 2.600 mètres, d'après
MM. Coste et Soulié (1911). *Alyssum macrocarpum*, voisin du
précédent, est localisé sur les montagnes calcaires depuis les
Pyrénées-Orientales jusqu'aux contreforts occidentaux des
Alpes. Dans les Cévennes, il est à Saint-Chinian, à Avène, au
Larzac, au Causse Noir, à la Serre-de-Bouquet, sur les Causses
de la Lozère, partout localisé aux fissures des rochers calcaires
et dolomitiques. Le sous-genre *Ptilotrichum* compte plusieurs
espèces endémiques de la péninsule ibérique ; tous les rameaux
du groupe semblent arrêtés dans leur évolution et désormais
incapables de différenciation.

Sedum amplexicaule, espèce bien tranchée de la section *Gen-
uina*, occupe une aire beaucoup plus vaste. Du Portugal et de
l'Espagne centrale et méridionale où elle s'élève à 2.750 mètres,
elle passe d'un bond aux Cévennes du Gard et de la Lozère. A
l'Aigoual, elle est assez fréquente dans les pacages arides sur
sol siliceux entre 800 et 1.300 mètres. On la retrouve au Mont
Ventoux, puis dans l'Italie mér., en Sardaigne, en Sicile, à
Malte, en Macédoine, en Grèce, en Asie Mineure, dans l'île de
Crète et en Syrie. Elle réapparaît au Maroc, en Algérie et en
Tunisie. Malgré l'extension énorme de son aire, *Sedum amplexi
caule* ne manifeste que des variations insignifiantes ; comme les
espèces précédentes, elle semble avoir perdu toute malléabilité.

Un quatrième représentant méditerranéo-montagnard, *Paronychia polygonifolia* peut être considéré comme une race montagnarde bien distincte du *P. argentea*, si répandu tout autour
de la Méditerranée. Cette petite Caryophyllacée, à larges brac-

tées argentées cachant les fleurs, orne les chaînes subalpines
et alpines de l'Espagne, des Pyrénées, des Cévennes siliceuses
(entre 900 et 1.600 m. !), du Vivarais, de la Margeride, de l'Aubrac, des Alpes méridionales (jusqu'au-dessus de 2.100 m.
aux Fraches sur Cervières !), de la Corse (y atteint 2.300 mètres, selon M. Briquet), et de l'Italie. En Grèce, une autre race,
voisine, *Paronychia velucensis* la remplace.

Ajoutons ici l'énumération des principales espèces méditerranéo-montagnardes du Massif Central et leur répartition géographique.

Dianthus brachyanthus Boiss. — Vallée de la Jonte, près du
Truel et Cirque de Madasse, 800 mètres; Mélagues, Graissessac.
— Tarn-et-Garonne ; Corbières, descend à la Clape, près Narbonne ; Pyrénées-Orientales, surtout à l'étage montagnard
Espagne, étages montagnard et alpin, jusqu'à 3.250 mètres
dans la Sierra Nevada.

Arenaria capitata Lamk. — Rochers calcaires des Cévennes
méridionales entre (200) 400 et 1.000 mètres environ. — Montagnes, du Portugal à la Ligurie, Moyen Atlas (Maroc) ; s'élève
à 1.850 mètres au Ventoux !

Astrocarpus sesamoides Duby ssp. *sesamoides* (J. Gay) Rouy
— Fréquent dans les Cévennes siliceuses entre 850 et 1.680 mètres ! Auvergne jusqu'à 1.800 mètres ! — Pyrénées-Orientales,
1.200-2760 mètres, Catalogne au-dessus de 1.600 mètres. Du ·
Portugal à la Sardaigne et à l'Italie.

Sedum brevifolium DC. — Montagne Noire, Espinouse,
Aigoual, 1.050-1560 mètres !, Mont Lozère. — Limousin, Pyrénées à 2.400 mètres au Canigou ! Jusqu'au delà de 2.600 mètres
aux environs de Cauterets ; montagnes, du Portugal à la Sardaigne ; Maroc. S'élève à 2.400 mètres dans la Sierra Guadarrama, à 2.300 mètres en Corse.

Geum silvaticum Pourr. — Cévennes méridionales, calcaires,
500-1.300 mètres ! Descend rarement dans la plaine. — Corbières (200) 400-1.200 mètres. S'élève à 2.100 mètres en Espagne.
Du Portugal aux Alpes-Maritimes ; montagnes de l'Afrique septentrionale.

Genista purgans L. — Espèce sociale envahissante, répandue
à travers tout le Massif Central jusqu'au Morvan ; dans les
Cévennes, surtout entre 500 et 1.680 mètres ! Descend avec les

fleuves (alluvions de la Loire, à 2 lieues d'Angers, de l'Hérault,
à 180 mètres !). — Pyrénées-Orientales, jusqu'à 2.550 mètres
(Canigou !), descend à 300 mètres, près de Banyuls. Du Portugal au Massif Central.

Ononis striata Gouan — Cévennes méridionales, Causses,
jusqu'à 1.125 mètres ! Calcicole. — Pénètre dans le Berry et la
Saintonge. Corbières, environ 400-1.100 mètres ; Pyrénées-
Orientales, de l'étage du hêtre jusqu'à 1.800 mètres environ.
De l'Espagne (étages montagnard et subalpin) aux Alpes occi-
dentales, s'élève à 1.780 mètres dans la vallée de l'Ubaye.

Ononis rotundifolia L. — Anduze, Saint-Ambroix ; Lozère ;
Larzac : à Tournemire ; entre Lenne et Saint-Martin (Aveyron).
— Pyrénées, horizon du sapin ; Jura ; Alpes : entre 200 et
1.970 mètres ! Péninsule ibérique à l'étage montagnard des
provinces de l'Est ; Italie et jusqu'à la Carniole.

Onobrychis supina DC. — Espèce calcicole très répandue sur
les Causses jusqu'à 1.100 mètres ! Rare dans la plaine. Pénètre
jusqu'en Auvergne. — Pyrénées-Orientales, surtout à l'étage du
hêtre et du sapin. De la Catalogne à l'Italie septentrionale ; par
confusion avec l'*O. gracilis* Boiss., indiqué en Russie.

Rhamnus alpina L. — Fréquent à l'étage du chêne-blanc des
Cévennes entre 200 mètres (Anduze !) et 1.420 mètres
(Aigoual !). Rocamadour, dans le Lot ; isolé dans le Cantal ;
Vivarais. — Corbières, de 600 à 1.300 mètres ; Pyrénées-Orien-
tales, jusqu'à 1.870 mètres à Campcardos; d'après M. Gandoger
jusqu'à 2.500 mètres (?). Montagnes de l'Espagne à l'Italie ;
pénètre jusque dans le Jura argovien ; Sardaigne ; Afrique du
Nord.

Acer Opalus Mill. — Répandu dans les Cévennes méridionales
à l'étage du chêne-blanc, entre 450 et 1.360 mètres ; Vivarais.
Lyonnais, Bourgogne. — Corbières, de 500 à 1.100 mètres ;
Pyrénées-Orientales d'environ 800 à 1.760 mètres au Canigou
(forêt de Balatg !). Alpes méridionales jusqu'au Bas-Valais,
Jura. Espagne, à l'étage montagnard ; Baléares ; Corse ; Sicile :
montagnes de l'Italie. N'est pas en Dalmatie.

Hypericum hyssopifolium Vill. — Disséminé et rare dans les
Cévennes calcaires, de 500 mètres environ à 1.000 mètres ! —
Corbières, de 350 à 800 mètres, rare ; Pyrénées-Orientales, de
700 à 1.000 mètres ; Alpes sud-occidentales, étage du chêne-

blanc ; Espagne méridionale : Sierra de Castril, au-dessus de
1.000 mètres (Reverchon). Indiqué en outre à Chypre, en Syrie
(Post; 1896) et dans la Russie méridionale (?).

Laserpitium Nestleri Soy.-Will. — Répandu dans les Cévennes
méridionales à l'étage du chêne-blanc, entre 500 mètres (250
mètres à Anduze !) et 1.100 mètres ! S'avance jusqu'au bois de
la Vabre près de Mende. — Corbières ; Pyrénées-Orientales, à
l'étage subalpin ; montagnes de la péninsule ibérique, jusqu'à
l'étage alpin.

Molopospermum peloponhesiacum (L.) Koch *(M. cicutarium*
DC.). — Rochers surtout siliceux entre 800 et 1.500 mètres
dans les Cévennes méridionales, jusqu'au Vivarais (Villefort !),
descend rarement à 400 mètres ! — Pyrénées, jusqu'à 2.300 mètres ; seuil méridional des Alpes, jusqu'en Carinthie, s'élève à
2.050 mètres !

Cynoglossum Dioscoridis Vill. — Causses de l'Aveyron et de
la Lozère (Coste). Côte-d'Or, surtout à l'étage montagnard dans
les Alpes sud-occidentales, la Corse, les Pyrénées françaises et
espagnoles.

Teucrium aureum Schreb. — Bordure calcaire et Causses à
l'étage du chêne-blanc. — Corbières ; Pyrénées-Orientales, des
collines inférieures jusqu'à l'étage du sapin ; Alpes sud-occidentales, Espagne, aux étages montagnard et alpin, s'élève à
3.080 mètres (Sierra Nevada). Sicile, Maroc (sec. Rouy).

Phyteuma Charmelii Vill. — Fissures des rochers calcaires et
dolomitiques, rare dans les Cévennes méridionales : Pic Saint-
Loup, Saint-Guilhem-le-Désert, Pic d'Anjeau, 850 mètres ;
Aigoual, 1.220-1.330 mètres ! — Pyrénées, surtout à l'étage sub-
alpin, descend à 600 mètres au Pic de Madeloc sur Banyuls !
Alpes sud-occidentales ; Sierras de l'Espagne sud-orientale.

Senecio adonidifolius Lois. — Cévennes siliceuses entre (340)
600 et 1.600 mètres ! Vivarais, entre 630 et 1.750 mètres et tout
le Plateau Central. — Pyrénées-Orientales, de 700 à 2.100 mètres ; montagnes de l'Espagne orientale, centrale et méridionale (Sierras de Cuarto et de Castril, 1.800 m., Reverchon).

Serratula nudicaulis (L.) DC. — Bordure calcaire et Causses
des Cévennes, environ 600 à 800 mètres d'altitude : Séranne,
Saint-Michel-de-Sers, bois de Virenque, Tessonne, Causse Méjean. — Corbières, de 500 à 850 mètres; Pyrénées-Orientales,

à l'étage du hêtre ; Alpes sud-occidentales, remonte dans le Jura méridional. Espagne, la var. *subinermis* Coss., jusqu'à 2.200 mètres dans la Sierra Nevada ; Italie.

Crepis albida Vill. — Cévennes calcaires et Causses, entre 600 et 1.000 mètres environ ! — Corbières, de 400 à 900 mètres environ ; Pyrénées-Orientales, de l'étage du chêne-blanc à l'horizon du sapin. Montagnes de la Provence ; Italie septentrionale ; Espagne, aux étages montagnard et subalpin, jusqu'à 2.275 mètres dans la Sierra Nevada.

Les espèces énumérées, y compris quelques autres en partie déjà citées (*Pinus Laricio* ssp. *Salzmanni, Alyssum spinosum, A. macrocarpum, Linum salsaloides, Ptychotis heterophylla, Sideritis hyssopifolia, Specularia castellana* (vallée du Lot en deux points), *Campanula medium* (bassin supérieur du Gardon), *Aster acris* L. ssp. *trinervis*, etc., sont cantonnées dans la partie occidentale du bassin méditerranéen.

Parmi les espèces méditerranéo-montagnardes répandues également dans le bassin oriental de la Méditerranée jusqu'en Asie Mineure et parfois jusqu'en Arménie et en Perse, nous citerons :

Silene Saxifraga L. — Toute la partie méridionale du Massif Central, entre 180 et 1.350 mètres ! Vallée de la Truyère ; Cantal. — Corbières, 500-1.150 mètres ; Pyrénées-Orientales, de 550 mètres (Banyuls !) jusqu'à 2.000 mètres environ ; Alpes-Maritimes, 300-2.000 mètres ; descend à 80 mètres au défilé de Donzère ! S'élève à 2.300 mètres dans les Grisons (Piz Nair !) Péninsule ibérique, aux étages montagnard-subalpin ; montagnes, de l'Italie aux Balkans, en Grèce aux étages supérieurs et des Conifères.

Dianthus hyssopifolius L. (*D. monspessulanus* L.). — Cévennes méridionales entre (450-) 750 et 1.600 mètres; Tout le Massif Central jusqu'au Forez et en Auvergne. — Corbières, au-dessus de 600 mètres ; Pyrénées-Orientales, 600-2.500 mètres ; Jura méridional ; Alpes méridionales, entre 800 mètres environ et 2.100 mètres. Montagnes, de l'Espagne aux Balkans.

Minuartia [*Alsine*] *rostrata* (Fenzl) Rchb. — Rochers calcaires et dolomitiques des Cévennes méridionales (descend à 200 mètres près d'Anduze !) et jusqu'en Auvergne et dans la Loire. — Corbières ; Pyrénées-Orientales, aux étages subalpin et alpin ;

s'élève à 2.700 mètres au Col de Ribereta (Pyrénées centrales) :
Alpes, jusqu'à 2.680 mètres, près de Zermatt ! Montagnes, de
l'Espagne à l'Illyrie ; hauts plateaux et montagnes de l'Algérie.

Minuartia [Alsine] condensata (Presl) H.-Maz. (*Alsine Thevenæi* Reut.) — Cévennes sud-occidentales : Espinouse et Caroux
(var. *Thevenæi*), Pyrénées-Orientales ; Péninsule ibérique,
Sicile, Calabre, Balkans, Asie Mineure.

Cerastium Riæi Desm. — Cévennes méridionales, entre 1.000
et 1.300 mètres ; Lozère, près de Mende ; Vivarais, au Tanargue, 1.300-1.500 mètres (Coste) ; Forez, vallée du Vizezy, 700-
1.000 mètres, etc. — Etages montagnard et alpin de la péninsule ibérique (s'élève à 2.600 mètres dans la Sierra Nevada) ;
Balkans ?; Asie Mineure.

Scleranthus uncinnatus Schur — Cévennes méridionales
disséminé : Aigoual, 1.100-1.450 mètres, Mont Lozère; Vivarais;
Aubrac ; Auvergne. — Aire disjointe qui va des Pyrénées aux
hautes montagnes des Balkans et jusqu'en Asie Mineure et en
Perse.

Pæonia peregrina Mill. — Bordure calcaire et Causses dans
les Cévennes méridionales, rare, entre 300 et 800 mètres d'altitude ! — Pyrénées-Orientales à l'étage montagnard ; Alpes sud-
occidentales, descend jusqu'aux environs d'Avignon. Montagnes des pays méditerranéens depuis le Portugal méridional
jusqu'en Asie Mineure ; Arménie.

Aquilegia Kitaibelii Schott — Bordure calcaire et Causses
des Cévennes méridionales entre 600 et 900 mètres, rare : Rans-
de-Bouc, près de Sumène, la Séranne, Tessonñe, 600-700 mètres !
Le Larzac, au-dessus de Montclarat, Vallée de la Jonte, près de
Meyrueis et de Veyreau, La Malène. — Corbières: Montagne de
Perillos, 650 mètres (G. Gautier) ; Pyrénées-Orientales : Font-
de-Comps à l'étage alpin inférieur. Réapparaît en Illyrie : Croatie, à l'étage subalpin et alpin ; Dalmatie.

Iberis saxatilis L. — Bordure calcaire et Causses des Cévennes méridionales entre 400 et 800 mètres environ. — Corbières,
400-720 mètres environ ; Pyrénées-Orientales à l'étage montagnard ; Alpes sud-occidentales, au Mont Ventoux, jusqu'à 1.910
mètres ! Jura ; Espagne, aux étages montagnard-subalpin ;
Alpes d'Italie ; Apennins ; Dobroutcha et Tauride (var. *ver-
niculata* [Willd.] DC.).

Æthionema saxatile (L.) R. Br. — Cévennes calcaires et Causses entre 400 et 1.000 mètres environ. Descend exceptionnellement dans la plaine (Grabels, 50 m. !). — Corbières ; Pyrénées,
étages montagnard et subalpin ; Jura méridional ; Alpes, jusqu'à 2.200 mètres (Bormio) ; Italie ; Sicile ; hautes montagnes
de l'Illyrie et de la Transylvanie ; Espagne, de l'étage montagnard à l'étage alpin ; montagnes de l'Algérie et du Maroc !

Anthyllis montana L. — Cévennes méridionales et Causses
entre 600 et 1.100 mètres ! Manque ailleurs sur le Plateau Cen-
tral, mais se retrouve dans le Cher, en Bourgogne et dans le
Jura. — Corbières, 500-1.150 mètres ; Pyrénées-Orientales,
900-2.400 (Canigou !) ; Alpes occidentales, jusqu'à la Haute-
Savoie (Jallouvre, 2.000 m. !). — Montagnes de l'Espagne aux
Balkans ; en Grèce, à l'étage alpin. Sommets du Djurdjura en
Algérie.

Evonymus latifolius (L.) Mill: — Causses de l'Aveyron : Cornus au bois de Saint-Véran et dans les bois vers Canals, rochers
du Guilhomard. Seules localités connues sur le Plateau Central.
— Corbières (Tauch, Alaric) ; Pyrénées-Orientales, rare ; montagnes de la région méditerranéenne, de l'Atlas marocain jusqu'en Asie Mineure ; Caucase ; Perse. Localités avancées dans
la Suisse septentrionale et en Wurttemberg.

Scrophularia Hoppei Koch — Eboulis calcaires du Larzac
occidental (Coste !) entre 600 et 800 mètres environ. — Corbières ; Pyrénées-Orientales et centrales aux étages subalpin et
alpin. Alpes occidentales, jusqu'au canton de Fribourg ; Jura ;
versant Sud des Alpes (jusqu'à 2.150 mètres dans le Tessin, au
Motto Minaccio !). Montagnes de la Catalogne à l'Illyrie et à
la Serbie.

Plantago argentea Chaix — Cévennes méridionales calcaires
et Causses du Gard, de l'Hérault, de l'Aveyron méridional, entre 700 et 900 mètres environ. — Corbières, au-dessus de 400
mètres ; rare à l'étage du hêtre des Pyrénées-Orientales. Montagnes de la Provence ; Majorque ; Italie ; s'élève à 1.500 mètres
dans le Tyrol méridional. Illyrie, surtout à l'étage montagnard-
subalpin ; montagnes des Balkans, jusqu'à l'Albanie.

Anthemis montana ssp. *saxatilis* (DC.) Rouy — Cévennes
méridionales, 750-1.560 mètres, rochers siliceux à travers tout
le Massif Central, jusqu'aux environs de Gannat. — Corbières

(montagne de Tauch) ; Pyrénées-Orientales, entre 600 et 2.780 mètres. Montagnes de l'Espagne aux Balkans ; en Grèce, aux étages montagnard et alpin.

Anthemis Triumfetti (All.) DC. — Cévennes méridionales à l'étage du chêne-blanc sur sol calcaire, rare : Avène-les-Bains, entre Lafoux et Vissec, bois de Salbouz et de la Virenque, Brusque (Aveyron). — Pyrénées-Orientales, surtout aux étages montagnard et subalpin ; descend dans la plaine ; montagnes de la Provence. De la péninsule ibérique aux montagnes des Balkans, partout rare et disséminé.

Cnidium apioides Spreng. — Gorges du Tarn, entre La Malène et Les Vignes, 600-750 mètres (Soulié). Unique localité dans le Massif Central. — Alpes sud-occidentales, surtout à l'étage du chêne-pubescent ! Italie, Tessin méridional, Balkans, Crête, Asie Mineure, Syrie, Arménie.

Il convient de mentionner ici en outre : *Tulipa australis* Link (Cévennes, jusqu'à 1.567 m., Auvergne, etc.), *Dianthus collinus* W. et K. (peu de localités dans l'Aveyron et en Auvergne), *Potentilla micrantha* Ram. (tout le Massif Central et jusqu'en Lorraine), *Geranium nodosum* L. (tout le Massif Central, pénètre dans la Suisse septentrionale : Oberland zuricois), *Calamintha grandiflora* L. (Cévennes et Plateau Central, jusqu'à la Loire), *Verbascum Chaixii* Vill. (Cévennes calcaires et Causses : descend exceptionnellement dans là plaine), *Centranthus angustifolius* (Mill.) DC. (Cévennes calcaires et Causses, descend à 230 mètres, près d'Anduze et au bois de Valène, s'élève à plus de 2.000 mètres en Savoie et pénètre dans le Jura central), *Carlina Cynara* Pourr. (assez rare dans les Cévennes sud-occidentales, vers l'Est jusqu'à Pegayrolles-de-l'Escalette, isolé en Auvergne), *Carlina acanthifolia* All. (Cévennes méridionales, jusqu'à 1.400 mètres, Massif Central, jusqu'à l'Auvergne, s'élève à 1.800 mètres dans les Alpes occidentales), *Centaurea pectinata* L. (Cévennes, entre 400 et 1.400 mètres ; tout le Massif Central de la France jusqu'en Auvergne et au Forez).

Les *Festuca spadicea* L. (Cévennes méridionales, entre 600 et 1.660 mètres au Malpertus ! Tout le Massif Central, en Auvergne, jusqu'à 1.880 mètres au sommet du Sancy !) et *Daphne alpina* L. (Cévennes calcaires, entre 500 et 1.000 mètres, Côte-d'Or, Jura), que nous rangeons ici, dépassent de beaucoup vers l'Est la région méditerranéenne et se retrouvent encore dans l'Himalaya.

A ce même groupe méditerranéo-montagnard appartiennent probablement aussi : *Vicia onobrychioides* L. (Cévennes, jusqu'à 1.350 mètres, descend rarement dans la plaine), *Reseda Jaquini Rchb.* (Cévennes siliceuses, entre 200 et 1.350 mètres, Vivarais, jusqu'à 1.200 mètres), *Cotinus Coggygria* Scop. (très rare dans les Causses de l'Aveyron), *Daphne cneorum* L. (assez rare sur les Causses, de 600 à 900 m. environ), *Plantago recurvata* L. (= P. *carinata Schrad.*) (Cévennes siliceuses, entre [250] 400 et 1.650 mètres ! Vivarais, de 200 à 1.000 mètres), *Valeriana tuberosa* L. (Cévennes calcaires, Causses, très rare dans la plaine, s'élève à plus de 2.000 mètres au Djebel Tougourt, dans l'Atlas, et à 1.540 mètres au Roc Couspeau, dans les Préalpes occidentales). Leur distribution altitudinale autour de la Méditerranée n'est pas encore bien fixée.

L'histoire des végétaux méditerranéo-montagnards montre beaucoup d'analogie avec celle des espèces méditerranéennes à aire disjointe, examinées plus haut (v. p. 71). Ils ont dû également peupler la région méditerranéenne avant que la configuration actuelle des côtes fut réalisée. Cette supposition est irréfutable pour les espèces sans adaptations à la dissémination, qui se trouvent à la fois sur notre continent, dans les îles méditerranéennes et en Mauritanie. Les modifications profondes et répétées du climat, les bouleversements tectoniques, les transgressions de la mer, l'érosion, ainsi que l'action de l'homme et le pâturage abusif, ont dû contribuer à morceler les aires jadis plus continues de ces végétaux à pouvoir d'accommodation faible. Paraissant avoir perdu leur capacité d'expansion, ils sont pour la plupart en infériorité manifeste vis-à-vis de leurs concurrents actuels. Un inventaire complet des localités de ces espèces à aire disjointe permettrait à nos successeurs d'être plus affirmatifs à ce sujet.

S'il est hors de doute que des survivants tertiaires méditerranéo-montagnards se sont conservés dans les parties méridionales du Massif Central pendant l'apogée des glaciations quaternaires, il n'est pas moins certain qu'une émigration partielle a eu lieu vers les plaines du Bas-Languedoc, favorisée par le régime des précipitations atmosphériques très abondantes. Nous sommes documentés sur ce point par les dépôts de tufs interglaciaires de la vallée du Lez, près de Montpellier, qui renferment plusieurs arbres montagnards (v. p. 21).

Au voisinage immédiat des grands glaciers quaternaires, en Auvergne, dans le Forez, ainsi que dans la vallée supérieure du Rhône, en amont de Lyon, les végétaux méditerranéens existant au début de l'âge glaciaire ont dû perdre beaucoup de terrain et disparaître entièrement de certaines contrées : dans les massifs du Cantal et des Monts Dore, sur tout le Plateau suisse, dans le Jura suisse, la Savoie, le Bugey. Les glaciers d'Auvergne et du Rhône couvraient presque entièrement ces contrées lors de leur plus grande extension. La surface de ce dernier atteignit 1.050 mètres environ au Weissenstein, plus de 1.400 mètres dans le Jura neuchâtelois (bloc erratique sur le Mont Damin), 1.100 mètres à la montagne de Lachat dans le Bugey, et près de 300 mètres à Bourg et à Lyon, sur la moraine frontale. Après le retrait du glacier rissien eut lieu une nouvelle poussée de l'élément méditerranéen vers le Nord. Il est probable qu'un certain nombre d'espèces méditerranéo-montagnardes de l'Auvergne (par exemple, *Scleranthus uncinnatus*, *Silaus virescens*, *Stachys heraclea*, *Carlina Cynara*, etc.) aient alors gagné la partie septentrionale du Massif Central où elles ont persisté jusqu'à nos jours. De même le Jura en a reçu un certain nombre pendant la dernière période interglaciaire. L'espalier rocheux formé par le seuil des Préalpes calcaires et les lisières du Jura facilitait cette immigration dont il est aisé de suivre la direction. Dans le Jura genevois se sont installés : *Dianthus hyssopifolius* (jusqu'à la Faucille), *Silene Saxifraga* (Fort de Pierre-Châtel), *Æthionema saxatile* (jusqu'au Fort de l'Ecluse), *Anthyllis montana* (jusqu'au Jura neuchâtelois), *Sideritis hyssopifolia* (jusqu'à la Dôle), *Serratula nudicaulis* (Salève, Vuache) ; d'autres se sont avancés jusque dans le Jura septentrional *(Centranthus angustifolius* (Jura occidental, puis du Creux-du-Van au Weissenstein), *Iberis saxatilis* (Jura soleurois et Crêt-des-Roches dans le Doubs ; réapparaît dans la Drôme et sur les Causses cévenols), *Acer Opalus* (jusqu'au Jura bâlois), *Ononis rotundifolia* (jusqu'au Jura bernois), *Rhamnus alpina* (jusqu'au Jura argovien), etc.

La dernière grande glaciation (würmienne) survient. Le glacier du Rhône s'étale de nouveau dans les plaines et vient buter contre le Jura. Les moraines les plus élevées atteignent ici 1.200 mètres au Chasseron, mais la surface de la glace s'abaisse rapidement vers le Nord-Est ; les coteaux ensoleillés du Jura soleurois restent libres de glace et le glacier se termine près de Wangen-sur-Aar.

Les lacunes dans la distribution actuelle des plantes méditerranéo-montagnardes du Jura s'expliquent en admettant que certaines espèces aient pu se maintenir dans les parties occidentale et orientale de la chaîne qui ont échappé à la dernière glaciation. Ces espèces ont des exigences thermiques modérées; aussi pensons-nous avec M. Chodat (1912) qu'on ne peut les considérer comme témoins d'une période postglaciaire chaude et sèche. A quelques exceptions près (p. ex., *Æthionema, Iberis saxatilis, Serratula nudicaulis, Ononis rotundifolia*), toutes croissent vigoureusement à l'étage du hêtre dans les Cévennes. *Æthionema* atteint 2.200 mètres dans les Alpes bormiaises (Furrer et Longa, 1915), *Iberis saxatilis* abonde au sommet du Ventoux à 1.910 mètres au milieu d'une flore franchement alpine, *Ononis rotundifolia* s'élève à 1.970 mètres dans les Alpes rhétiques au voisinage des glaciers. Tous ces faits sont contraires à l'hypothèse d'une période postglaciaire xérothermique. Quant à *Buxus sempervirens*, nous savons positivement qu'il a existé pendant la dernière période interglaciaire dans le Jura septentrional (tufs de Flurlingen près de Schaffhouse). Aujourd'hui, il en est disparu et ses localités les plus proches se trouvent dans le Jura bâlois et argovien-occidental.

Nous avons insisté sur les résultats des recherches se rapportant au Jura voisin parce qu'ils permettent d'entrevoir au moins une solution du problème plus complexe et moins bien étudié des végétaux méditerranéo-montagnards de l'Auvergne. L'étude détaillée de chaque colonie d'échappés et de chaque localité isolée de ces espèces, l'étude de leurs moyens de dissémination, de leurs possibilités de migration, etc., devraient précéder toute discussion relative à l'époque et aux conditions climatiques de leur immigration. Cette méthode mieux fondée n'est pas applicable pour le moment, et la solution définitive doit être remise à plus tard.

M. d'Alverny (1911, p. 11) est plus affirmatif à l'égard de ce problème. Il est enclin à voir les traces d'un réchauffement et d'un desséchement postglaciaires accentués « dans la présence sur certains points les plus élevés du Forez [au-dessus de 1.200 m.] des *Genista purgans, Sedum maximum, Amelanchier vulgaris* et divers autres xérophiles méridionales, ainsi que du chêne ». Or, rien n'est plus sujet à caution que des déductions basées sur les exigences climatiques d'espèces dont la répartition géographique n'est pas suffisamment connue. Nous avons rencontré *Genista purgans* jusqu'à 2.550 mètres dans les Pyrénées, *Amelanchier* en fleurs jusqu'à 2.130 mètres dans les Alpes suisses ; *Sedum maximum* est fréquent aux étages montagnard et subalpin des Pyrénées et des Alpes. Il s'élève dans les Cévennes à 1.510 mètres et manque dans la plaine méditerranéenne. Ces faits infirment donc les conclusions de M. d'Alverny. L'apparition du chêne-blanc au-dessus de l'horizon du sapin et du pin, disséminé jusqu'à près de 1.300 mètres, trouve son analogie à l'Aigoual où le chêne-vert atteint la même altitude et pénètre dans la hêtraie grâce surtout à son mode de dissémination synzoïque (v. p. 64).

En terminant ce chapitre, nous nous croyons à même d'affirmer que la répartition des végétaux méditerranéens et méditerranéo-montagnards du Massif Central ne fournit pas de preuve en faveur d'une période postglaciaire xérothermique accentuée. Les colonies méditerranéennes dans ce Massif sont en partie dues à une immigration successive et plus ou moins continuelle, postglaciaire, en partie à une survivance depuis les périodes interglaciaires et surtout depuis le Tertiaire.

B. Élément aralo-caspien.

1° Caractéristique phytosociologique et floristique.

Les steppes et déserts de l'Asie centrale se rapprochent par leur flore et leur végétation des déserts de l'Arabie et de la Lybie. La Mésopotamie constituerait un territoire (sous-région d'après E. Boissier) de transition. Le riche développement des Thérophytes et des Géophytes à bulbes et à tubercules et de certaines sippes systématiques supérieures, genres et familles (1), prouve d'autre part, que des liens assez étroits existent entre les steppes centro-asiatiques et la région méditerranéenne. Une illustration de ces rapports anciens est la curieuse famille des Théligonacées qui compte deux seules espèces : *Theligonum Cynocrambe*, méditerranéenne, et *Th. macranthum*, centro-asiatique.

La délimitation exacte de la région aralo-caspienne n'est guère possible aujourd'hui. D'une façon générale, elle coïncide à peu près avec la « région orientale » d'Edmond Boissier, qui s'étend des hauts plateaux arides de l'Asie Mineure à l'Afghanistan et aux déserts de la Mongolie. Au climat excessif, continental au sens le plus extrême, correspond une végétation particulière, caractérisée surtout par des groupements discontinus : steppes à Graminées xéromorphes *(Stipa, Aristida, Agropyron,* etc.), steppes subdésertiques à arbrisseaux halophiles sociaux *(Artemisia,* Polygonacées, Chenopodiacées, etc.), steppes broussailleuses à arbustes très clairsemés frappant l'imagination par leur port spécial : *Eremosparton, Alhagi, Smirnowia* [Légumineuses], Astragales élevés, *Haloxylon* [Chenopod.] le « Saxaoul », *Calligonum* [Polygonacée], etc., « arbres sans ombre, sans fraîcheur et sans vie » qui dépassent peu la taille d'un homme. La surface transpiratoire de la plupart des végétaux est très réduite ; ils cherchent, par des « xéromorphoses » (adaptations xérophytiques) variées, à se conformer et à s'adapter aux conditions climatiques extrêmes. Parmi les formes biologiques particulièrement nombreuses en individus se rangent les arbustes épineux et les Chaméphytes fortement pubescents ; mais la forme biologique dominant numériquement est celle des Thérophytes annuelles. Les Lichens, les Mousses et les Cryptogames en général par contre, jouent un rôle tout à fait subordonné.

Des forêts climatiques n'existent pas dans la région en dehors des montagnes. Le long des rivières seules on rencontre par-ci par-là de maigres bosquets de peupliers *(Populus pruinosa,* P. *euphratica)*, de saules, de tamaris, de *Caragana* (Légumineuse).

_____

(1) Par exemple : *Erysimum, Convolvulus, Salvia, Iurinea Scorzonera,* etc.

La situation centrale de la région aralo-caspienne devait de tout temps faciliter l'échange floristique avec les territoires voisins. Aussi, malgré son climat extrême, la spécialisation de sippes supérieures y est moins accusée que dans d'autres régions plus isolées géographiquement. Trois grands groupes systématiques caractérisent particulièrement la région aralo-caspienne :

1° Les *Astragalinæ* (Légumineuses) avec 11 genres, dont 6 endémiques dans la région *(Halimodendron, Caragana, Calophaca, Gueldenstædtia, Sewerzowia, Didymopelta)* et deux *(Astragalus* avec plus de 1.600 espèces et *Oxytropis)* ayant leur principal foyer de développement dans l'Asie centrale.

2° Les groupes des *Corispermæ, Suædeæ* et *Salsoleæ,* halophytes de la famille des *Chenopodiaceæ.* Deux des 3 genres des *Corispermæ (Agriophyllum* et *Anthochlamys)* sont endémiques. Parmi les endémiques caractéristiques, nous citerons encore : 4 genres des *Suædeæ* sur 5 existants *(Hypocylix, Alexandra, Borsczowia* et *Bienertia),* 9 genres de *Salsoleæ* sur 15 *(Ofaiston, Girgensohnia, Nanophyton, Halocharis, Halimocnemis, Piptoptera, Halanthium, Halarchon, Sympegma).*

3° Les *Polygonoïdeæ-Atraphaxideæ,* comprenant les genres *Atraphaxis, Pteropyrum* et *Calligonum,* arbustes typiques des steppes et déserts. Peu d'espèces de ces genres se retrouvent dans l'Afrique du Nord et en Syrie ; *Atraphaxis Billardieri* a pénétré jusqu'en Grèce. Sur 20 espèces du genre *Calligonum,* 19 sont cantonnées dans les steppes désertiques de l'Asie centrale ; une seule, *Calligonum comosum,* s'étend de la Perse au Sahara occidental.

La région aralo-caspienne possède en outre de nombreux genres spéciaux (dont beaucoup de monotypes) appartenant à des familles très diverses. Les espèces endémiques abondent. Pour le seul territoire transcaspien, M. Paulsen (1912) compte 169 espèces endémiques, soit 22 % du total des plantes vasculaires. Les familles les plus riches en endémiques y sont les Légumineuses (31), Composées (28), Chenopodiacées (17), Polygonacées (14), Ombellifères (10).

2° SOUS-ÉLÉMENT SARMATIQUE (1)

Délimitation du domaine sarmatique, p. 90 ; colonies sarmatiques dans l'Europe moyenne, p. 91 ; les espèces sarmatiques du Massif Central, p. 92 ; aires disjointes, p. 92 ; les espèces sarmatiques de la péninsule ibérique, p. 94 ; causes du morcellement, p. 95 ; le passé de l'élément sarmatique sur le Plateau Central et dans l'Europe occidentale, p. 96.

La région aralo-caspienne se subdivise en plusieurs domaines ; mais un seul, le plus occidental, nous intéresse ici. C'est le domaine *sarmatique*, territoire de transition entre les steppes asiatiques et les forêts de feuillus médio-européennes. Il se rattache à la région aralo-caspienne par sa végétation steppique où dominent les Graminées xéromorphes, les Chenopodiacées, Composées *(Artemisia)*, Astragalées, ainsi que par les affinités floristiques générales.

La délimitation du domaine, sarmatique vers l'Ouest et le Nord-Ouest présente des difficultés. Aucun obstacle physiographique ne s'oppose de ce côté à l'extension de la végétation steppico-désertique ; le climat seul intervient comme facteur limitatif. C'est pourquoi le pourtour du domaine dessine des sinuosités nombreuses et, des deux côtés de la limite générale, des enclaves floristiques de la région voisine occupent, en colonies plus ou moins importantes, des stations favorisées par des conditions édaphiques (ou biotiques) spéciales, ou par un climat local particulier. De cette façon, les avant-postes de la région aralo-caspienne [domaine sarmatique appelé autrefois pontique (2)], rayonnent jusqu'en *Hongrie* et en *Bohême*, voire

----

(1) Le terme « sous-élément » (Subelement) a déjà été employé par M. Diels (1906, p. 34 et suiv.).

(2) Nous avons cru devoir rejeter ce terme parce que, employé dans des sens très divers, il prête à confusion. Pour n'en citer qu'un exemple, rappelons que M. Drude, dans son Manuel classique (1890), parle d'abord (p. 345) d'un « élément de flore » « pontico-orientale (centro-asiatique) », un peu plus loin d'une « région de végétation des steppes pontiques ou de la Russie méridionale » (p. 381) et enfin d'une « région forestière pontico-occidentale » (p. 379), cette dernière se rattachant à la « région des Conifères de l'Europe moyenne ». Le territoire « pannonien » (les steppes du bassin danubien) constituerait vraisemblablement un secteur du domaine sarmatique.

même jusqu'au centre de l'Allemagne. Ils sont strictement liés aux contrées les plus sèches, à climat excessif, de caractère plus ou moins continental et trahissent même ainsi leur origine.

La plus occidentale de ces colonies s'est établie sur les sables mouvants des environs de Mayence. Elle compte une trentaine d'espèces nettement sarmatiques qui, grâce aux conditions spéciales du sol, arrivent encore à former des groupements tranchés, de physionomie franchement steppique. Aux *Stipa capillata* et *pennata* s'associent les *Kochia arenaria, Gypsophila fastigiata, Adonis vernalis, Linum perenne, Onosma arenarium, Jurinea cyanoides, Helichrysum arenarium, Scorzonera purpurea*, etc. (Jännicke, 1892.)

En France, des enclaves sarmatiques caractérisent les grandes vallées intérieures des Alpes centrales, qui jouissent, par leur position même, d'un climat local subcontinental (précipitation annuelle de 60 à 80 cm.). Leur flore a des rapports étroits avec les colonies semblables des vallées piémontaises de Suse et d'Aoste, avec celles du Valais central, de la Basse Engadine, de la vallée supérieure de l'Adige. Plusieurs Légumineuses, Borraginacées, Crucifères, etc., sarmatiques ont dans les vallées centrales des Alpes leurs uniques localités françaises (p. ex.: *Allium strictum, Sisymbrium strictissimum, Oxytropis pilosa, Astragalus austriacus, A. vesicarius, A. alopecuroides, Onosma tauricum, Dracocephalum austriacum*, etc.) (1).

Dans le Massif Central de France, les espèces sarmatiques comptent parmi les raretés. Cependant, quelques-unes des plus expressives aident à faire ressortir le caractère presque steppique du district des Causses (*Stipa capillata, St. pennata, Piptaptherum virescens, Adonis vernalis, Scorzonera purpurea*).

D'autres apparaissent çà et là dans l'étage du chêne-blanc (*Quercus sessiliflora*) et bien plus rarement dans celui du chêne-vert. Mais rarement (2) elles entrent d'une façon déter-

---

(1) En Suisse ce sont également les vallées centrales des Alpes (district du pin sylvestre) qui ont reçu les colonies sarmatiques les plus importantes (v. Br.-Bl., 1917).

(2) Par exemple : *Stipa capillata, St. pennata, Adonis vernalis* sur les Causses !

minante dans la constitution du tapis végétal. Voici d'ailleurs leur énumération :

Stipa capillata L.
— *pennata* L.
Phleum phleoides (L.) Sim.
Avena pratensis L.
Piptatherum virescens (Trin.) Boiss.
Melica transsilvanica Schur (Haute-Loire).
Carex nitida Host
— *præcox* Schreb.
Allium flavum L.
Tunica saxifraga (L.) Scop.
Silene Otites Sm.
Adonis vernalis L.
Anemone Pulsatilla L. s. l.
Potentilla canescens Bess.
Prunus Mahaleb L.
Trifolium alpestre L.
Astragalus Onobrychis L.
Lathyrus albus Kitt.
Linum tenuifolium L.
Euphorbia Seguieriana Neck.
Caucalis daucoides L.

Peucedanum Oreoselinum (L.) Mch.
Seseli annuum L.
— *Libanotis* (L.) Koch
Myosotis micrantha Pallas
Leonurus Cardiaca L.
Stachys germanicus L.
Veronica spicata L.
— *Teucrium* L.
— *prostrata* L.
— *Dillenii* Crantz
— *verna* L.
Orobanche levis L.
Globularia vulgaris L.
Asperula glauca (L.) Bess.
Aster Amellus L.
— *Linosyris* (L.) Bernh.
Artemisia campestris L.
Achillea tomentosa L.
Onopordum Acanthium L.
Centaurea maculosa Lamk.
Tragopogon dubius Scop.
Scorzonera purpurea L. (1).

Cette liste comprend quelques espèces qui se distinguent par leur grande rareté et par le démembrement exceptionnel de leur aire.

Ainsi *Scorzonera purpurea* n'est connu en France qu'aux Cévennes ; il réapparaît dans quelques colonies sarmatiques de l'Allemagne, de la Bohême, des pays danubiens, de la Styrie, de la Carniole, de l'Italie septentrionale et moyenne. Disséminé en Bosnie, Serbie, Roumanie, il traverse la Pologne méridionale, la Russie méridionale (Ukraine) et moyenne et se retrouve dans l'Asie centrale. Les localités cévenoles du Larzac, du Guilhomard, du Causse Noir près de Meyrueis, du Causse de Campestre, des prairies de Barre (Lozère) et du bois de

---

(1) Le mélange des éléments méditerranéen et eurosibérien avec le sous-élément sarmatique rend difficile son individualisation. Pour attribuer une espèce à tel ou tel élément, nous nous sommes toujours fondé sur sa répartition générale actuelle. Les espèces citées ci-dessus qui ont leur plus grande extension dans le domaine sarmatique s'avancent cependant assez loin vers l'Europe occidentale et méridionale; de sorte qu'on pourrait les appeler *sub-sarmatiques* à l'exemple des espèces subméditerranéennes.

la Vabre près de Mende, sont distantes de plus de 700 kilomètres des localités les plus voisines de l'Allemagne du Sud.

Allium flavum, assez répandu dans tous les Causses, descend à Faugières, près de Bédarieux. On le retrouve dans la Montagne Noire, le-Vivarais (vallée supérieure de l'Ardèche et sur les .pentes du Coiron) et en Auvergne (Puy-Long, près de Clermont, près d'Issoire, Molompize).

En dehors du Massif Central, il est dans les Corbières, à la Clape, près de Narbonne, dans le Dauphiné méridional et en Provence, puis isolé dans la forêt de Fontainebleau, près de Paris, où il paraît introduit (Coste). Sa présence en Espagne demande à être confirmée ; indiqué en Castille, il n'y a pas été retrouvé. A l'Est, il réapparaît en Italie, dans la Basse Autriche où il devient fréquent, en *Hongrie*, Istrie, Illyrie, dans les Balkans, en Sarmatie, puis dans l'Asie occidentale jusqu'en Perse.

Adonis vernalis, disséminé sur la Meseta ibérique, ne se montre en France qu'en Alsace (introduit ?) et, certainement spontané, dans plusieurs localités assez étroitement groupées sur les plateaux arides des Causses, entre 800 et 1.000 mètres environ (Causses Noir, de Sauveterre et Méjean). Ses localités les plus proches se trouvent dans le Bas Valais (isolé), dans la vallée du Rhin moyen, le Frioul. Il accompagne les colonies sarmatiques de l'Allemagne, de la Pologne (s'avance avec d'autres végétaux steppiques jusqu'aux îles Oeland et Gotland), traverse l'Autriche et la *Hongrie*, une partie des Balkans (manque aux parties méridionales et méditerranéennes), la Russie centrale et méridionale, la Sibérie sud-occidentale, le Turkestan, la Songarie.

Lathyrus albus montre une répartition semblable ; il est cependant bien plus répandu en France et ne craint pas le voisinage de l'Océan.

Piptaptherum viresçens (Piptaptherum arisitense Coste), qui a le port du *P. paradoxum*, fut découvert par l'abbé Coste près de Millau, et plus tard dans la vallée du Lot, à Salvagnac-Carjac. Il se rencontre également à Cahors et dans les Causses de la Lozère. En dehors de ce petit territoire français, avant-poste occidental extrême, cette Graminée xérophile est connue de l'Italie moyenne et septentrionale, de l'Istrie, de la *Hongrie* et de la basse vallée du Danube, de la Russie méridionale, du Caucase, de l'Asie Mineure, de la Perse nord-orientale. Les localités françaises sont distantes de près de 700 kilomètres de celles de l'Italie.

Il serait illusoire de vouloir expliquer une distribution aussi morcelée par des causes actuelles. La question se complique encore si, dépassant nos frontières, nous envisageons les échappés sarmatiques de la péninsule ibérique. Ces vestiges isolés d'un ancien élément oriental ont de tout temps intrigué les botanistes. Willkomm, dans son Mémoire sur la distribution des végétaux dans la péninsule ibérique, énumère un certain nombre de ces espèces à aire double, ibéro-orientale. Il s'agit en partie de Thérophytes, surtout cantonnés dans les moissons et pour lesquels l'introduction avec les céréales à l'époque de l'invasion arabe paraît probable ou du moins possible (*Lycopsis orientalis, Echinospermum patulum, Rochelia stellulata, Zizyphora tenuior,* etc.).

Mais il y a en outre des espèces montagnardes orientales et quelques arbrisseaux caractéristiques des steppes aralo-caspiennes, dont la présence en Espagne restait énigmatique (cf. Willkomm, l. c., p. 325) (1). *Trisetum Cavanillesii, Astragalus exscapus, A. vesicarius* des montagnes bétiques ont leurs localités les plus proches dans les vallées chaudes et sèches des Alpes centrales, *Agropyron cristatum* et *Eurotia ceratoides* habitent la Meseta ibérique, les steppes du bas Danube et une grande partie de la région aralo-caspienne. D'après Sven *Hedin,* l'*Eurotia* est très commun sur les hauts plateaux du Tibet et du Pamir, entre 3.000 et 4.000 mètres d'altitude. *Kalidium foliatum* et *Eurotia ferruginea* sauteraient de l'Espagne à la Russie méridionale et à l'Asie centrale. La présence en Espagne du *Scorzonera tuberosa,* est douteuse et demande à être confirmée.

Un représentant curieux de la flore française se range dans ce groupe : *Spiræa obovata* W. K. *(S. hypericifolia* L. var. *obovata* Maxim.), arbuste dont les affinités systématiques mettent

---

(1) Aux exemples cités par Willkomm, on peut ajouter *Evax anatolicus* Boiss. et Heldr. *forma hispanicus* Degen et Herv., découvert en 1904, à 1.900 mètres d'altitude, dans la Sierra de la Malessa (Hervier, 1907, p. 46). Cette espèce réapparaît en Asie Mineure, en Syrie, Arménie et en Mésopotamie.

hors de doute son origine sarmatique — centro-asiatique, mais
dont l'aire actuelle ne touche pas le domaine sarmatique. Du
port ramassé d'un petit *Cratægus*, il couvre, par endroits, de
ses buissons divariqués certains pacages pierreux des Causses
entre 600 et 900 mètres d'altitude. Il y est certainement indigène et non pas subspontané, ce qui paraît être le cas en Carniole, en Styrie et en Hongrie où il possède des localités isolées
(v. aussi Schneider, *H*andbuch d. Laubholzkunde I, p. 452).
L'arbuste est représenté en outre, à l'état spontané, en Espagne
et au Maroc (Cap Cotelle, leg. Gandoger sub. nom. *Sp. Cavanillesii)* par des formes légèrement distinctes (var. *rhodoclada*
[Levier] et var. *Cavanillesii* [Gandog. in sched.] pro species).
Ce *Spiræa* représente le dernier rameau occidental d'un genre
de souche centro-asiatique, très riche en espèces dans l'Asie
centrale, se réduisant progressivement vers l'Ouest. Des espèces
affines du *S. obovata* habitent l'Italie centrale *(S. flabellata*
Bertol.), le domaine sarmatique *(S. hypericifolia* L., *S. crenata* L.), la Sibérie *(S. aquilegifolia* Pallas), l'Arménie *(S. ana-
tolica* Hausskn.). Selon O. *H*eer, une forme affine *(Spiræa
vetusta* Heer) était répandue dans l'Europe centrale pendant la
période miocène. *H*eer a relevé ses traces dans la Molasse d'eau
douce supérieure du Jura suisse (Le Locle) et d'Œningen. La
continuité de l'aire de ce groupe systématique aujourd'hui disloqué aurait donc existé encore vers la fin du Tertiaire. Remarquons toutefois que les restes fossiles de la plante en question,
conservés dans les collections de l'Ecole polytechnique à
Zurich, sont trop fragmentaires pour permettre une détermination rigoureusement exacte.

Les traits essentiels de l'histoire du sous-élément sarmatique
peuvent se résumer de la façon suivante :

Une première et forte invasion eut lieu pendant la période
mio-pliocène. Les avant-postes de cet essaim migrateur ont
pénétré jusqu'à la péninsule ibérique encore en contact avec le
continent africain ; quelques-uns ont même franchi le seuil de
Gibraltar. Les lacunes immenses entre l'aire occidentale gallo-
ibérique et l'aire sarmatique de certains types de formation
ancienne s'expliquent par les vicissitudes climatiques du Quaternaire, surtout par l'alternance répétée de phases pluviales
(interglaciaires) et froides (glaciaires), provoquant l'extinction

de la plupart d'entre eux dans l'Europe centrale. Un nombre
relativement faible devait se maintenir dans des stations sèches
soustraites à l'influence directe des glaciers, notamment sur le
versant méridional des Alpes (cf. Br.-Bl., 1917, p. 23), dans la
plaine du Rhin moyen, en Thuringe, dans la vallée du Danube,
la Bohême, en Galicie, dans la Podolie. En ce qui concerne la
plaine du Rhin, M. Lauterborn (1917, II, p. 65) partage cette
manière d'interpréter les faits de distribution florale. Remarquons dans cet ordre d'idées que les colonies sarmatiques les
plus avancées de l'Allemagne occupent précisément les contrées
qui n'ont jamais été couvertes de glace. Or, bon nombre de
végétaux de ces colonies (p. ex. : *Stipa pennata, Stipa capillata,
Festuca vallesiaca, Carex nitida, Allium strictum, Sisymbrium
strictissimum, Oxytropis pilosa, Astragalus exscapus, Trifolium
alpestre, Artemisia campestris, Lactuca perennis,* etc.), croissent encore de nos jours au voisinage immédiat de grands glaciers dans les Alpes centrales ; quelques-unes gagnent même
des altitudes considérables, dépassant la limite supérieure des
forêts. Nous avons récolté *Carex nitida* à 3.000 mètres, près de
Zermatt, *Allium strictum* à 2.500 mètres au Lautaret. *Stipa
pennata, Kœleria gracilis, Astragalus exscapus, Trifolium alpestre, Artemisia campestris, Lactuca perennis* et d'autres s'élèvent à 2.200 mètres et au delà. Mais ces mêmes plantes sont très
rares ou font complètement défaut dans les vallées voisines,
extérieures, moins continentales.

On ne peut donc nier la possibilité de la coexistence de
grands glaciers et de colonies d'espèces sarmatiques.

Les preuves fossiles que nous possédons sur la végétation
glaciaire militent en faveur d'un climat froid et assez sec, permettant pourtant, au moins dans certaines contrées (Est de la
France, etc.), l'existence de forêts de Conifères et de bouleaux
(v. chap. I). La *faune glaciaire*, bien mieux conservée, comprend quelques animaux habitant les forêts (*Cervus alces,
C. euryceros, Bos primigenius,* etc.), mais surtout des rongeurs
steppiques, tels que: *Spermophilus rufescens, Myodes torqua-
tus, Arctomys bobac, Alactaga jaculus,* etc., aujourd'hui en
partie cantonnés dans les steppes et les toundras de l'Europe
orientale et boréale et de l'Asie centrale et boréale. Aux
périodes glaciaires correspond aussi la formation du Lœss, sédi-

ment éolien, qui a dû se déposer dans un territoire dépourvu, au moins en partie, de végétation forestière continue (1).

Il est évident que certains végétaux sarmatiques à exigences thermiques modestes ont pu se maintenir dans l'Europe moyenne (y compris le Centre de la France) même pendant l'extension maximum de la calotte glaciaire, profitant de conditions stationnelles particulièrement favorables. La distribution actuelle de ces survivants pliocènes en fait foi.

A ce point de vue, les recherches phyto-historiques récentes dans l'Europe moyenne-orientale (en Podolie, par M. Paczoski [1910], en Galicie, par M. Szafer, dans la vallée supérieure du Danube, par M. Bertsch [1919] ; par M. Vierhapper [1919] à l'occasion d'une étude sur la répartition de l'*Allium strictum*) ont donné des résultats conformes à notre opinion.

Pendant les périodes interglaciaires déjà (v. Dziubałtowski 1915, p. 118-20), mais surtout après le retrait définitif des grands glaciers quaternaires, les espèces sarmatiques étendaient de nouveau leur aire. Elles gagnaient alors les vallées intérieures des Alpes, s'établissant en colonies plus ou moins importantes suivant le caractère local subcontinental plus ou moins accusé (v. Br.-Bl., 1917, p. 22).

Le Massif Central de la France a bénéficié dans une très faible mesure de cette seconde extension. Peut-être *Astragalus Onobrychis*, *Achillea tomentosa* et quelques autres espèces lui sont parvenues à cette époque par l'intermédiaire des Alpes occidentales. Mais les survivants sarmatiques tertiaires, comme par exemple : *Piptaptherum virescens, Adonis vernalis, Scorzonera purpurea* n'ont pu reprendre le terrain perdu pendant le Quaternaire. Aujourd'hui relégués en quelques localités des Causses, ils apparaissent comme derniers témoins en voie de régression. Cette explication est d'autant plus plausible que le climat des Causses, soumis au régime atlantique, serait nettement défavorable à l'immigration actuelle. Le nombre des jours pluvieux y est élevé et la quantité d'eau tombée (750-1100 m/m. par an) dépasse de beaucoup celle recueillie par exemple dans les plaines de Montbrison et de la Limagne (v. carte des pluies).

---

(1) Voir Koken E. (1909) et Sœrgel W. (1919).

Braun-Blanquet.

C. Élément eurosibérien-boréoaméricain.

1° CARACTÉRISTIQUE ET SUBDIVISION.

Caractéristique phytosociologique et floristique, p. 98, importance de l'élément dans le Massif Central, p. 100, limites méridionales en France, p. 101, ancienneté de l'élément, p. 102, colonies eurosibériennes dans l'Afrique du Nord, p. 102, subdivision de la région, p. 103.

La région eurosibérienne-boréoaméricaine, la plus vaste du globe, embrasse une grande partie de l'hémisphère boréal, des côtes atlantiques de l'Europe à travers l'Eurasie et l'Amérique boréale jusqu'aux rivages atlantiques du Canada et des Etats-Unis. Elle est limitée vers le Sud par les régions méditerranéenne, aralo-caspienne, sino-japonaise, californienne et par les steppes désertiques et les forêts subtropicales toujours vertes des Etats-Unis.

La végétation, remarquablement homogène sous la même latitude, se déploie en ceintures (zones plus ou moins nettes) de largeur variable. Venant du Sud, on traverse d'abord les forêts d'arbres à feuilles caduques, puis les futaies sombres de Conifères, sur leurs limites des groupements arbustifs, des landes à arbrisseaux nains, des prairies à Graminées et Cypéracées et enfin des tapis de Mousses et Lichens. La ceinture d'arbres à feuilles caduques manque cependant à l'intérieur des grands continents.

Cette zonation se retrouve comme condensée dans les hautes montagnes des parties méridionales de la région.

A côté des groupements climatiques, les landes à bruyères dans l'Ouest (domaine atlantique), les prairies humides (bas marais) et les marais à sphaignes (tourbières bombées) occupent une surface considérable.

La flore de cet immense territoire offre de nombreux traits communs. Parmi les familles qui ont leur centre de développement et d'extension actuel dans la région eurosibérienne-boréoaméricaine, nous citerons les Cypéracées-Caricoïdées, Joncacées, Salicacées, Juglandacées, Bétulacées, Renonculacées, Saxifragacées, Rosacées, Acéracées, Pyrolacées, Diapensiacées. De nombreux genres spéciaux et beaucoup d'espèces sont con-

linés presque exclusivement dans l'Eurosibérie, y compris les
hautes montagnes de l'Asie centrale et dans la partie septentrionale de l'Amérique du Nord. Tels sont par exemple les genres:
*Veratrum, Streptopus, Convallaria, Cœloglossum, Corallorhiza,
Listera, Epipactis, Betula, Asarum, Caltha* sect. *Eucaltha,
Trollius, Isopyrum, Actæa, Dentaria, Pyrola, Ledum, Oxycoccus, Alectorolophus, Melampyrum, Adoxa, Arnica, Petasites*, etc., ainsi que de nombreuses espèces très répandues,
appartenant à d'autres genres comme *Alnus incana, Rubus
Idæus, Oxalis Acetosella, Vaccinium* spec., *Lonicera cœrulea*,
etc., etc.

Dans les classes des végétaux inférieurs, les rapports entre
les différentes parties de la région sont évidemment encore
plus étroits. Parmi 11 genres holarctiques d'Hépatiques, 139
espèces, soit 85,5 % des espèces européennes sont également
nord-américaines ; 85 % des espèces européennes du genre
Lophozia et 76 % des *Cephalozia* se retrouvent dans l'Amérique
boréale (K. Müller, 1916). Ces faits et de nombreuses constatations concordantes témoignent non seulement de conditions
climatiques relativement uniformes, mais encore ils confirment
l'ancienne connexion des continents eurasiatique et nord-amé-
cain, pressentie dès 1798 par Willdenow (p. 497), qui en a
donné l'explication aujourd'hui généralement admise.

Maints genres, d'une répartition moins étendue, restent
cantonnés dans l'Eurasie boréale et ne franchissent pas le
détroit de Behring ; ainsi par exemple : *Paris, Chamorchis,
Herminium, Gymnadenia, Epipogium, Neottia, Alliaria, An-
thriscus, Ægopodium, Ligularia, Arctium*, etc. Parmi les
arbres et arbustes de la même catégorie, il faut citer : *Pinus
silvestris, Picea excelsa* (manque à l'état spontané dans le
Massif Central), *Ulmus scabra, Populus tremula, Salix caprea,
S. cinerea, S. aurita, Sorbus Aucuparia, Tilia cordata, Viburnum Opulus* (excl. *V. americanum*), *Lonicera Xylosteum*,
etc. Plusieurs espèces de ce groupe, introduites de l'Europe, se
sont d'ailleurs très bien acclimatées aux Etats-Unis.

A l'élément eurosibérien-boréoaméricain appartient le gros de
la végétation prairiale et silvatique eux étages moyen et supérieur du Massif Central. Il se révèle par ses landes touffues de
bruyères et de genêts, ses taillis et forêts d'arbres à feuilles

caduques et par la fraîche verdure des prairies plantureuses. L'importance de cet élément diminue d'ailleurs progressivement du Nord au Sud et du Sud-Ouest au Sud-Est. Dans les contreforts sud-occidentaux des Cévennes par exemple : (Montagne Noire, Monts de Lacaune), soumis au régime atlantique, toute cette végétation descend jusqu'au bas des vallées (400-600 m. d'alt.) où les précipitations annuelles sont inférieures à 800 millimètres, tandis qu'elle reste confinée à l'étage du hêtre (au-dessus de 900 à 1.000 m.), étage des pluies abondantes (au-dessus de 1.500 m/m par an) dans les Cévennes sud-orientales: Mont Lozère, massif de l'Aigoual. A l'approche de la plaine méditerranéenne, les plantes eurosibériennes-boréo-américaines se raréfient de plus en plus, et beaucoup disparaissent définitivement sur la lisière méridionale du Massif Central. Les espèces suivantes ont dans les Cévennes méridionales leur limite extrême vers le littoral :

Dryopteris Phegopteris (L.) C. Christensen
  — *Linnæana* C. Christensen
  — *spinulosa* (Müll.) O. Ktze.
Blechnum spicant (L.) Sm.
Equisetum hiemale L.
Alopecurus pratensis L.
Calamagrostis arundinacea Roth
Agrostis canina L.
Milium effusum L.
Sieglingia decumbens (L.) Bernh.
Melica nutans L.
Festuca silvatica (Poll.) Vill.
Nardus stricta L.
Eriophorum latifolium Hoppe
Carex pulicaris L.
  — *paniculata* L.
  — *leporina* L.
  — *pilulifera* L.
  — *alba* Scop.
  — *pallescens* L.
  — *digitata* L.
  — *inflata* Huds.
Juncus acutiflorus Ehrh.
Luzula nivea (L.) Lam. et DC.
Gagea lutea (L.) Ker-Gawler
Lilium Martagon L.
Scilla bifolia L.
Paris quadrifolia L.
Majanthemum bifolium L.

Convallaria majalis L.
Polygonatum multiflorum (L.) All.
Orchis latifolius L.
  — *Traunsteineri* Saut.
Goodyera repens (L.) R. Br.
Corallorhiza trifida Châtel.
Neottia Nidus avis (L.) Rich.
Epipactis (Helleborine) atropurpurea Raf.
Salix aurita L.
Populus tremula L.
Betula pendula Ehrh.
Fagus silvatica L.
Ulmus scabra Mill.
Thesium pyrenaicum Pourr.
Chenopodium Bonus Henricus L.
Silene nutans L.
Melandrium dicecum (L.) Sch. et Th.
Dianthus superbus L.
  — *deltoides* L.
Stellaria nemorum L.
Scleranthus perennis L.
Caltha palustris L.
Actæa spicata L.
Corydalis solida (Mill.) Sw.
  — *cava* (Mill.) Schw. et Korte
Cardamine amara L.
  — *hirsuta* L. ssp. *silvatica* (Lk.) Rouy et Fouc.
Dentaria digitata Lamk.

Lunaria rediviva L.
Sedum villosum L.
Parnassia palustris L.
Ribes alpinum L.
Filipendula Ulmaria (L.) Max.
Geum rivale L.
Alchemilla spec. div.
Potentilla rupestris L.
— erecta (L.) Hampe
— heptaphylla L.
Rosa tomentosa Sm.
Rubus spec. div.
Prunus Padus L.
Sorbus aucuparia L.
Trifolium agrarium L.
— montanum L.
— medium Huds.
Lathyrus vernus Bernh.
Geranium pratense L.
— silvaticum L.
Oxalis Acetosella L.
Euphorbia dulcis Jacq.
Acer platanoides L.
Rhamnus Frangula L.
Daphne Mezereum L.
Peplis Portula L.
Epilobium angustifolium L.
— montanum L.
— collinum Gmel.
Laserpitium latifolium L.
Pimpinella magna L.
Conium maculatum L.
Pyrola secunda L.
— chlorantha Sw.
— minor L.
Vaccinium Myrtillus L.

Primula elatior (L.) Schreb.
— officinalis Jacq.
Gentiana cruciata L.
— ciliata L.
— Pneumonanthe L.
Verbascum nigrum L.
Veronica montana L.
— serpyllifolia L.
— longifolia L. (Aubrac) isolé.
Euphrasia Rostkoviana Hayne
— tatarica Fisch.
— picta Wimm.
— gracilis Pers.
Pedicularis silvatica L.
Melampyrum pratense L.
Galium vernum Scop.
— rotundifolium L.
— uliginosum L.
Asperula odorata L.
Sambucus racemosa L.
Adoxa moschatellina L.
Gnaphalium uliginosum L.
— silvaticum L.
Antennaria dioeca L.
Senecio silvaticus L.
— spathulifolius (Gmel.) DC.
— nemorensis L.
Doronicum Pardalianches L. em.
Scop.
Arctium (Lappa) nemorosum Lej. et
Court.
Scorzonera humilis L.
Prenanthes purpurea L.
Hieracium spec. div.
De nombreuses Mousses et Lichens.

D'autres espèces s'éteignent à l'ubac des derniers plis de la bordure cévenole: Pic Saint-Loup, Séranne, Rocher d'Anduze, etc.. Un certain nombre d'espèces eurosibériennes s'insinuent même dans les plaines du Languedoc, suivant les cours d'eau, les prairies humides, les bois riverains, les marais, en général les stations où les eaux phréatiques se maintiennent pendant toute l'année à un niveau élevé. Ces circonstances édaphiques spéciales permettent l'établissement de colonies eurosibériennes en pleine région méditerranéenne, par exemple dans le delta du Rhône, en Camargue et dans la plaine alluviale du Lez, près de Montpellier, contrées sèches, qui ne reçoivent que 5oo à 65o millimètres de pluie par an (v. carte des pluies, p. 6ï).

Les espèces eurosibériennes comptent parmi les plus anciennes de notre flore. Dès l'Oligocène, les genres *Betula, Alnus, Corylus, Salix,* etc., font souche: Les gisements miocènes du Cantal, attribués au Pontien, renferment le hêtre *(Fagus silvatica)*, des saules *(Salix alba, S. cinerea)*, les *Betula pendula, Carpinus Betulus, Corylus Avellana* et d'autres essences ligneuses de cet élément (v. chap. I). Des circonstances particulières ont dû empêcher la fossilation des satellites herbacées, mais il y a lieu de penser qu'elles y étaient également représentées. Une preuve vivante en est le curieux endémique paléogène tertiaire, *Arabis cebennensis*, d'affinités médio-européennes (voir chapitre endémisme).

Il existe en outre comme survivants par disjonction de nombreuses espèces eurosibériennes dans les îles méditerranéennes et les montagnes de la Mauritanie, contrées qu'elles ont dû gagner pour la plupart avant la fin du Tertiaire, c'est-à-dire avant les effondrements méditerranéens qui ont définitivement séparé le continent africain de l'Europe. Le massif des Babors au Nord de Sétif, s'élevant à 2.004 mètres, a conservé une intéressante colonie d'espèces eurosibériennes, dont quelques-unes ne se retrouvent pas ailleurs en Afrique, *(Orchis maculatus, Mercurialis perennis, Asperula odorata). Viburnum lantana* est ici et dans les bois et les gorges du Moyen Atlas marocain ! Dans les hautes montagnes du Djurdjura, de l'Aurès et de l'Atlas marocain se rencontrent par exemple: *Taxus baccata, Juniperus nana, Elymus europæus, Alopecurus pratensis, Brachypodium pinnatum, Platanthera bifolia, Alnus glutinosa, Populus tremula, Stellaria holostea, Ranunculus repens, Thalictrum minus, Alliaria officinalis, Ribes uva-crispa, R. petræum, Agrimonia eupatoria, Geum urbanum, Filipendula hexapetata, Rosa canina, Sorbus Aria, Rhamnus cathartica, Hypericum montanum, Viola silvestris, Epilobium parviflorum, Veronica Beccabunga, V. montana, V. serpyllifolia, Viburnum Opulus, Eupatorium cannabinum, Tussilago farfara, Solidago virga aurea, Arctium minus,* etc. Avec une foule d'autres, ces espèces de souche eurosibérienne affectent en Mauritanie une préférence marquée pour l'étage des brouillards d'hiver. Rarement elles descendent dans les plaines. Leur nombre est trop considérable et elles manifestent des adapta-

tions trop diverses à l'égard de la dissémination pour avoir
immigré à l'époque actuelle, par exemple à l'aide des oiseaux
migrateurs. Leur présence en Afrique exige au contraire une
ancienne communication étroite entre la Mauritanie d'une
part, l'Italie et l'Espagne méridionale d'autre part. D'après les
géologues, cette communication aurait en effet existé encore
avant la fin du Pliocène.

La répartition actuelle d'une série d'espèces eurosibériennes
autour du bassin méditerranéen occidental est donc une autre
preuve (à côté des preuves fossiles, v. chap. I) de l'existence
de cet élément dès le Tertiaire dans l'Europe moyenne et méridionale, y compris le Massif Central de France.

Au cours de la période quaternaire, la distribution locale de
ces végétaux a subi des modifications profondes ; certaines
espèces ont dû disparaître complètement; des micro-endémiques se sont développés. Pourtant l'élément eurosibérien-boréoaméricain paraît avoir conservé depuis la fin du Tertiaire son
rôle prépondérant dans le Massif Central.

*
* *

A l'intérieur de l'immense région eurosibérienne-boréoaméricaine, étonnante par son uniformité, des circonscriptions,
plus ou moins nettement définies par leur flore et par leur
végétation se dessinent. Trois d'entre elles nous intéressent
plus particulièrement ici : les domaines médio-européen, euro-
péo-atlantique et circumboréal.

Les limites définitives entre les trois domaines n'ont pas
encore été tracées. C'est là tout un programme à remplir,
tâche dont la réalisation est rendue difficile par les transformations profondes qu'ont subies en Europe les groupements
climatiques primitifs de végétaux. Des travaux préliminaires
existent cependant. Pour la France, nous possédons la carte
géobotanique de M. Flahault (1901), pour la Belgique les travaux de M. Massart (1910, 1916), pour l'Allemagne entre
autres, ceux de M. Drude (1902, etc.), pour la Grande Bretagne
l'aperçu instructif de M. Tansley (1911), sans compter les Mémoires de MM. Adamovic (Balkans), Beck (Illyrie), Pax (Roumanie, Carpathes), Szafer (Pologne), Warming (Danemark),
Willkomm (péninsule ibérique), etc. Mais les principes de

subdivision varient tellement d'un auteur à l'autre qu'une synthèse générale rencontre encore les plus sérieuses difficultés.

2° Sous-Elément médio-européen.

Caractéristique, p. 104, genres et espèces endémiques, p. 104, influence des périodes glaciaires sur la répartition actuelle des espèces, p. 105.

Le domaine de l'Europe moyenne au sens large est compris entre la région méditerranéenne au Sud, les domaines sarmatique et balkanique au Sud-Est, le domaine sibérien-occidental à l'Est, le domaine circumboréal au Nord et le domaine atlantique à l'Ouest. Nous nous sommes déjà occupés de la limite des territoires méditerranéen et sarmatique. Pour pouvoir tracer la limite orientale du domaine médio-européen, il faudrait avant tout se familiariser avec les travaux russes, condition qu'il nous est impossible de remplir en ce moment. Vers le Nord, la limite boréale naturelle des forêts d'arbres mésothermiques à feuilles caduques, qui traverse la Suède méridionale, la Finlande sudoccidentale et la Russie centrale, s'impose tout d'abord pour la délimitation vers le domaine circumboréal, domaine des Conifères, du bouleau, des tourbières étendues, etc. Nous reviendrons plus tard sur la délimitation occidentale du domaine médio-européen.

Ce domaine est caractérisé par les forêts de *Fagus silvatica*, *Quercus sessiliflora* et *pedunculata*, *Abies alba* et leur cortège floristique. Sans y être strictement localisés, ces arbres et les groupements végétaux qui en dépendent y ont leur meilleur développement et leur plus grande extension actuelle. Il en est de même des *Carpinus Betulus*, *Tilia cordata*, *T. platyphyllos*, *Acer platanoides*, des *Larix decidua* et *Pinus montana prostrata*, essences forestières, qui ne jouent qu'un rôle très subordonné dans les domaines limitrophes. Certains genres comme par exemple : *Alchemilla*, *Rosa*, *Rubus*, *Hieracium*, s'imposent par un polymorphisme et une richesse de formes néogènes extraordinaires.

L'endémisme générique est réduit à des sippes orophiles de souches diverses, telles que *Paradisia*, *Heliosperma*, *Hacquetia*, *Soldanella*, *Tozzia*, *Bellidiastrum*, *Homogyne*, *Berardia*, etc.,

Fig. E. — Versant Nord de l'Aigoual. Forêt continue de hêtres peu exploitée ;
à l'arrière-plan. les Causses ; au premier plan, nardaie à la limite supérieure
de la hêtraie. (Phot. W. Lüdi.)

Fig. F. — Pacages arides sur le plateau du Causse Méjean
(environ 1.000 mètres s. m.), (v. pages 49 et 61). (Phot. Rousset.)

puis *Astrantia*, *Phyteuma*, *Adenostyles*, ces trois *pro maxĭma
parte.*.

Résistants à l'égard des changements climatiques, les représentants de ces genres devaient se maintenir dans l'Europe
moyenne à l'intérieur ou sur le pourtour des Alpes, même pendant les grandes glaciations. Cela ressort du très grand nombre
d'endémiques paléogènes, confinées aux montagnes, tandis que
la flore planitiaire médio-européenne en est franchement pauvre. A peine pourrait-on citer comme telles :

Luzula nemorosa (Poll.) E. Mey.	*Armeria purpurea* Koch
Allium suaveolens Jacq.	*Pulmonaria montana* Lej.
Leucoium vernum L.	*Pedicularis silvatica* L.
Gladiolus paluster Gaud.	*Orobanche Teucrii* Hol.
Helleborus viridis L.	— *Salviæ* F.-W. Schultz.
Arabis Halleri L.	— *lucorum* A.-Br.
Sedum mite Gil.	*Phyteuma nigrum* Schmidt
Trifolium rubens L.	*Buphthalmum salicifolium* L.

Ces espèces sont rares ou en partie même complètement
absentes dans le Massif Central de France ; une seule, *Buph-
thalmum salicifolium*, a atteint les Cévennes méridionales.

Le sous-élément médio-européen empiète à la fois sur les
domaines atlantique et balkanique et sur la région méditerranéenne, conséquence des déplacements quaternaires sous l'influence des glaciations. Les péninsules balkanique et italique,
ainsi que la France sudoccidentale étaient les lieux de refuge
les plus importants, où cet élément a pu subsister pendant les
périodes froides, et d'où il pouvait ensuite regagner au moins
une partie de son territoire primitif. De fortes colonies médio-
européennes se sont conservées d'ailleurs jusqu'à nos jours
dans les montagnes des deux péninsules et dans le Massif Central de France ; mais il y a dans ce massif un mélange intime
avec les espèces atlantiques et eurosibériennes, au sens large,
qui forment le fond de la végétation.

3° SOUS-ÉLÉMENT EUROPÉO-ATLANTIQUE.

Caractéristique, p. 106 ; subdivision du domaine atlantique, p 109 ; secteur
ibéro-atlantique, p. 109 ; secteur armorico-aquitanien, p. 111 ; secteur boréo-
atlantique, p. 115 ; limite du domaine vers l'intérieur du continent, p. 117 ;
l'élément atlantique dans le Massif Central, p. 118 ; espèces eu-atlantiques,

p. 118; espèces subatlantiques, p. 123; espèces pseudo-atlantiques, p. 126; origine de l'élément atlantique, p. 127; espèces atlantiques de souche diverse, p. 128; immigration de l'élément dans le Massif Central, p. 129; disparition d'espèces atlantiques sur les limites orientales de leur aire, p. 130; morcellement, p. 132; endémisme, p. 134; irradiations atlantiques, p. 134; irradiation scandinave, p. 135; irradiation baltique, p. 135; irradiation hercynienne, p. 136; irradiation méditerranéenne, p. 136; le hiatus alpin, p. 142; influence des périodes glaciaires et interglaciaires sur la distribution actuelle des espèces atlantiques, p. 144.

Le domaine atlantique de l'Europe s'étend du Portugal moyen à la Norvège méridionale et aux Faër-Oer. C'est le domaine classique de la lande à bruyères, immense et monotone « die Heide », et, dans le Sud-Ouest, du « Tojal », broussaille à *Ulex*, à *Sarothamnus*, à *Genista*. Ces groupements, en grande partie substitués à la forêt primitive, occupent aujourd'hui une si vaste superficie qu'un des départements français les plus étendus en a tiré son nom.

La forêt climatique du domaine formée presqu'exclusivement d'arbres mésophiles à feuilles caduques: *Quercus pedunculata*, *Qu. sessiliflora*, *Qu. Tozza*, *Fraxinus excelsior*, *Fagus silvatica*, *Carpinus Betulus*, *Acer-*, *Ulmus-*, *Tilia-* species, etc. ; *Juniperus communis* et *Taxus* sont les seules Conifères assez répandues à travers le territoire tout entier. Le hêtre *(Fagus silvatica)*, exclusivement montagnard en Cantabrie, aux Asturies, aux Basses-Pyrénées, atteint sa limite sud-occidentale en Galice (1). Il est subordonné aux chênes dans tout le Sud-Ouest et l'Ouest de la France et dans une grande partie du secteur boréo-atlantique. En Danemark, par exemple, *Quercus pedunculata* est l'essence forestière la plus importante de la Yutlande occidentale, tandis que le hêtre prédomine dans sa partie orientale et aux îles. Sur la lisière du continent, il remonte jusqu'à la latitude de Bergen. Le sous-bois des forêts touffues est assez riche en arbustes à feuilles lauriformes, toujours verts. *Ilex Aquifolium*, le houx, en particulier, souvent arborescent, traverse le

---

(1) Willkomm (1896, p. 287) signale, certainement à tort, sur les pentes de la Serra de Monchique en Portugal une forêt de hêtres. Il y existe des peuplements assez étendus de *Castanea vesca*, mais pas de hêtres. Peut-être aussi s'agit-il d'une fausse interprétation du vocable « Faja » comme le croit M. Daveau (1903, p. 7). Le *Myrica Faja* est aujourd'hui en effet, assez fréquent à Monchique, mais après l'avoir vu sur place, nous pensons avec M. Chevalier (1920) qu'il n'y est pas spontané.

domaine entier, du Portugal, où il s'associe au *Rhododendron ponticum* (à Monchique !) jusqu'à Christianssund (63°7 lat. bor.) sur la côte norvégienne.

Le climat atlantique se distingue surtout par sa clémence : variations thermiques atténuées, humidité atmosphérique très élevée et constante, intensité lumineuse relativement faible.

La régularité surprenante dans la marche de la température, les écarts faibles et le parallélisme étroit entre les courbes annuelles de différentes stations situées entre le 40° et le 63° de latitude boréale ressortent clairement du tableau ci-dessous (1).

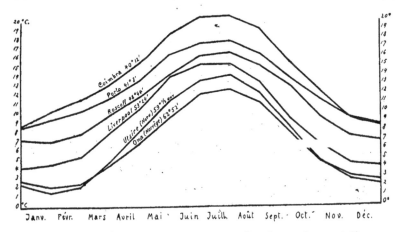

FIG. 5. — Températures moyennes mensuelles des quelques stations atlantiques.

Les précipitations, généralement abondantes, varient cependant énormément selon le lieu : Paris ne reçoit que 527 millimètres de pluie par an, Saint-Nazaire 668 millimètres, Ely Stretham (Ouse) 555 millimètres, tandis qu'à Bilbao on enregistre 1.247 millimètres et à Seathwaite (Cumberland) 3.530 millimètres. La saison pluvieuse, qui accuse un fort maximum de pluies, est l'automne ; l'été constitue la saison sèche. Elle est d'autant plus marquée que l'on avance vers le S.-W. Notre tableau montre les courbes annuelles des principales stations de l'Ouest de la France auxquelles nous avons joint une courbe du régime médio-européen (à saison pluvieuse

(1) Températures annuelles : Coimbra 14,7°, Porto 14,1°, Roscoff 11,4°, Liverpool 9,3°, Utsire 7,2°, Ona 6,6°.

d'été) et une autre représentant le régime méditerranéen avec
sa saison de sécheresse d'été prolongée (2). ·

L'humidité atmosphérique élevée favorise les Cryptogames ;
les fougères notamment abondent dans le domaine atlantique.
Aux Asturies, en Cantabrie et dans la Galice espagnole, elles
entrent en proportion notable dans la constitution du tapis
végétal, ce qui a conduit M. Willkomm à distinguer une « formation » spéciale de fougères (1896, p. 125 ; voir aussi Christ,
1904). Les *Hépatiques*, si rares dans l'Est de la France, au point
qu'en Champagne, par exemple, on ne trouve même dans les

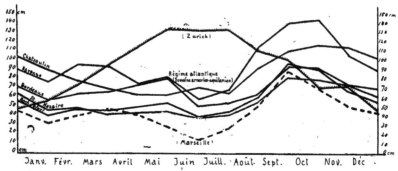

FIG. 6. — Régime des pluies à Chateaulin, Bayonne, Bordeaux, Saint-Nazaire,
Rochefort, Marseille (régime méditerranéen) Zurich (régime médio-européen).

bois qu'un très petit nombre d'espèces vulgaires, sont au contraire très bien représentées et largement répandues dans le
Nord-Ouest et l'Ouest atlantiques (Boulay, 1904, p. LXXII). Il
en est de même pour les Mousses et les Lichens. En Bretagne,
de nombreux Lichens corticoles atteignent des dimensions
exceptionnelles et quelques espèces réputées stériles ailleurs y
fructifient abondamment (Picquenard, 1900).

Peu influencée par les perturbations des périodes glaciaires,
la population végétale du domaine atlantique a conservé une
grande partie du terrain qu'elle occupait depuis le Tertiaire.
Les organismes autochtones ayant eu la possibilité d'évoluer
sur place, produisirent toute une série de formes spéciales.
Ainsi ce domaine d'étendue relativement peu considérable, est

(2) Précipitations annuelles : Chateaulin 1.044 m/m, Saint-Nazaire
668 m/m, Rochefort 702 m/m, Bordeaux 848 m/m, Bayonne 1.150 m/m.
— Zurich 1.147 m/m, Marseille 546 m/m. ·

au moins aussi bien caractérisé floristiquement que le domaine médio-européen. Non seulement de nombreux groupements végétaux y sont nettement limités ; mais encore l'endémisme spécifique et générique y revêt un caractère ancien, géographiquement bien circonscrit. On ne sera pas surpris d'autre part d'y rencontrer un nombre élevé d'espèces médio-européennes.

L'individualisation floristique du domaine atlantique se manifeste avant tout dans l'endémisme spécifique très prononcé des genres *Erica, Ulex, Sarothamnus, Genista, Scilla, Omphalodes, Linaria.* Sur 16 espèces européennes du genre *Erica,* 8 appartiennent au domaine atlantique en propre. Des 10 espèces françaises 6 sont atlantiques *(Erica ciliaris, E. lusitanica, E. Tetralix, E. vagans, E. mediterranea, E. cinerea),* 3 méditerranéennes *(E. arborea, E. scoparia, E. multiflora)* et une est alpigène *(E. carnea).* Toutes sont des espèces sociales, très importantes au point de vue écologique et sociologique. Il en est de même des genres *Ulex, Genista sect. Phyllobotrys, Sarothamnus.* Parmi les 24 à 26 espèces d'*Ulex* la moitié à peu près est atlantique, 3 *(U. europæus, U. nanus, U. Gallii)* appartiennent aux endémiques sociaux les plus caractéristiques du domaine, allant de la péninsule ibérique aux îles britanniques ; *Ulex europæus* s'étend jusqu'au Danemark.

Les genres monotypes *Dabœcia* et *Thorella* représentent l'endémisme générique du domaine.

Une *subdivision du domaine atlantique de l'Europe* qui tiendra compte des idées directrices développées dans le deuxième chapitre aboutira à l'établissement d'au moins trois secteurs d'extension inégale : les secteurs ibéro-atlantique, armorico-aquitanien et boréo-atlantique. Chacun de ces secteurs offre des particularités floristiques et phytosociologiques nettes que nous tâcherons de résumer brièvement.

1° Le secteur *ibéro-atlantique* embrasse l'Espagne atlantique et le Portugal septentrional et moyen, comprenant le territoire montagneux au Nord du Tage « domaine des chênes à feuilles caduques » (d'après Barros Gomez, 1878), qui jouit de l'humidité la plus grande et la plus constante du pays. Ce secteur, caractérisé avant tout par les *Quercus Tozza, Qu. pedunculata* et *Qu. lusitanica* dépasse même le Tage : Dans la Serra de

S. Mamede granitique, et les contrées voisines *Quercus Tozza*, réduit aujourd'hui à l'état de buisson et brouté par les ovidés,

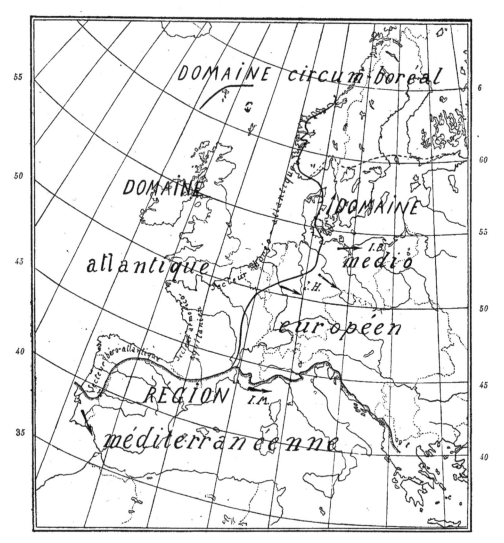

Fig. 7. — **Les secteurs du domaine atlantique.**
Les flèches indiquent la direction des principales irradiations atlantiques
(v. p. 135).

a dû constituer la forêt climatique primitive ! *Quercus pedun-culata* atteint sa limite sud-occidentale à Cintra et, au delà du Tage, à l'Est de Portalegre. *Prunus lusitanica*, à feuilles lauri-formes, toujours vertes, traverse tout le secteur jusqu'aux

Basses-Pyrénées françaises. *Quercus lusitanica* et *Qu. humilis* forment des peuplements dans la partie sud-occidentale du secteur, entre les vallées du Tage et du Mondego. Cette contrée, limite septentrionale pour beaucoup d'espèces méditerranéennes, apparaît comme un territoire de transition entre le domaine atlantique et la région méditerranéenne. M. Daveau (1905) énumère pour les plaines et les collines de ce territoire 1.282 espèces dont 487 européennes, 540 méditerranéennes, 87 ibéro-mauritaniennes, 108 ibériques et 60 endémiques.

Au Sud du Tage inférieur, les landes à cistes, le maquis à *Arbutus Unedo*, à *Phillyrea*, à *Myrtus*, à *Pistacia Lentiscus*, etc., types de dégradation de la forêt toujours verte, prédominent nettement, et la prépondérance numérique et territoriale de l'élément méditerranéen indique qu'il faut *rattacher tout le Sud du Portugal à la région méditerranéenne.*

L'aspect de la végétation ibéro-atlantique rappelle bien moins l'Europe méridionale que la France centrale et même le Plateau suisse. Le contraste est surtout frappant si — venant de l'intérieur — on traverse en chemin de fer la chaîne cantabrienne. Aux environs de San Sebastian, les prairies fauchables, sans être irriguées, montrent une composition floristique parfaitement analogue à celles de l'Europe moyenne ; dans les bois de *Quercus pedunculata* et *Castanea* pullulent des espèces sylvatiques médio-européennes !

2° Le secteur *armorico-aquitanien* comprend la France occidentale, des Basses-Pyrénées à la Bretagne. Les précipitations y sont bien moins abondantes et la saison sèche d'été est plus accusée que dans le secteur ibéro-atlantique, ce qui favorise, de concert avec le climat hivernal doux, l'extension vers le Nord de nombreuses espèces subméditerranéennes. La clémence de la mauvaise saison permet la culture d'arbres et arbustes subtropicaux jusqu'aux Côtes-du-Nord où l'*Arbutus Unedo* devient arborescent et le figuier se couvre de fruits qui mûrissent (Gagnepain, 1920). Parmi les arbres indigènes *Quercus pedunculata* et *Qu. Tozza* prennent encore la première place. Ce dernier, commun au S. de la Loire, s'avance jusqu'en Bretagne. Les sols pauvres, sablonneux ou marécageux, sont envahis par la lande à *Ulex (U. europæus, U. nanus)*, à *Sarothamnus*, à *Calluna* et *Erica*, arbustes qui se développent avec vigueur et atteignent parfois des dimensions extraordinaires. Dans les bois de la Dordogne, on rencontre des *Ulex europæus* géants de 3 m. 40 de hauteur ; *Ulex nanus* dépasse souvent 2 mètres et peut atteindre 2 m. 50, *Calluna* 1 m. 40 à 1 m. 50 (Maranne, 1920). Les bois de pins (surtout *Pinus Pinaster* Sol.) du département des Landes, proviennent d'anciennes plantations (1).

Le nombre des espèces eu-atlantiques, spéciales au domaine, va décroissant du Sud au Nord ; il en est de même des endémiques confinés dans chaque secteur. Le secteur armorico-aquitanien en possède donc bien moins que le secteur ibéro-atlantique ; dans la liste suivante, les endémiques armorico-aquitaniens sont précédés d'un astérisque (*).

Cette énumération comprend les *espèces eu-atlantiques de la France*, à l'exception de celles qui s'avancent jusque dans le Massif Central et que nous examinerons plus loin.

Aspidium æmulum (Ait.) Sw. — Açores, Madère, Bretagne et Normandie, îles Britanniques.
* *Isoetes variabilis* (Le Grand) Rouy ssp. *Boryanum* Dur. pro spec. et ssp. *tenuissimum* Bor. pro spec. — Ouest de la France jusqu'au Limousin, le Berry, la Sologne.
* *Potamogeton variifolius* Thore — Landes et Gironde.
Avena sulcata J. Gay — Portugal, Espagne boréale et montagnes du centre, Ouest de la France jusqu'en Touraine.
Avena albinervis Boiss. — Maroc, Portugal, Espagne, Basses-Pyrénées.
Arrhenatherum Thorei (Duby) Desm. — Secteurs ibéro-atlantique et armorico-aquitanien, du Portugal moyen à la Normandie.
Deschampsia discolor R. et Sch. — De l'Espagne atlantique à la Norvège méridionale ; Rügen ; Suède : Smaland (détroit de Maghelhæs sec. Hackel).
Antinoria agrostidea (DC.) Parl. — Portugal, Espagne boréale et centrale, Ouest de la France jusqu'à Fontainebleau.
* *Agrostis ericetorum* Préaub. et Bouv. — Ouest de la France, de la Bretagne et la Loire-Inférieure jusqu'au Cher.
Agrostis setacea Curtis — Landes du Portugal moyen, de l'Espagne et de la France atlantiques (des Basses-Pyrénées à la Manche), de l'Angleterre occidentale. Isolé dans l'Espagne méridionale.
Kœleria albescens DC. — Espagne boréale, Ouest et Nord de la France, îles anglaises de la Manche, Belgique, Hollande, Côte atlantique de l'Allemagne.
Festuca dumetorum L. — Espagne atlantique (Galice, Asturies), France atlantique, Belgique, Angleterre.

(1) Le Mémoire important sur les associations végétales du Vexin français, par M. P. Allorge (1922) présente un tableau fidèle des groupements végétaux de la partie nord-orientale du secteur armorico-aquitanien. (Note ajoutée pendant l'impression.)

* *Poa Feratiana* Boiss. Reut. — Basses-Pyrénées.

* *Glyceria Foucaudi* Coste — Charente.

Bromus hordeaceus L. ssp. *Thominii* (Hardouin) — De l'Espagne atlantique au Danemark et jusqu'à la Scandinavie méridionale et à l'île de Rügen.

Carex ligerica J. Gay — De la Charente à la Suède méridionale ; Courlande.

— *binervis* Sm. — Du Portugal septentrional aux Faër-Oer et en Norvège ; Allemagne occidentale.

— *trinervis* Degl. — Du Portugal septentrional au Danemark ; Wasa en Finlande.

Scilla verna Huds. — Du Portugal septentrional aux Faër-Oer et à la Norvège sud-occidentale.

* *Muscari Lelievrei* Bor. — Ouest de la France et çà et là dans le Centre.

Allium suaveolens Jacq. ssp. *ericetorum* Thore — Du Portugal septentrional (Minho) à la France occidentale, jusqu'au Tarn et à l'embouchure de la Vilaine.

Narcissus reflexus Brot. — Secteur ibéro-atlantique et îles Glénans.

— *Bulbocodium* L. — Afrique boréo-occidentale, Portugal, Espagne, surtout boréo-occidentale et jusqu'à l'embouchure de la Gironde.

Atriplex glabriuscula Edm. (A. Babingtonii Woods). — Littoral, de la Manche aux Faër-Oer et en Norvège ; rare sur le littoral de la Baltique jusqu'en Courlande.

A. arenarium Woods. — De la France occidentale à la Suède sud-occidentale.

Rumex rupestris Le Gall. — Portugal (Alemtejo), Espagne atlantique, Vendée, Bretagne, Normandie, Grande-Bretagne sud-occidentale.

Quercus Tozza Bosc. — Du Portugal moyen au Finistère.

Silene Thorei Duf. — Espagne atlantique, Ouest de la France jusqu'en Vendée.

Ranunculus tripartitus DC. — Portugal, Espagne (Serrania de Cuenca et Sierra S. Roque) ; Maroc septentrional (Cap Spartel) ; Ouest de la France jusqu'aux environs de Paris ; isolé dans l'étang d'Aude (?) Nord ; Belgique, Angleterre (Cork, Cornouailles).

Saxifraga Geum L. et *S. hirsuta* L. — Espagne atlantique, Pyrénées occidentales et centrales, Irlande sud-occidentale.

S. umbrosa L. — Portugal septentrional, Espagne atlantique, Pyrénées occidentales et centrales, Irlande.

Potentilla montana Brot. (P. splendens Ram.). — Du Portugal septentrional à l'Ouest de la France et jusqu'aux environs de Paris (Melun, forêt de Valence, etc.).

Ulex Gallii Planch. — De la Galice aux îles de la Manche ; Irlande.

* — *Richteri* Rouy et U. *Lagrezii* Rouy. — Ouest et Sud-Ouest de la France, etc. ?

Astragalus bayonnensis Lois. — De l'Espagne atlantique à la Manche.

Ornithopus perpusillus L. ssp. *roseus* (Duf.) R. et F. — Du Portugal à la Bretagne ; isolé dans l'Aude.

Erodium bipinnatum (Cav.) Willd. ssp. *sabulicolum* (Jord.). — Du Portugal à la Belgique.

* *Elatine Bronchoni* Clav. — Gironde.

Callitriche truncata Guss. ssp. *occidentalis* (Rouy) — Ouest de la France, Grande-Bretagne, Belgique, etc. ?

Euphorbia portlandica L. — Secteur ibéro-atlantique et littoral français jusqu'à la Manche ; Grande-Bretagne.

Cistus hirsutus Lamk. — Secteur ibéro-atlantique, du Portugal méridional aux Asturies ; Bretagne, près de Landerneau (de Candolle, 1808, p. 24), y est toujours (Ménager).

Viola lusitanica Brot. — Secteur ibéro-atlantique, Ouest de la France et jusqu'en Angleterre et en Hollande.

Eryngium viviparum J. Gay — Secteur ibéro-atlantique et Bretagne où il est rare dans les pâturages stériles à terre compacte très mouillée en hiver.

* *Angelica heterocarpa* Lloyd — De la Gironde à la Loire-Inférieure.

Peucedanum lancifolium Lange — Portugal septentrional ; Espagne atlantique ; réapparaît en Bretagne, vers l'intérieur jusqu'à Nozay ; Loire-Inférieure.

* *OEnanthe Foucaudi* Tesser. — Charente, Gironde, Dordogne.

Thorella verticillato-inundata (Thore) Briq. — Littoral portugais et des Basses-Pyrénées à la Gironde ; Indre : près Ciron.

Seseli Libanotis (L.) Koch ssp. *bayonnensis* (Gris.). — Espagne atlantique ; Basses-Pyrénées.

Laserpitium prutenicum L. ssp. *Dufourianum* Rouy et Camus — Espagne atlantique et jusqu'aux Landes.

Erica ciliaris L. — Du Portugal moyen à l'Ouest de la France et en Angleterre (Cornwall, Dorset). Isolé au Maroc boréo-occidental (Pitard).

— *lusitanica* Rud. — Du Portugal méridional (Algarve !) à la Gironde.

— *mediterranea* L. — Du Portugal moyen aux Asturies ; Gironde ; Irlande (Galway ; Mayo : var. *hybernica* Sime).

Daboecia polifolia Don — Açores, secteur ibéro-atlantique, Ouest de la France jusqu'à la Vendée et à l'Anjou (forêt de Brissac), Irlande : Galway, Mayo.

Anagallis crassifolia Thore — Mauritanie, Espagne méridionale, Portugal, Gironde, Landes.

* *Statice Dubyæi* Gr. G. — Basses-Pyrénées, Landes, Gironde.

— *ovalifolia* Poir. — Maroc, Canaries, Madère ; secteur ibéro-atlantique et littoral français jusqu'à la Manche.

— *binervosa* Sm. — Du Portugal moyen à la Manche et en Angleterre. Indiqué aussi dans l'Hérault. Isolé sur la côte marocaine.

Erythræa chloodes (Brot.) G. G. *(E. conferta* Pers.), *E. scilloides* (L. f.) Chaub. *(E. major* Hoffm. et Link)., *E. capitata* Willd. — Côtes de l'Océan et de la Manche, aussi en Angleterre ; les deux derniers avec avant-postes, l'une en Corse, l'autre en Suède.

* — *ramosissima* (Vill.) Pers. ssp. *Morierei* (Corb.) Rouy — Dunes de la Manche.

Lithospermum diffusum Lag. *(L. prostratum* Lois.). — Rif marocain ! Espagne sud-occidentale, centrale et boréale, Portugal, Ouest de la France des Basses-Pyrénées à la presqu'île de Crozon.

* — *Gastonis* Benth. — Montagnes du département des Basses-Pyrénées.

* *Omphalodes littorale* Lehm. — Des Landes à la Bretagne.

Scrophularia Scorodonia L. — Madère, Açores, Canaries, Maroc (?), Portugal, Espagne boréale et occidentale, Ouest de la France, Grande-Bretagne.

Sibthorpia europæa L. — Secteur ibéro-atlantique ; France sud-occidentale : Bretagne, Normandie ; isolé dans l'Aveyron ; Grande-Bretagne (1).

---

(1) L'indication de la Grèce (Engler, 1882) se rapporte au *S. africana* L.

Linaria spartea (L.) Hoffm. et Lk. — Maroc, Canaries, Portugal, Espagne surtout atlantique, Ouest de la France des Basses-Pyrénées à la Charente.

* — *arenaria* DC. — De la Gironde à la Manche.

* — *thymifolia* DC. — Des Basses-Pyrénées à la Charente.

Pinguicula lusitanica L. — Du Portugal moyen à l'Ouest de la France, jusqu'à l'Eure et au Loiret ;. Irlande. Isolé dans le Maroc boréo-occidental (Rif).

* *Galium arenarium* Lois. — De Saint-Sébastien aux Côtes-du-Nord.

* — *Mollugo* L. ssp. *neglectum* (Le Gall.) Rouy — Côtes de l'Océan et de la Manche.

Senecio bayonnensis Boiss. — Galice, Asturies, Basses-Pyrénées.

Cirsium tuberosum All. ssp. *filipendulum* (Lge.) Rouy — Secteur ibéro-atlantique, Basses-Pyrénées et Landes.

* *Hieracium eriophorum* ' Saint Amans — Des Basses-Pyrénées à la Gironde. (1).

3° Le secteur *boréo-atlantique* s'étend de la Normandie aux îles britanniques, aux Faër-Oer et, le long de la côte atlantique, jusqu'à la Norvège sud-occidentale (Trondhjem-Fjord). Très pauvre en espèces endémiques phanérogames, il possède par

(1) Parmi les *Cryptogames* eu-atlantiques de la France, nous citerons :

LICHENS :

* *Dufourea floccosa* Del. (Bretagne), *Physcia tribacoides* Nyl. (Ouest de la France,· Angleterre méridionale), * *Stereocaulon acaulon* Nyl. (Ouest de la France, jusqu'à la Haute-Vienne), *Parmelia xanthomyela* Nyl. (Ouest de la France, Vosges, îles britanniques), *Sticta aurata* (Pers.) Ach. (N.-W. de la France, Portugal, Angleterre, Norvège méridionale), et quelques variétés comme * *Ramalina armorica* Nyl. pro spec. (cf. Harmand, 1909, p. 418), *R. scapulorum* Ach. v. *Curnowii* (Nyl.), *Parmelia conspersa* Ach. v. * *loxodes* (Nyl.) et var. * *verrucigera* (Nyl.).

HÉPATIQUES : -

Drepanolejeunea hamatifolia (Hook.) (Bretagne, Normandie, îles Britanniques, Madère) ; *Colura calyptrifolia* (Hook.) Dum. (Bretagne et Manche, Angleterre et Irlande, sur les branches d'*Ulex*, de *Calluna*, etc.) ; *Lepidozia pinnata* Dum. (N.-W. de la France et Haute-Vienne, Grande-Bretagne ; pénètre jusqu'à Baden-Bade, Norvège occidentale), *Plagiochila tridenticulata*, *P. punctata*.

MOUSSES :

Fissidens algarvicus Solms (Portugal, France atlantique ; isolé en Provence [Dismier] et dans les Pyrénées) ; *Pottia asperula*, *P. crinita*, *P. viridifolia* (France atlantique, Grande-Bretagne) ; * *Hyophila Crozalsi* (Phil.) (Gironde) ; *Campylopus elongatus* (S.-W. de la France) ; *Orthotrichum Sprucei* Mont. (Ouest de la France, Angleterre, Belgique) ; *O· puchellum* Brid. (de la Bretagne à la Suède méridionale) ; * *Bryum Corbieri* Phil. (Normandie) ; *Bryum torquescens* Br. eur. ssp. * *fuscescens* (Spruce) (Landes) ; *Hygrohypnum lusitanicum* (Schimp.) (Bretagne, Portugal) ; *Hyocomium flagellare* (Dicks.) (domaine atlantique du Portugal aux Faër-Oer, avant-postes dans les Vosges et la Forêt-Noire).

contre un nombre respectable de Cryptogames spéciaux (surtout paléoendémiques) qui, pour la plupart, ont dû se maintenir pendant le Quaternaire en Irlande et dans la partie sud-occidentale de l'Angleterre.

Tels sont par exemple :

LICHENS : *Cladonia subdigitata* Nyl. (Écosse), *Pilophorus strumaticus* (Angleterre, Écosse).

HÉPATIQUES : *Anastrophyllam Jörgenseni* (Norvège), *A. Donianum* (Écosse, Norvège occidentale, Faër-Oer), *Cololejeunea microscopica* (Faër-Oer, Écosse, Irlande), *Jamesoniella Carringtoni* (Faër-Oer, Écosse), *Radula Carringtoni* (Écosse, Irlande), *R. voluta* (îles britanniques), *R. Holtii* (îles britanniques), *Scapania nimbosa* (îles britanniques), *Lejeunea Macvicari* (Écosse), *L. Holtii* (Irlande), *Microlejeunea diversiloba* (Irlande), *Mastigophora Woodsii* (îles britanniques, Faër-Oer), *Acrobolbus Wilsoni* (îles britanniques), *Lepidozia Pearsoni* (îles britanniques, Norvège occidentale), *Plagiochila killarniensis* (Belgique, îles britanniques), *P. Owenii*, *P. Ambagiosa*, *Cephalozia hibernica* (tous trois en Irlande).

MOUSSES : *Astomum [Systegium] multicapsulare*, *A. Mitteni* (les deux en Angleterre), *Campylopus setifolius* (Irlande, Écosse), *C. paradoxus* (Belgique, Angleterre, Allemagne du Nord), *C. Shawii* (Hébrides), *Leptodontium recurvifolium* (îles britanniques), *L. gemmascens* (Normandie, Angleterre), *Glyphomitrium Daviesii* (îles britanniques, Norvège occidentale), *Cyclodictyon [Hookeria] laete-virens* (îles britanniques).

La forêt climatique dans ce secteur est formée soit de chênes *(Quercus pedunculata, Qu. sessiliflora)*, soit de hêtres, soit enfin d'essences diverses à feuilles caduques (souvent en mélange). Les bruyères : *Calluna vulgaris, Erica Tetralix, E. cinerea* couvrent d'un tapis uniforme de vastes étendues dans les terrains très pauvres ou humides et tourbeux. Ces landes sont cependant pour une bonne partie consécutives aux forêts détruites.

En Scandinavie, la limite du secteur correspond assez exactement au territoire « d'*Ilex Aquifolium* » et à celui de la « flore des côtes de l'Europe occidentale » mis surtout en relief par M. Wille (1915). Au point de vue phytosociologique, les Cryptogames interviennent peut-être d'une façon plus efficace encore que dans les secteurs armorico-aquitanien et ibéro-atlantique. Des groupements végétaux spéciaux, caractérisés par la prédominance d'espèces atlantiques, paraissent s'avancer jusqu'au terme ultime du domaine, aux Faër-Oer et sur la côte norvégienne. Des associations ou sous-associations telles que : *Narthecietum succisosum*, *Microplantaginetum maritimæ*,

Vicietum Orobi, décrites par M. Nordhagen (1921) d'Utsire (Stavanger) sont nettement atlantiques.

La *délimitation du domaine atlantique vers l'intérieur* du continent n'est pas chose facile. Les espèces atlantiques s'égrènent peu à peu ; les groupements de plantes, notamment les landes à bruyères, à *Genista*, à *Ulex*, perdent peu à peu leur cortège caractéristique. Certaines Ericacées et Génistées dominantes et sociales pénètrent pourtant assez loin en avant, s'attachant surtout aux basses montagnes ; elles y trouvent un climat local modéré, subocéanique, qui assure leur maintien à l'intérieur du domaine médio-européen. Tel est par exemple le cas des Vosges avec leurs hautes-chaumes, landes à *Calluna* et à *Genista pilosa* qui donnent asile à maintes espèces atlantiques (v. Issler, 1909). Des colonies semblables d'avant-postes existent même dans les montagnes hercyniennes de l'Allemagne et jusqu'aux Sudètes sur les confins de la Bohême. Faisant abstraction de ces exclaves, nous pouvons placer la limite du domaine atlantique en France sur le rebord oriental du Massif Central. La vallée du Rhône et celle de la Saône, largement ouvertes aux irradiations méditerranéennes, s'avancent en coin entre les montagnes du Centre d'un côté, les Préalpes, le Jura et les Vosges de l'autre. Les groupements caractéristiques et bon nombre d'espèces atlantiques très communes dans le Massif Central manquent au delà de cette ligne, séparatrice aussi au point de vue climatique.

La prospérité florissante dès landes à *Ulex europæus*, *U. nanus*, *Erica cinerea*, *E. Tetralix*, *Genista anglica*, *G. purgans*, des nardaies à *Juncus squarrosus*, etc., si répandues dans le Massif Central, est un indice certain du régime atlantique qui vient s'éteindre sur ses croupes. Les groupements climatiques finaux cependant se distinguent peu de ceux du domaine médio-européen : ce sont également les forêts à *Fagus silvatica*, à *Quercus pedunculata*, *Qu. sessiliflora*, etc., les forêts à *Abies* à l'étage subalpin et les pineraies à *Pinus silvestris*, confinées surtout aux oasis de sécheresse locale, en particulier aux vallées supérieures de l'Allier et de la Loire et aussi dans les Causses (v., p. 61).

Les plaines sèches de la Limagne et de Montbrison sont peu favorables aux espèces et aux groupements atlantiques qui remontent d'ailleurs de plus en plus aux étages montagnards-subalpins à mesure que l'on progresse vers le Sud et l'Est. Dans les Cévennes méridionales, les espèces atlantiques se tiennent presque exclusivement en deçà de l'isohyète de 1.500 millimètres qui circonscrit les principaux condensateurs de pluie (voir carte des pluies) (1). Elles s'y mêlent aux végétaux euro-sibériens ou dominent parfois des groupements assez vastes, de préférence sur le versant atlantique où elles bénéficient des pluies moins abondantes mais fines et persistantes, apportées par la « traverse ».

Les espèces eu-atlantiques proprement dites, dépassant rarement les limites du domaine atlantique, sont dans le Massif Central au nombre de 25 dont voici la liste, accompagnée d'indications complémentaires sur leur répartition géographique.

Scilla Lilio-hyacinthus L. — Etages du chêne blanc et du hêtre, jusqu'à 1.550 mètres en Auvergne. Domaine ibéro-atlantique et Sud-Ouest de la France. S'avance jusqu'aux bois de la Madelaine, à l'Ouest de Roanne.

Arenaria montana L. — Landes à *Calluna* et à *Sarothamnus* dans les Cévennes méridionales, entre 400 et 1.300 mètres, calcifuge. Portugal (jusqu'à l'Algarve !), Espagne surtout boréo-occidentale ; Ouest de la France jusqu'en Lozère.

Ranunculus hederaceus L. — Disséminé dans tout le Massif Central, entre 200 et 1.000 mètres environ. Vers l'Est, jusqu'au pied occidental du Jura et à Saint-Vallier (Drôme). Du Portugal moyen à la Norvège sud-occidentale et la Suède méridionale. Dans la Méditerranée occidentale et centrale la ssp. *homeophyllus* (Ten.) ; c'est peut-être une espèce néogène de souche atlantique.

Ranunculus Lenormandi F. Schultz — Ouest de la France jusqu'en Auvergne, manque ailleurs sur le Plateau Central ; du Portugal septentrional à l'Angleterre et à la Belgique.

Meconopsis cambrica (L.) Vig. — Espinouse, rare ; Vivarais. 1.000-1.300 mètres ; Loire ; Forez ; Auvergne, assez répandu !

---

(1) *Erica cinerea*, indiqué naguère à Béziers, est la seule espèce eu-atlantique qui descende dans la plaine languedocienne, où elle est très rare. *Helleborus fœtidus, Genista pilosa, Anagallis tenella, Digitalis lutea*, subatlantiques, se hasardent parfois dans la plaine littorale ; ils y recherchent des stations plutôt fraîches ou même un peu humides ; *Salix atrocinerea* y est abondant le long des rivières.

Beaujolais ; manque plus à l'Est. — Espagne boréale, Ouest de la France, Pyrénées, Grande-Bretagne, Irlande.

Corydalis claviculata (L.) DC. — Cévennes méridionales jusqu'à 1.480 mètres à l'Aigoual ! Vivarais, 1.000-1.300 mètres, rare ; Margeride, Forez, Auvergne. Un avant-poste dans les Pyrénées-Orientales à 1.700 mètres (Rodié, 1921) ; indiqué aussi à Crémieu (Isère) et dans deux localités des Alpes sud-occidentales (à rechercher). — Domaine atlantique, du Portugal septentrional à la Norvège sud-occidentale.

Lepidium heterophyllum Benth. — Cévennes méridionales : Montagne Noire, Espinouse, Aigoual très rare, 860 mètres ! Rare en Auvergne. — Du Portugal moyen à la France occidentale et jusqu'à la Saône. Angleterre, Irlande. Adventice dans l'Europe moyenne (Thellung 1906).

Sedum anglicum L. — Cévennes sud-occidentales : Montagne Noire, Espinouse, Monts de Lacaune. Manque ailleurs dans le Massif Central. — Du Portugal moyen à la France occidentale (jusqu'à la Creuse et à l'Aveyron). Iles britanniques, Scandinavie sud-occidentale.

Saxifraga hypnoides L. ssp. *continentalis* Engl. et Irm. — Tout le Massif Central, des Cévennes méridionales à l'Auvergne et au Forez, entre 200 mètres et 1.800 mètres (Sancy !) ; silicicole. — Secteur ibéro-atlantique et montagnes de l'Espagne centrale. Un avant-poste dans le Var près de Toulon.

Genista anglica L. — Fait partie des landes à *Calluna* et *Genista pilosa*. Cévennes méridionales à l'étage du hêtre entre 1.000 et 1.530 mètres environ, répandu dans tout le Massif Central et à l'Est jusqu'aux Dombes et au Bugey. — Du Portugal septentrional au Danemark et à la Suède méridionale. Un avant-poste tout à fait isolé à Larache, sur la côte atlantique du Maroc espagnol.

Ulex europæus L. — Cévennes méridionales, dans la partie sud-occidentale ; Vivarais 400-900 mètres ; forme des peuplements en Auvergne, dans le Forez et ailleurs dans le Massif Central. A l'Est jusqu'au pied du Jura (Dombes, Bresse). — Secteur ibéro-atlantique et jusqu'aux îles britanniques et au Danemark. Introduit (?) dans l'Italie septentrionale et le Tessin ; en France parfois planté en hallier bordant la voie ferrée.

Ulex nanus Sm. — Montagne Noire dans le Tarn, manque

ailleurs dans les Cévennes méridionales. Très commun en Auvergne, dans le Forez ; assez rare dans le Lyonnais. Limite orientale : Alix, Ecully, Dardilly, Frontenas (Rhône). — Du Portugal méridional à la Belgique occidentale et aux îles britanniques (Ecosse 57° lat. bor.).

Vicia Orobus L. — Cévennes méridionales, Vivarais, Forez, Margeride, Aubrac, Auvergne jusqu'à 1.550 mètres ! ; atteint sa limite orientale en France au massif du Pilat. — Domaine atlantique, de la Galice à la Norvège sud-occidentale. La limite orientale traverse le Danemark, l'Allemagne moyenne (Spessart) et le Jura neuchâtelois.

Euphorbia hiberna L. — Montagne Noire, Lacaune, Espinouse très rare ; Velay ; répandu en Auvergne, parfois en peuplements, s'élève à 1.800 mètres au Sancy ! — Du Portugal moyen à l'Ouest de la France (jusqu'à la Sarthe) ; Angleterre, Irlande. Une localité isolée en Piémont (var. *Gibelliana* Peola).

Hypericum linariifolium Vahl — Cévennes méridionales jusqu'à 1.300 mètres, Vivarais, Aubrac, Lozère, Auvergne rare. — Madère, Portugal, Espagne boréale et centrale, France occidentale jusqu'au Calvados et au Vivarais, Angleterre.

. *Helianthemum alyssoides* (Lamk.) Vent. — Isolé dans les Cévennes méridionales de la Lozère (Sainte-Etienne-Valfrancesque, Sainte-Croix) et du Gard, à côté de la route d'Aujac, près de Bourdezac. Portugal moyen et septentrional, Espagne atlantique, France occidentale, des Basses-Pyrénées à la Sarthe et au Loiret.

Carum verticillatum (L.) Koch — Tout le Massif Central jusqu'au Lyonnais et au Beaujolais ; atteint sa limite orientale dans les Dombes et en Bresse. — Portugal, Espagne boréale et montagnes du Centre et du Sud. Domaine atlantique jusqu'aux Pays-Bas et au Palatinat.

Peucedanum gallicum Latour. — Très répandu dans toute la partie septentrionale du Plateau Central, manque dans les Cévennes méridionales et dans le Vivarais. Du Portugal septentrionale (Minho) au Lyonnais et à la Champagne.

Erica vagans L. — Très rare et isolé dans le Massif Central : versant Nord de la Montagne Noire (Clos 1863, p. 20) ; massif de l'Aigoual près de Sauclières, environ 700 mètres (Ivolas) ; La Loubière, au-dessus de Paçcals, Aveyron (Coste) ; Auver-

gne : Lezoux. — Espagne atlantique (manque en Portugal),
France occidentale jusqu'aux environs de Paris ; isolé dans le
Lyonnais, la Haute-Savoie, le Jura central et près de Jussy, à
l'Est de Genève ; Cornuailles (51° lat. bor.).

Erica cinerea L. — Espèce sociale envahissante, très répandue dans les Cévennes méridionales entre 200 et 1.520 mètres !
Tout le Massif Central jusqu'au Pilat. — Du Portugal central
aux Faër-Oer et à la Norvège sud-occidentale ; isolé à Bonn (Allemagne), dans le Lyonnais, Montfalcon, près la Balme (Isère),
à Nyons (Drôme) et en Ligurie.

Erica Tetralix L. — Montagne Noire à Sorèze, Dourgne (Clos,
Bel) ; Auvergne : assez répandu dans le Cantal, plus rare dans
le Puy-de-Dôme (Héribaud), manque ailleurs sur le Plateau
Central. — Du Portugal moyen à la Suède méridionale. Avant-
postes en Courlande et à l'île d'Aland.

Anchusa sempervirens L. — Plusieurs localités dans le
massif de l'Aigoual (vallées de l'Hérault et de l'Arre) entre 240
et 500 mètres. Aveyron : Saint-Sulpice (Puech). — Du Portugal
moyen à la Bretagne et à l'Angleterre (Jersey). Adventice en
Italie et en Belgique.

Wahlenbergia hederacea (L.) Rchb. — Montagne Noire,
Espinouse, Lacaune ; jadis à l'Aigoual (Espérou). Aubrac,
Auvergne, Forez, haut Beaujolais, Morvan. — Portugal, Espagne boréale et Sierras du centre, France occidentale, centrale
et septentrionale, Belgique, Hollande, îles britanniques, Allemagne occidentale jusqu'à l'Oldenbourg.

Lobelia urens L. — Cévennes sud-occidentales : Brassac,
Sorézois ; Bourdezac, dans le Gard ; Auvergne occidentale. —
Maroc occidental, Açores, Madère ; du Portugal à la France
occidentale et jusqu'aux environs de Paris ; Angleterre
(Cornuailles, Devonshire).

Cirsium tuberosum All. ssp. *anglicum* (Lamk.) Rouy —
Montagne Noire (Clos ; à vérifier) ; rare dans l'Aubrac, l'Auver-
gne, le Forez, le Beaujolais granitique ; manque ailleurs sur le
Plateau Central. Domaine atlantique du Portugal à l'Angle-
Plateau Central. — Domaine atlantique du Portugal à l'Angle-
terre, à la Hollande et à l'Allemagne occidentale (1).

---

(1) Parmi les Cryptogames eu-atlantiques du Massif Central, nous citerons :
LICHENS : *Ramalina intermedia* (France occidentale jusqu'en Auvergne, îles

Quatre espèces de notre liste *(Arenaria montana, Sedum anglicum, Helianthemum alyssoides, Anchusa sempervirens)* restent cantonnées, sur le Plateau Central, dans les Cévennes méridionales et manquent plus au Nord ; en revanche, trois autres *(Ranunculus Lenormandi, Peucedanum gallicum, Cirsium anglicum),* présentes en Auvergne et dans les contrées voisines, n'ont pas été signalées dans les parties méridionales du Massif Central.

Des différences bien plus accusées existent à cet égard, entre l'Ouest et l'Est, et pas à pas, on constate l'appauvrissement de la flore atlantique vers l'intérieur du continent. Deux des vingt-deux espèces atlantiques signalées dans les Cévennes méridionales *(Ulex nanus, Erica Tetralix)* s'arrêtent au seuil même de la Montagne Noire, deux à l'Espinouse *(Sedum anglicum, Euphorbia hiberna),* cinq ne dépassent pas vers l'Est le massif de l'Aigoual *(Scilla Lilio-hyacinthus, Lepidium heterophyllum, Erica vagans, Anchusa sempervirens, Wahlenbergia hederacea),* trois disparaissent aux abords du Mont Lozère *(Arenaria montana, Helianthemum alyssoides, Lobelia urens),* et dix seulement se rencontrent encore, quoique rarement, dans les montagnes du Vivarais, limite orientale de la plupart d'entre elles.

A l'Ouest des Cévennes, au contraire, l'importance de l'élément atlantique s'accroît successivement. Dans le centre et l'Ouest du département de l'Aveyron apparaissent : *Avena sulcata, Carex binervis, Ranunculus hololeucus, Cicendia pusilla, Sibthorpia europæa.* La flore du Périgord présente en outre : *Arrhenatherum Thorei, Deschampsia discolor, Scilla verna, Quercus Tozza, Œnanthe Foucaudi, Erica ciliaris, Linaria spartea, Pinguicula lusitanica.* Parallèlement à l'accroissement du nombre des espèces, l'importance des *groupements* végétaux atlantiques augmente ; mais nous sommes encore trop peu renseignés à ce sujet pour en tirer profit. Il est intéressant de

---

britanniques), *R. geniculata.* Mousses : *Zygodon conoideus* (Ouest de la *France* jusqu'à Autun et dans le Lyonnais ; îles britanniques, Norvège occidentale), *Orthotrichum rivulare* (Ouest et Centre : Auvergne ; près de Mende, etc. ? S'avance jusqu'en Savoie. — Grande-Bretagne, Allemagne occidentale). *Scleropodium cæspitosum* (Ouest, Nord et Centre : Auvergne.— Angleterre, etc.), les deux derniers se retrouvent dans l'Amérique boréale.

noter qu'à l'augmentation successive des végétaux atlantiques vers l'Ouest correspond une *diminution* des précipitations annuelles (voir carte des pluies). Les pluies augmentent de nouveau dans les Landes et les Basses-Pyrénées.

A côté des végétaux eu-atlantiques proprement dits, cantonnés dans le domaine atlantique, il en existe d'autres, moins strictement liés à ce domaine, mais y trouvant leur optimum de développement et leur plus grande fréquence. Ces végétaux, *subatlantiques*, d'appétences semblables aux précédents, sont pour la plupart des mésophytes et des hygrophytes des étages du chêne-blanc et du hêtre qui se mêlent rarement aux végétaux méditerranéens. Beaucoup d'entre eux abondent dans l'Ouest et le Sud-Ouest de la France ; ils se raréfient de plus en plus vers l'Est, ne dépassant guère l'Italie septentrionale et la Bohême. Les plus importantes des espèces *subatlantiques* du Massif Central, mentionnées ci-dessous avec leurs limites *orientales* en Europe, sont :

Alisma natans L. — Jusqu'à la Pologne méridionale. Du Nord-Ouest jusqu'à la Yutlande.

Aira præcox L. — Jusqu'en Bohême et en Courlande (Polangen).

Mibora minima (L.) Desv. — Du Portugal aux Pays-Bas et à l'Allemagne occidentale, Angleterre ; isolé en Italie, au Maroc, en Algérie et en Grèce !

Carex lævigata Sm. — Isolé en Corse ; du Nord-Ouest jusqu'au Pays rhénan.

Carex Mairii Coss. et Germ. — Jusqu'à la Ligurie.

Anthericum planifolium (L.) Vand. — Jusqu'en Corse et en Toscane ; Afrique du Nord jusqu'en Tunisie.

Narthecium ossifragum (L.) Huds. — Jusqu'aux basses montagnes rhénanes ; Osnabrück, Mölln, etc. Sa présence en Pologne, en Hongrie et en Russie est très douteuse. [Indiqué au Caucase par Sommier et Levier.]. En Corse, *N. Reverchoni* Cel., espèce affine.

Salix atrocinerea Brot. — Midi de la France et jusqu'en Corse ; Maroc !

Cerastium tetrandrum Curt. — Du Portugal à la Scandinavie occidentale, Suède : Bohuslän ; Midi de la France et jusqu'aux îles tyrrhéniennes.

Barbarea præcox R. Br. — Jusqu'en Italie ; adventice au Nord des Alpes.

Ranunculus hololeucus Lloyd — Du Portugal à la Suède méridionale ; Pays rhénan ; Valais, douteux ! ; Tyrol méridional (?) ; Sicile.

Helleborus fœtidus L. — Domaine atlantique ; pénètre dans la région méditerranéenne, dans le Jura suisse, l'Allemagne centrale (Iéna), le Tyrol méridional.

Sedum Forsterianum Sm.. — Du Portugal (et du Maroc septentrional) à l'Allemagne occidentale.

Sedum hirsutum L. — Jusqu'aux environs de Paris et dans le Lyonnais (Tarare) ; Chasse, près de Givors. Piémont.

Chrysosplenium oppositifolium L. — Jusqu'en Suisse, en Bohême, en Moravie ; isolé en Pologne et en Styrie (?).

Sarothamnus scoparius (L.) Wimm. — Jusqu'en Italie, en Pologne, en Galicie. (Hongrie et Balkans : indigénat douteux.)

Genista pilosa L. — Pénètre jusqu'aux Balkans et à la Russie méridionale ; Suède ; Pologne ; Italie.

Polygala calcareum F. Schultz — Jusqu'au Jura suisse et à l'Allemagne moyenne (Taunus, Hanau) ; Belgique.

Polygala serpyllacea Weihe — Jusqu'en Suède, en Bohême (Teplitz) , en Bavière, en Suisse ; Italie septentrionale ; Frioul (?).

Hypericum pulchrum L. — Jusqu'en Suède, en Bohême, en Moravie ; Styrie, Carniole, Illyrie.

Hypericum helodes L. — Jusqu'à l'Allemagne occidentale ; isolé dans le Spessart, en Lusace et dans l'Italie occidentale.

Conopodium denudatum (DC.) Koch — Du Portugal moyen à la Norvège sud-occidentale et la Suède méridionale ; Corse et Ligurie.

Œnanthe peucedanifolia Poll. — Jusqu'à l'Allemagne méridionale et centrale (Hesse) ; Corse ; Italie septentrionale et centrale et Suisse insubrienne.

Apium inundatum (L.) Rchb. — Jusqu'à la Suède méridionale ; isolé en Lusace ; (Russie ?) ; Afrique du Nord, Sicile, Italie.

Apium repens (Jacq.) Rchb. — Jusqu'à la Pologne sud-occidentale.

Cicendia pusilla (Lam.) Gris. — Jusqu'aux Ardennes ; Corse ; Sardaigne ; Italie centrale ; Algérie, Maroc.

Pulmonaria tuberosa Schrk. — Jusqu'en Bavière ; Italie ; Istrie (?).

Pulmonaria affinis Jord. — Jusqu'aux Alpes occidentales ; Belgique ; Italie (?).

Pulmonaria longifolia Bast. — Du Portugal aux Pays-Bas ; Lorraine.

Teucrium Scorodonia L. — Jusqu'à la Suède méridionale et en Moravie ; Styrie, Carniole ; Croatie ; Italie septentrionale et centrale.

Galeopsis dubia Leers — Jusqu'à l'Allemagne occidentale peu au delà de l'Elbe ; Bohême ; Autriche rare.

Scutellaria minor L. — Jusqu'à l'Allemagne méridionale et moyenne ; Italie septentrionale.

Anarrhinum bellidifolium (L.) Desf. — Jusqu'en Bavière : Spalt ; près de Nuremberg (Toepfer, 1919) ; Italie septentrionale.

Scrophularia aquatica (L.) Huds. — Jusqu'au Palatinat, à Karlsruhe ; canton de Fribourg en Suisse ; Italie septentrionale.

Digitalis purpurea L. — Jusqu'à la Suède méridionale , aux Sudètes, à la Bohême ; Corse et Sardaigne. Sur la côte norvégienne jusqu'au 64°5 latitude boréale.

Digitalis lutea L. — Jusqu'à l'Allemagne occidentale et le Tyrol ; Italie septentrionale.

Euphrasia nemorosa Pers. — Jusqu'en Bohême.

Orobanche Rapum Genistæ Thuill. — Jusqu'aux montagnes hercyniennes ; en Suisse, au Sud des Alpes seulement. Italie ; Tyrol méridional.

Galium hercynicum Weig. (*G. saxatile* L.). — Jusqu'à la Suède méridionale et à travers l'Allemagne centrale jusqu'en Lusace et au Riesengebirge. Douteux pour la Pologne sud-occidentale.

Jasione perennis L. — Domaine atlantique, surtout à l'étage montagnard ; s'avance jusqu'à la Forêt-Noire, à la Rauhe Alb, aux Provinces rhénanes. Jadis à Halle. Corse (?).

Centaurea nigra L. — Jusqu'à l'Allemagne centrale et méridionale (Bayerischer Wald), les Pays-Bas, la Norvège sud-occidentale. Rare en Italie : Piémont, Apennin, Sardaigne (1).

---

(1) Parmi les Hépatiques et les Mousses subatlantiques du Massif Central nous citerons : *Frullania germana* [s'avance jusqu'en Italie], *Saccogyna viti-*

Doronicum plantagineum Lamk. — Portugal central et septentrional ; Espagne atlantique et montagnes du centre et du Sud-Est ; France occidentale et centrale jusqu'en Lorraine ; Gard, Provence.

Nous n'avons pas mentionné dans cette liste certaines espèces subatlantiques au sens le plus large qui traversent l'Europe occidentale et centrale jusqu'aux Balkans, se retrouvant même, en partie, en Asie Mineure. Tels sont par exemple : *Pilularia globulifera*, *Echinodurus ranunculoides*, *Tillæa muscosa*, *Potentilla sterilis*, *Genista sagittalis*, *Epilobium lanceolatum*, *Œnanthe Lachenali*, *Meum athamanticum*, *Anagallis tenella*, *Lysimachia nemorum*, *Cicendia filiformis*, *Verbascum pulverulentum*, etc.

D'autres végétaux d'une distribution géographique plus vaste, mais qui paraissent particulièrement bien adaptés aux conditions climatiques du domaine atlantique, y abondent et se développent avec une exubérance qui contraste singulièrement avec leur vitalité réduite et leur rareté dans les territoires voisins plus continentaux. C'est peut-être la raison pour laquelle bien des auteurs les ont qualifiés d'atlantiques proprement dites. Quelques exemples empruntés à la liste des « représentants de la flore atlantique » de Bavière, donnée par M. Hegi (1905) illustreront ces faits : *Asplenium lanceolatum* (Europe atlantique ; se retrouve à Sainte-Hélène, en Grèce, en Italie, etc.), *Isnardia palustris* (pays méditerranéens, Amérique, Afrique du Sud), *Primula acaulis* (Grèce, Caucase, Arménie), *Ilex Aquifolium* (du Maroc à la Perse, Chine), *Tamus communis* (des Canaries à la Perse). On peut y ajouter : *Hymenophyllum tunbrigense*, *H. peltatum*, *Myrica Gale* (récemment signalé aussi dans l'Afrique tropicale), *Heleocharis multicaulis*, *Carex punctata*, *Scirpus fluitans*, *Lobelia Dortmanna*, *Luzula Forsteri*, *Orobanche Hederæ*, *Ceterach officinarum*, *Buxus sempervirens*, les quatre derniers signalés comme atlantiques par MM. Eichler, Gradmann et Meigen (1912), plusieurs espèces citées par MM. Nordhagen (1917, p. 123-27), Wangerin (1919, p. 68) et d'autres.

---

culosa [jusqu'en Italie], *Scapania gracilis*, *Campylopus brevipilus* [jusqu'en Suisse], *C. brevifolius*, *Pottia Heimii* [jusqu'en Suisse], *Zygodon Forsteri* [jusqu'en Sardaigne].

Ilex Aquifolium est le type représentatif classique de ce groupe pseudo-atlantique. Il est étroitement lié aux contrées littorales et subocéaniques dans l'Europe boréale et moyenne ; sa limite en Norvège correspond à l'isotherme de 0 degré du mois de janvier (Holmboe, 1913). Dans les Alpes, on le rencontre sur les lisières méridionale, septentrionale et occidentale et dans les vallées extérieures à climat subatlantique. Il manque par contre presque complètement aux vallées longitudinales de l'intérieur, district du pin sylvestre (Br.-Bl., 1917), redoutant bien plus les gelées de l'hiver que la chaleur et la sécheresse de l'été. Dans les Pyrénées-Orientales (où il atteint 1.780 m. d'alt. !), et dans les Cévennes, le houx descend parfois au milieu des taillis de *Quercus Ilex*, exposés à la sécheresse estivale qui peut durer plusieurs mois (cf. Br.-Bl., 1915). C'est encore un élément important du sous-bois des forêts de *Quercus Ilex* du Moyen Atlas marocain où il se tient à l'étage des brouillards d'hiver (entre 1.500 et 1.800 m. !).

L'élément atlantique appartient-il à la population primitive, autochtone, des montagnes du Centre de la France, comme l'affirment certains auteurs ? « Il est impossible », écrit M. Meyran (1894) « de se refuser à admettre que ces espèces *(Ranunculus hederaceus, Saxifraga hypnoides, Genista purgans, Erica cinerea, E. vagans, E. Tetralix, Digitalis purpurea,* etc.), sont nées d'abord dans l'île centrale de la France d'où elles ont rayonné à l'Ouest, au Nord, au Sud et jusqu'en Espagne et en Portugal » (l. c., p. 88). Et plus loin il admet que les *Scilla Lilio-hyacinthus, Ulex europæus, Vicia Orobus, Hypericum helodes, Wahlenbergia hederacea,* etc., ont fait leur première apparition dans « l'île centrale » et ont ensuite pénétré dans la chaîne pyrénéenne dont la surrection est postérieure à celle du Massif Central.

Ce dernier argument a peu de poids ; nous savons aujourd'hui qu'au commencement du Tertiaire encore la flore du Massif Central avait un caractère nettement subtropical. A l'époque du soulèvement des Pyrénées (Oligocène), les espèces citées ne pouvaient guère être déjà formées, si on en juge d'après les transformations que l'on a pu étudier de près dans des groupes systématiques ayant de nombreux représentants fossiles.

Mais d'autres raisons, d'ordre génétique, infirment l'hypothèse de M. Meyran. Dans le Massif Central l'élément atlantique n'a donné naissance à aucune forme endémique spéciale, excepté quelques variétés insignifiantes et quelques races de *Rubus* évidemment de date très récente. Il se comporte à ce sujet comme l'élément circumboréal, le plus jeune de notre flore, dont l'immigration quaternaire est démontrée par des preuves fossiles. De plus, les souches primitives de nos espèces atlantiques indiquent nettement une origine étrangère. Les *Erica* par exemple ont leur principal foyer de développement au Cap de Bonne-Espérance où le genre compte plus de 400 espèces, très diverses au point de vue morphologique et écologique. Il semble qu'il nous soit parvenu pendant le Tertiaire à travers l'Afrique centrale et les montagnes de l'Abyssinie. Un centre de développement secondaire du genre embrasse le Sud du domaine atlantique. *Digitalis purpurea* a ses parents les plus proches au Sud-Ouest de la péninsule ibérique, où il a produit aussi une race spéciale, remarquable, à feuilles blanches-tomenteuses. La section à fleurs rouges y compte une demi-douzaine d'espèces. *Saxifraga hypnoides* ssp. *continentalis* fait partie d'un groupe (grex *Gemmiferæ*) exclusivement atlantique et méditerranéo-occidental. Des 7 espèces du groupe deux sont atlantiques *(S. conifera* aux Asturies et *S. hypnoides)*, deux se trouvent dans les montagnes bétiques, une est à la fois ibérique et mauritanique et deux se rencontrent dans les montagnes de l'Algérie et du Maroc. Les *Ulex* rayonnent du Portugal et des chaînes bétiques, où on en connaît près de 30 espèces en deux sous-genres, jusqu'en Irlande et au Danemark vers le Nord et au Maroc moyen (Rabat !) vers le Sud. *Scilla* sect. *Euscilla*, représenté par de nombreuses espèces sur la péninsule ibérique est une section méditerranéenne d'environ 40 espèces à laquelle appartient *Scilla hyacinthoides* voisin du *Scilla Lilio-hyacinthus* et *Sc. verna*, toutes deux atlantiques. Deux espèces seules de *Wahlenbergia* appartiennent à la flore européenne, notre *W. hederacea* du domaine atlantique, et *W. nutabunda* de la Méditerranée occidentale et du Maroc. Cette dernière diffère d'ailleurs complètement du *W. hederaca*, au point de vue morphologique et écologique. Le genre *Wahlenbergia* a son foyer de développement dans l'Afrique occidentale et méridionale. *W. hederacea* représenterait le dernier rameau boréal, dérivé d'un groupe systématique tropical et subtropical de l'hémisphère austral. *Lobelia* sect. *Hemipogon* réunit une centaine d'espèces subtropicales et même tropicales dont beaucoup dans l'Afrique australe. *Lobelia urens*, nettement atlantique, et *L. Dortmanna* (pseudo-atlantique, se retrouve dans l'Amérique nord-orientale), représentent seuls le genre en Europe.

Il serait facile de multiplier les exemples prouvant que les espèces atlantiques du Massif Central ne pouvaient en général naître sur place ; isolées dans la flore de l'Europe moyenne, elles suggèrent au contraire ici l'impression d'hôtes étrangers. Nous avons vu que la théorie de l'évolution appuie et accentue cette explication. Les souches primitives d'ailleurs très diverses : ouest- et sud-africaine, mauritanique, ibérique, méditerranéenne, eurasiatique pour certaines Graminées, Cypéracées, Ombellifères, etc., remontent certainement en partie au début du Tertiaire.

Si l'*élément atlantique* ne peut être autochtone dans les montagnes du Centre de la France, *par quelles voies et quand y a-t-il pénétré ?*

La direction générale de l'immigration est nettement indiquée par la progression constante du nombre des espèces atlantiques et de leur fréquence vers l'Ouest et le Sud-Ouest ; peu de représentants, contournant le Massif Central par le Nord, y ont pénétré de ce côté et manquent ou sont très rares dans les ramifications du Sud-Ouest et du Sud (par exemple : *Ranunculus Lenormandi, Ulex nanus, Erica Tetralix, E. vagans, Peucedanum gallicum, Cirsium anglicum*).

La solution de la seconde question est plus compliquée. L'immigration atlantique dans le Massif Central est-elle récente ? Se poursuit-elle encore ? Sinon, dans quelle époque devons-nous la placer ?

Le problème, d'une portée bien plus générale que l'on pourrait le supposer tout d'abord, mérite d'être examiné de plus près. Mais il est nécessaire d'étendre nos investigations aux territoires plus septentrionaux, également caractérisés par de fortes irradiations atlantiques et mieux connus au point de vue phytopaléontologique. Disposant alors d'un ensemble de documents provenant de différentes contrées, on saisira mieux les déplacements locaux qui se sont passés dans le cercle restreint du Massif Central ; on se gardera aussi plus facilement de généralisations trop hâtives.

L'herbier de l'infatigable explorateur des Cévennes du Gard, de Pouzolz, conservé à l'Institut botanique de Montpellier, renferme un bon échantillon du *Wahlenbergia hederacea* provenant de l'Espérou, seule localité citée dans la flore du Gard. De nombreux et zélés botanistes y ont recherché la jolie Campanulacée depuis 1850 ; mais en vain.! Elle semble avoir complètement disparu. *Lepidium heterophyllum*, observé par de Pouzolz autour de 1830, n'a été retrouvé récemment qu'en un seul endroit où il était représenté par quelques individus ! *Hypericum helodes* paraît avoir perdu deux localités sur trois ; il est devenu introuvable au Lingas et à l'Espérou. *Sedum Forsterianum (= S. elegans)* n'a été trouvé qu'une seule fois à l'Aigoual par Diomède Tueskiewicz.

Le recul des espèces atlantiques sur les limites de leur aire semble d'ailleurs un fait assez général. Rappelons seulement quelques-uns des exemples qu'on a signalés récemment. D'après M. Rouy (Fl. Fr. XIII, p. 38) les Narcisses du groupe du *Narcissus reflexus* des îles Glénans y sont rares et tendraient à disparaître. Parmi les plantes atlantiques indiquées jadis dans l'Aveyron, certaines ne se retrouvent plus dans les localités citées (Coste). M. Olivier (1910, p. 10, 11) signale la disparition aux environs de Moulins (Bourbonnais) de plusieurs espèces atlantiques (*Wahlenbergia, Scilla Lilio-hyacinthus*, etc.).

Comment les espèces atlantiques se comportent-elles à cet égard sur leur limite orientale dans l'Europe moyenne ?

Un des représentants atlantiques les plus rares en Suisse, *Anarrhinum bellidifolium*, fut récolté il y a cent cinquante ans à Vernier, près de Genève, par H.-B. de Saussure (1779, I, p. 42) et plus tard à Satigny, par Schleicher, et entre Peney et le bois de Bay, par Reuter et d'autres. La plante a disparu de Vernier et de Satigny ; elle croissait encore en 1913 près de Peney, mais y paraît être devenue très rare (G. Beauverd, comm. verb.). *Pilularia globulifera* n'existe plus dans son unique localité suisse près de Bonfol. Le dernier buisson du *Sarothamnus scoparius* dans le Vorarlberg près de Möggers a été détruit il y a cinquante ans (Murr, 1909, p. 21). *Digitalis purpurea* avait sa localité la plus orientale en Saxe, au Grosse Zschirnstein (Drude et Schorler, 1916, p. 13). D'après M. Gräbner (1901, p. 37, 38) *Genista anglica* possédait jadis un poste avancé à Nauen, *G. pilosa* à Osterode (Prusse orientale), *Ranunculus hololeucus* près de Neumünster (*Holstein*). Ils paraissent être éteints dans ces localités. *Genista anglica* n'a pas été retrouvé non plus à Falkenberg près de Ukro-Luckau et à Luppa-Dahlen où on l'avait rencontré jadis (Ascherson, 1890, p. LVI).

Narthecium ossifragum, autrefois à Slatinan en Bohême, paraît y avoir disparu depuis longtemps (v. Celakovsky, Sitzber. Böhm. Ges. Wiss., 1887, p. 622) ; ses localités les plus orientales s'échelonnent aujourd'hui à travers l'Allemagne nord-occidentale, Tatra (?). *Carex binervis* avait son point limite à Paderborn, *Jasione perennis* à Halle, *Ranunculus hederaceus* (1) à Rostock (Niedenzu-Garcke, 1908) ; cette dernière espèce était également à Neckarsau et à Brühl (Bade) (Hegi, Mitteleurop Fl., t. III), ainsi qu'à Regensburg, Speyer, Zweibrücken, Kirkel et Kusel dans le Palatinat (Vollmann, Fl. v. Bayern, p. 274). Tous ces postes avancés n'existent plus aujourd'hui. M. Preuss (1911, p. 106) signale, avec l'extinction de la seule localité du *Myrica Gale* sur la « Frische Nehrung », la disparition récente, naturelle, de l'*Erica Tetralix* à Pasewark, point le plus oriental de cette bruyère en Allemagne.

En Scandinavie, quelques végétaux atlantiques par rapport à leurs exigences. climatiques (= pseudo-atlantiques) se comporteraient de façon semblable. D'après Gunnar Andersson (1897, p. 475) les *Hymenophyllum peltatum* et *Asplenium marinum* de la Norvège sud-occidentale seraient nettement en voie de régression, *Ilex* aurait perdu sa dernière localité suédoise près de Sotenäs en Bohuslän autour de 1840 ; il est encore à l'état sporadique aux îles Läsö, Fünen, Sejerö, Lolland, Falster et Bornholm. *Hypericum pulchrum* n'est plus en *Halland*.

Les faits de disparition récente d'espèces atlantiques sur leur limite orientale sont donc nombreux. Gardons-nous cependant d'en exagérer la portée. L'homme a certainement influencé et

---

(1) Cette Renoncule fut indiquée par Heer (1866), dans les dépôts néolithiques lacustres de Robenhausen, près de Zurich. M. Neuweiler (1905), qui a contrôlé la détermination, croit à une confusion avec le *R. aquatilis.*

même directement provoqué, dans quelques cas, l'extinction
d'espèces atlantiques. Mais il convient néanmoins d'insister sur
le fait que ces végétaux si résistants et bien souvent envahis-
sants au *centre de leur aire*, deviennent très sensibles et suc-
combent facilement aux moindres changements des conditions
de milieu *vers la périphérie*. Sans l'intervention directe de
l'homme, ils paraissent de nos jours incapables de se répandre
plus à l'Est.

Un autre argument contraire à une immigration récente de
l'élément atlantique est la présence d'aires très disloquées et
même de *colonies atlantiques* isolées, sans contact avec le domaine. Quelques-uns des exemples se rapportant au Massif
Central méritent d'être signalés.

Lobelia urens et *Helianthemum alyssoides*, découverts tous
deux par de Pouzolz à Bourdezac dans les Cévennes du Gard,
se retrouvent, le premier à 130 kilomètres environ à l'Ouest
dans l'Aveyron (à Cassagnes-Begognes) et à 150 kilomètres au
Sud-Ouest dans la Montagne Noire, le second dans quelques
vallées au Sud du Mont Lozère, puis à 350 kilomètres environ
au Sud-Ouest dans les Basses-Pyrénées et à plus de 300 kilomètres au Nord-Ouest dans le Cher. *Anchusa sempervirens*, connu
depuis longtemps dans plusieurs localités des Cévennes de
l'Aigoual, a été indiqué dans une seule localité de l'Aveyron, à
Saint-Sulpice (Puech), mais son aire plus ou moins continue
commence beaucoup plus à l'Ouest et ne s'étend guère au delà
de la partie occidentale du Périgord. Ces espèces croissent dans
des stations plutôt couvertes ; les graines ne possèdent pas
d'adaptations spéciales à la dissémination ; celles de l'*Anchusa
sempervirens* sont assez lourdes. La discontinuité de leurs localités limites ne peut donc guère être le résultat du transport des
graines par le vent. Leur dissémination par les oiseaux est également plus qu'invraisemblable.

Une disjonction non moins significative se manifeste dans
l'Allemagne centrale et septentrionale ainsi qu'en Scandinavie.
La colonie atlantique de la Lusace en est l'exemple classique.
Certaines espèces de cette importante colonie avancée ne se
retrouvent qu'à 200-250 kilomètres plus à l'Ouest. Sur la côte
suédoise *Sedum anglicum* s'est maintenu en peu de localités
du Bohuslän ; *Hypericum pulchrum* possède en Suède une

localité en Skane et une dans l'Ouest du Westergötland. *Digitalis purpurea, Polygala serpyllacea, Genista anglica* (Halland), etc., montrent une répartition semblable.

Sur le versant Sud des Alpes l'aire des espèces atlantiques présente un démembrement encore plus accusé :

Saxifraga hypnoides ssp. *continentalis* et *Doronicum plantagineum* se rencontrent isolés dans les basses montagnes de la Provence.

Sedum hirsutum, qui possède une colonie disjointe dans les Alpes piémontaises (nous avons vu des échantillons de la Vallée Clusone, leg. Rostan ; M. Gola [1909, p. 209] l'indique près de Pinerolo et sur Giaveno), n'est pas dans les Alpes françaises ni dans la plaine du Rhône. Son aire atlantique continue est limitée vers l'Est par les Cévennes, à 200 kilomètres de l'exclave du Piémont.

Euphorbia hiberna, très répandu dans le Massif Central jusqu'à l'Espinouse et au Velay, réapparaît sous une variété (var. *Gibelliana* Peola) dans les Alpes piémontaises (Givoletto, val di Lanzo sopra Pessinetto, Gola 1909, p. 205) et dans l'Apennin septentrional, de 300 à 400 kilomètres plus à l'Est.

Erica cinerea, indiqué avec doute en Ligurie par Fiori et Paoletti (1908), peuple un espace paraissant assez restreint dans les montagnes aux environs de Gênes. Nous avons vu des échantillons provenant des Colli di Multido « abondante nella Pineta », leg. Cannero. Les localités les plus proches sont celles du Gard à 360 kilomètres plus à l'Ouest, séparées par les Alpes et la plaine du Rhône.

Hypericum helodes croît dans la Ligurie occidentale et dans la « Selva Pisana » à Palazzetto (leg. Beccari in hb. Turin sec. Negri) ; il paraît d'ailleurs peu répandu. On ne le rencontre en France qu'au delà du Rhône dans les Monts du Vivarais à plus de 300 kilomètres à l'Ouest de la Ligurie et à plus de 500 kilomètres à l'Ouest de Pise.

OEnanthe crocata est en Ligurie (sopra Sestri et Pegli), en Corse et en Sardaigne, puis dans l'Ouest de la France et l'Espagne centrale, méridionale et septentrionale, en Portugal, au Rif marocain et aux îles britanniques. La distance entre la Ligurie et la France occidentale est d'environ 600 kilomètres.

Hibiscus roseus Thore des marais landais, que nous pouvons également mentionner ici, réapparaît près de 1.000 kilomètres à l'Est dans l'Italie septentrionale (Lucca, basse vallée du Pô, littoral vénétien).

Les exemples cités suffiront. On constate, chez l'élément atlantique dans toute l'étendue du territoire, de la Scandinavie à la péninsule italique, une tendance au recul très prononcée et si générale que le contester serait nier l'évidence. Dès lors il est impossible d'expliquer les faits de disjonction extraordinaire sur les limites orientales par l'hypothèse si commode de la dissémination récente par bonds à grandes distances. Ce mode de transport intervient, sans doute, dans une certaine mesure, notamment chez les plantes aquatiques. Mais il est inadmissible de généraliser dans notre cas en l'admettant pour de véritables colonies d'espèces *d'ailleurs très différentes à l'égard de leurs moyens de dissémination et de leurs exigences écologiques*. Ces colonies nous apparaissent donc non pas comme avant-postes mais comme arrière-gardes d'un élément en voie de recul.

Toutefois, la progression de l'élément atlantique ne peut dater non plus d'une époque bien ancienne. Les voies des migrations dans l'Europe moyenne (1) sont encore faciles à retracer à l'aide des jalons intermédiaires entre les postes avancés et le domaine atlantique. En outre, l'élément caractérisé par un endémisme progressif très accentué dans l'Ouest et le Sud-Ouest de la France, n'a produit, dans le Massif Central de la France, ou plus à l'intérieur du continent, *aucune espèce spéciale, aucun endémique bien tranché*. Tout ce que nous en connaissons se réduit à quelques variétés peu importantes, de formation néogène (voir chap. Endémisme). La présence de cet élément dans notre massif ne peut donc pas remonter au delà du Quaternaire.

Pour mieux fonder cette assertion et préparer quelques conclusions plus générales touchant le problème des irradiations atlantiques dans l'Europe centrale et méridionale, il est indispensable d'envisager de nouveau les extensions atlantiques dans leur ensemble. Nous verrons alors la complexité des faits se réduire d'une façon satisfaisante.

_____

(1) Le raccord des localités méditerranéennes, moins aisé, indique une migration plus ancienne.

Sur notre continent se dessinent nettement quatre territoires différents de progression ou d'irradiation atlantique :

1. *Irradiation scandinave.* Elle touche la Scanie sud-occidentale (*Halland*, Bohuslän, etc.) et longe la côte norvégienne jusqu'au Christianssund, 63°7 latitude boréale. Parmi les végétaux représentatifs de cette irradiation nous citerons : *Aira præcox, A. setacea (Deschampsia discolor), Carex binervis, C. ligerica, Narthecium ossifragum, Scilla verna, Corydalis claviculata, Sedum anglicum, Chrysosplenium oppositifolium, Rubus Radula, Sarothamnus scoparius, Vicia Orobus, Polygala serpyllacea, Hypericum pulchrum, Conopodium denudatum. Lysimachia nemorum, Erica cinerea, E. Tetralix, Digitalis purpurea, Teucrium Scorodonia, Galium hercynicum, Centaurea nigra.* Elles s'écartent, en général, peu de la côte et font partie de « la flore à *Digitalis* et *Erica cinerea* » des régions de l'*Ilex* et des côtes de l'Europe sud-occidentale (cf. Wille 1915, p. 68, 101-103 ; Nordhagen 1917, p. 125), caractérisées, en outre, par la présence des *Asplenium marinum, Hymenophyllum peltatum, Teesdalia nudicaulis, Primula acaulis* et d'autres espèces pseudo-atlantiques.

2. *Irradiation baltique.* Elle s'étend du cours inférieur de l'Elbe le long de la côte méridionale de la Baltique jusqu'en Courlande. Les espèces mentionnées ci-dessous ont suivi cette voie, s'éloignant rarement à une grande distance de la côte : *Alisma natans* (jusqu'à Kolberg), *Aira præcox* (jusqu'à Königsberg), *A. setacea* (isolé à Rügen), *Carex strigosa* (jusqu'à Stettin), *Atriplex glabriuscula* (jusqu'en Courlande), *Ranunculus hederaceus* (jusqu'à Lübeck, jadis à Rostock), *Cochlearia anglica* (jusqu'à Stralsund), *Chrysosplenium oppositifolium* (Polzin en Poméranie), *Polygala serpyllacea* (jusqu'à Greifswald), *Genista pilosa* (jusqu'à Rügenwalde), *G. anglica* (Mecklembourg : Priwall et près de Güstrow), *Apium inundatum* (jusqu'à Kolberg), *A. repens* (jusqu'à Pyritz), *Lysimachia nemorum* (jusqu'au district de Holland, Prusse orientale), *Galium hercynicum* (jusqu'à Rügenwalde). — *Cochlearia danica* (en Allemagne jusqu'à Rügen) et les espèces pseudo-atlantiques *Myriophyllum alterniflorum, Lobelia Dortmanna, Myrica Gale* (jusqu'à la baie de Dantzig) réapparaissent dans la Baltique orientale et en Finlande. *Erica Tetralix*, fréquent. jusqu'à la

baie de Dantzig où elle s'arrête, forme des landes étendues à 200 kilomètres au Nord-Est entre Windau et Libau en Courlande.

3. *Irradiation hercynienne.* Du Nord-Ouest et de l'Ouest de l'Allemagne elle rayonne jusqu'aux montagnes hercyniennes, en Lusace et aux Sudètes. Les espèces subatlantiques les plus expressives de cette irradiation sont énumérées dans notre liste p. 142. On pourrait y joindre *Myrica Gale* et *Hymeno-phyllum tunbrigense*, pseudo-atlantiques.

4. *Irradiation méditerranéenne* (1). Partant du Midi de la France, elle se dirige vers la Ligurie, le Piémont, la Vénétie et s'éteint aux Balkans. Cette voie a été suivie par de nombreuses espèces subatlantiques dont les principales figurent sur notre liste p. 142.

L'époque de l'extension maximum de l'élément atlantique en Scandinavie et dans la Baltique orientale, peu ancienne, est relativement facile à préciser grâce aux documents nombreux réunis par les paléobotanistes. Après le retrait définitif du glacier mecklembourgien une végétation boréo-arctique à *Dryas* bordait la mer à *Yoldia*. Peu à peu le bouleau *(Betula pubescens, B. pendula)* et le tremble *(Populus tremula)* s'installaient et bientôt *Pinus silvestris* s'associait à eux pour former des forêts étendues (Geinitz et Weber 1904, et autres). Vers la fin de la période à *Ancylus* et pendant la période à Littorines, caractérisée par l'affaissement considérable de la côte, *Quercus pedunculata* fut, au moins temporairement, l'arbre forestier le plus important de la Baltique méridionale. Le profil de la côte abrupte entre Sarkau et Kranz (Prusse orientale) dressé par M. Preuss (1911, p. 76), découvre la couche à *Quercus* à une profondeur de 5 mètres environ. Les recherches de MM. C.-A. Weber, G. Andersson, R. Sernander, L. von Post, J. Holmboe ont prouvé l'existence de grandes forêts de chênes pendant la période à Littorines sur tout le pourtour de la Baltique et en Norvège. Au chêne pédonculé se mêlaient en abondance *Tilia cordata* et *intermedia*, *Acer platanoïdes*,

---

(1) Une cinquième irradiation, mauritanienne, suit les pays côtiers de l'Afrique boréale du Maroc septentrional (Rif) à la Kroumirie; nous n'avons pas à nous en occuper ici, le territoire le plus directement influencé par cette irradiation est le Nord-Ouest du Maroc espagnol.

Fraxinus excelsior, puis le lierre *(Hedera Helix)*, l'if *(Taxus baccata)*, etc.

Le caractère relativement océanique de ces forêts d'arbres à feuilles caduques était dû à l'influence d'un bras du Gulfstream, qui baignait alors la côte méridionale de la Suède et y apportait même des graines de plantes tropicales (cf. Andersson, 1897, p. 474-475 ; 1910, p. 293 ; Wahnschaffe, 1910, p. 21, etc.). Pendant cette période tiède et humide tous les facteurs climatiques concouraient pour faciliter l'avance de l'élément atlantique. On a trouvé dans les dépôts à Littorines près de Sarkau (Kurische Nehrung) *Myrica Gale*, également constaté plusieurs fois dans les dépôts à *Quercus* du Götaland en Suède. Il manque aujourd'hui à la « Kurische Nehrung ». *Erica Tetralix* occupait jusqu'au commencement de ce siècle une localité sur la « Danziger Binnennehrung » dans une dépression des dunes, vestige d'une ancienne tourbière submergée. M. Preuss (1910, p. 110) arrive à la conclusion que l'aire jadis continue de cette bruyère a été envahie par la mer au courant de la période à Littorines.

Tous ces faits tendent à prouver qu'une forte invasion atlantique dans les pays scandinaves et baltiques s'est produite pendant la période à Littorines. Les résultats paléobotaniques et phytogéographiques nous font croire que depuis lors et jusqu'à nos jours l'élément atlantique y a subi un affaiblissement constant, soit par des raisons épirogéniques (affaissement des côtes), soit par des raisons climatiques (1). En effet, depuis la période à Littorines le climat a pris un caractère continental plus accusé (v. aussi von Post, 1909).

Une opinion différente est soutenue par M. N. Wille (1914, p. 94, 101). Il croit que la « west European coast flora » de la Norvège est de date plus récente et qu'elle a immigré par grands bonds soit du Danemark, soit même de l'Angleterre (par exemple : *Erica cinerea, Scilla verna, Vicia Orobus)*. Il se fonde avant

---

(1) Sur la côte atlantique française, cet élément s'est maintenu sans changements notables, au moins depuis le temps néolithique. Dans la tourbière submergée de Ster-Vras à Belle-Ille-en-Mer. M. Gadeceau a constaté entre autres : *Quercus* spec., *Fraxinus excelsior, Ulmus campestris, Alnus glutinosa, Betula pendula, Myrica Gale, Œnanthe peucedanifolia, Anagallis tenella, Teucrium Scorodonia, Taxus baccata* (la seule Conifère), la Mousse eu-atlantique très caractéristique, *Hyocomium flagellare*, et un grand nombre d'espèces moins significatives.

tout sur les possibilités de transport par les oiseaux migrateurs.
D'après Palmén, deux lignes suivies par les oiseaux passeraient
de l'Ouest de la Norvège en Angleterre. M. Wille donne à ce
sujet plusieurs exemples d'introductions récentes de plantes
dues probablement au transport par les oiseaux; mais ces exemples n'ont pas trait à des espèces atlantiques (Elymus arena-
rius, Coleanthus, Hydrocotyle).

Nous avons eu l'occasion de constater par des observations
semblables la possibilité de migrations par grands bonds, se
rapportant à des plantes aquatiques transportées par les oiseaux.
Il est possible que certaines espèces soient venues directement
de la Yutlande en Scandinavie. Par contre, il nous paraît peu
vraisemblable et nullement démontré que les colonies d'espèces
atlantiques citées plus haut aient franchi de la sorte la mer
séparant l'Angleterre de la Norvège. Une immigration récente
de l'élément atlantique en Scandinavie serait d'ailleurs en con-
tradiction avec les faits de recul constatés partout ailleurs (1).

Les riches colonies de la Lusace sont également postérieures
à la grande glaciation baltique. Le territoire au Nord-Est des
Sudètes fut entièrement couvert par la calotte continue de
« l'Inlandsis » qui atteignait 407 mètres au-dessus du niveau de
la mer en Lusace et 370 mètres dans la Suisse saxonne, si on
en juge d'après les galets de provenance scandinave qui y ont
été observés. La moraine frontale du glacier passait au Sud de
Dresde et de Zittau et près de Landshut et de Glatz en Silésie
(Neumeyer, II, 720). Il est donc possible et même probable que
les colonies atlantiques de la Lusace datent à peu près de la
même époque que l'irradiation dans la Baltique. Le climat,
prenant un caractère maritime, aurait, de part et d'autre, par
son humidité plus élevée, ses hivers moins rigoureux, facilité
la pénétration.

L'irradiation atlantique dans la région méditerranéenne centrale, au contraire, doit remonter beaucoup plus loin dans le
passé que celles au Nord de la chaîne des Alpes. Cela ressort
d'abord de la disjonction énorme des espèces subatlantiques
dans la péninsule italique et plus à l'Est. Certaines espèces se
sont avancées jusqu'aux Balkans, quelques-unes ont atteint la

---

(1) M. Nordhagen (1917) considère les espèces atlantiques du Fjord de
Trondhjem comme survivants de la période « atlantique ».

Grèce (par exemple : *Genista sagittalis, Tillæa muscosa, Epilobium lanceolatum, Chlora serotina, Anagallis tenella*, etc.) et même l'Asie Mineure. ·

Une autre preuve, plus concluante, de l'âge quaternaire de cette pénétration est fournie par les dépôts de travertin considérables, accumulés dans des contrées actuellement arides ou semi-arides. Attestant d'abondantes précipitations, on les relève dans le Quaternaire de France, aussi bien qu'en Italie, aux îles grecques et même sur sol nord-africain, riches en empreintes d'une flore de caractère subocéanique. Leur examen nous apprend que le hêtre était descendu au seuil des Cévennes. Des arbres cantonnés aujourd'hui dans l'étage montagnard, plus humide, envahissaient les plaines du Languedoc et de la Provence. Le laurier *(Laurus nobilis)* formait alors de véritables peuplements, tandis qu'aujourd'hui il souffre du froid et ne s'y trouve plus à l'état spontané. Les chênes xérophiles par contre *(Quercus coccifera, Qu. Ilex)*, essences sociales et dominantes de nos jours, semblent avoir joué un rôle subordonné lors de la formation de ces tufs, qui paraît dater de la deuxième période interglaciaire (v. chap. I).

· Les dépôts interglaciaires du versant Sud des Alpes renferment également une végétation de caractère submaritime. La forêt à feuilles caduques, composée d'*Acer*, de *Tilia*, de *Quercus sessiliflora*, d'*Ulmus*, prédominait ; dans le sous-bois s'entrelaçaient des arbustes pseudo-atlantiques lauriformes *(Buxus sempervirens, Rhododendron ponticum, Ilex aquifolium*, etc.).

Le bassin oriental de la Méditerranée a connu plusieurs périodes pluviales au cours de l'époque quaternaire. On n'est renseigné sur leur végétation que par des recherches occasionnelles.

' Les tufs décrits par M. Holmboe de l'île de Chypre montrent dans leurs parties inférieures une abondance prodigieuse de feuilles de *Laurus nobilis ;* les moyennes sont moins riches et les supérieures en sont à peu près dépourvues. *Ficus Carica* et *Platanus orientalis* se trouvaient associés au laurier. M. Holmboe (1914, p. 335) déduit de la présence de véritables peuplements de cet arbre, aujourd'hui toujours isolé dans cette île, que le climat au moment de la formation des tufs devait être plus humide : « The pluvial epoch must, in any case, have been very favourable to the spreading of numerous moistureloving plants within the Mediterranean region ; the fact that Cyprus seems to have been separated from the continent already before the commencement of the Pluvial epoch, may explain the absence in the flora of the island of so many otherwise common hydrophile and mesophile species ».

Avec les observations ci-dessus cadre parfaitement la découverte du *Rhododendron ponticum* dans les tufs quaternaires de l'île de Skyros (Sporades). Cet arbuste à feuilles de laurier, également présent dans la fameuse brèche interglaciaire de *Hötting* près d'Innsbruck Tyrol, à 1.200 m. d'altitude et dans les couches du même âge au seuil méridional des Alpes, manque aujourd'hui presque entièrement en Europe. Exigeant un climat océanique, humide et égal et ne supportant ni la sécheresse prolongée de l'été méditerranéen, ni des températures hivernales basses, il trouve son optimum de développement en Colchide, dans le district de Batoum, à l'Est de la Mer Noire (1). Un second centre actuel comprend le Portugal moyen et méridional (étage montagnard) et le Sud de la chaîne bétique. Récemment, une variété *Scorpilii* du *R. ponticum*, découverte dans les montagnes de la péninsule balkanique orientale, fut décrite par M. Domin (1914). La présence de cette espèce à Skyros est la preuve indiscutable d'une période pluviale quaternaire dans la Méditerranée orientale. Nous sommes parfaitement d'accord là-dessus avec M. Gunnar Andersson (1910).

En Egypte, en Palestine et en Syrie, plusieurs périodes pluviales ont pu être discernées. M. Blankenhorn (1910), ayant étudié à fond ces phénomènes au point de vue géo-morphologique, synchronise les périodes pluviales avec les trois grandes glaciations des Alpes : günzienne, mindélienne et rissienne. La dernière période pluviale, moins accusée que les précédentes et séparée d'elles par une période sèche, correspondrait au Pré-Chelléen ou Strépyien de l'Europe occidentale, contemporain de la glaciation rissienne. Dès lors, le régime actuel, sec et chaud, se serait définitivement établi dans la Méditerranée orientale.

(1) La moyenne des pluies annuelles à Batum est de 2.356 m/m ; la température du mois de janvier est de + 5,9°C. (minimum — 7,8°), le maximum d'été atteint 35,1°C. (d'après Radde, 1899).

A cet égard, la découverte du *Quercus Ilex* dans les tufs de la haute Egypte (dépression de Charga) (Zittel 1883), prend une signification spéciale. On sait que ce chêne manque aujourd'hui avec la plupart des sclérophylles méditerranéens (par exemple : *Laurus, Phillyrea, Ruscus, Lonicera implexa,*

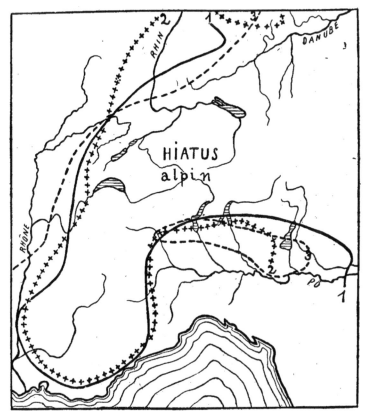

FIG. 8. — Limites orientales de quelques espèces atlantiques.
1. *OEnanthe peucedanifolia.* — 2. *Anarrhinum bellidifolium.* — 3. *Scutellaria minor.*

etc.) non seulement en Egypte, mais aussi en Tripolitaine et dans la majeure partie du bassin méditerranéen sud-oriental, très sec. Leur présence pendant le Quaternaire ancien indique un régime climatique plus humide. Les mêmes causes qui ont permis la pénétration de la flore méditerranéenne dans les pays arides du Nord-Est de l'Afrique auraient eu pour conséquence l'extension d'espèces atlantiques jusqu'au cœur de la région méditerranéenne.

L'irradiation atlantique de la Méditerranée et celle de l'Allemagne centrale sont séparées par un *hiatus comprenant les Alpes et les plateaux suisse et souabe.* Ce hiatus est parfaitement mis en évidence par la distribution de quelques espèces typiques, figurée sur notre croquis (p. 41). De nombreuses espèces ont progressé vers l'Est, soit au Sud des Alpes, soit à travers l'Allemagne centrale, évitant strictement ce territoire qui s'avance en coin jusqu'au seuil oriental du Jura et de la Forêt-Noire. Les principales espèces subatlantiques qui ont contourné ce territoire sont :

H (1) *Alisma natans* L. — Lusace, Harz et jusqu'en Pologne.

H. M. *Mibora minima* (L.) Desv. — Allemagne occidentale, jusqu'à Stuttgart et Wurzbourg. Piémont, Lombardie.

H. M. *Aira præcox* L. — Allemagne centrale, Hercynie et jusqu'en Bohême ; manque en Suisse [indiqué à tort à Sion], au Wurttemberg, dans la Bavière méridionale. Italie septentrionale : Piémont.

H. *Deschampsia discolor* R. et S. (= *Aira setacea* Huds.) — Lusace : Hoyerswerda, Hohenbocka, Senftenberg ; puis, à plus de 250 kilomètres au Nord-Ouest près de Gifhorn.

M. *Carex Mairii* Coss. et Germ. — Ligurie : Bordighera.

M. *Anthericus planifolius* (L.) Vand. — Toscane, Corse, Sardaigne.

H. *Narthecium ossifragum* (L.) Huds. — Jadis en Bohême ; Tatra (?).

M. *Barbarea præcox* R. Br. — Italie septentrionale et centrale.

H. M. *Helleborus fœtidus* L. — Allemagne centrale jusqu'en Thuringe (Iéna), Jura suisse et Allemagne sud-orientale jusqu'au Härtfeld au Nord du Danube ; manque sur le Plateau suisse et bavarois. Au Sud des Alpes dans l'Italie septentrionale et le Tyrol méridional [Styrie ?].

H. *Ranunculus hederaceus* L. — Indiqué en Lusace : Luckau ; Thuringe. Ligurie [?].

M. *Sedum hirsutum* All. — Piémont ! Alpes bergamasques [?].

H. M. *Genista pilosa* L. — Allemagne méridionale au Nord du Danube ; Lusace ; Autriche ; Italie ; Illyrie.

H. *Vicia Orobus* L. — Allemagne centrale jusqu'à Lohr (Spessart), Jura suisse.

H. *Polygala calcarea* F. Schultz — Allemagne centrale : Ziegenhain au Nord du Vogelsberg, Hesse ; Jura suisse.

H. M. *Hypericum helodes* L. — Lusace à Hoyerswerda ; puis à plus de 300 kilomètres à l'Ouest dans le Hanovre. Italie : Ligurie et Selva Pisana.

H. M. *Hypericum pulchrum* L. — Très rare sur le Plateau helveto-souabe, manque aux vallées alpines et préalpines. Allemagne, jusqu'en Lusace et à la Silésie occidentale. Bohême ; Moravie, très rare. Italie, Styrie, Carniole, Illyrie.

---

(1) H désigne les espèces de l'irradiation dans le centre de l'Allemagne (Hercynie), M. = les espèces de l'irradiation atlantique dans la région méditerranéenne.

M. *Conopodium denudatum* (DC.) Koch — Ligurie.

M. *Œnanthe crocata* L. — Corse, Sardaigne et « sopra Sestri et Pegli » en Ligurie.

H. M. *Œnanthe peucedanifolia* Poll. — Jusqu'au delà du Rhin moyen : Heiss ; ;près de Weil (Wurttemberg) ; en Italie jusqu'à la Vénétie ; Suisse italienne (v. fig. 8).

H. M. *Apium inundatum* (L.) Rchb. — Lusace : Hoyerswerda, Ruhland, etc., puis à plus de 200 kilomètres au Nord-Ouest au Mecklembourg. Italie : Piémont, Apennin, etc., très rare.

H. *Erica Tetralix* L. — Forme des landes en Lusace. Bavière (introduit).

— *cinera* L. — Apennin piémontais, près de Gênes ; Colli di Multido, Sestri Ponente.

M. *Cicendia pusilla* (Lam.) Gris. — Toscane.

H. M. *Scutellaria minor* L. — Allemagne méridionale, très rare au Nord du Danube ; Lusace, Saxe, Anhalt : Oranienbaum, puis à plus de 200 kilomètres au Nord-Ouest. Italie septentrionale, très rare, y paraît en voie de disparition (v. fig. 8).

H. M. *Anarrhium bellidifolium* (L.) Desf. — Bavière centrale, Apennin piémontais, Italie septentrionale jusqu'à la province de Brescia.

H. *Euphrasia nemorosa* Pers. — Bohême nord-occidentale., Suisse nord-occidentale.

H. *Digitalis purpurea* L. — Allemagne centrale jusqu'en Lusace et aux Sudètes. Manque à l'état spontané au Sud du Danube, en Suisse et en Italie.

H. M. *Orobanche Rapum Genistæ* Thuill. — Harz, Thuringe ; manque en Suisse, au Nord des Alpes et dans l'Allemagne sud-orientale. Italie, Tyrol méridional.

H. *Galium hercynicum* Weig.— Allemagne méridionale et centrale jusqu'en Lusace et aux Sudètes. Pologne sud-occidentale (?).

H. *Wahlenbergia hederacea* (L.) Rchb. — Hesse près de Darmstadt.

H. *Jasione perennis* L. — Allemagne méridionale ; autrefois à Halle.

Le plateau suisse et les vallées préalpines, jouissant d'un régime subocéanique, favorisent particulièrement les végétaux d'appétences atlantiques. *Ilex, Tamus, Calluna, Potentilla sterilis, Primula acaulis, Lysimachia nemorum*, les fougères et les arbres feuillus s'y développent vigoureusement et semblent y trouver des conditions de vie optimales. Dès lors la lacune esquissée par les espèces susmentionnées ne peut être attribuée aux conditions climatiques actuelles. Le sol, surtout calcaire, et les eaux riches en CO^3 Ca constitue un facteur limitatif pour certaines espèces calcifuges, mais, quelle que soit l'importance qu'on lui attribue, il ne saurait être déterminant. L'absence si frappante d'espèces atlantiques dans les Alpes et leur rareté sur le Plateau helvético-souabe est avant tout une conséquence du passé.

On sait que la dernière grande glaciation (würmienne) comblait jusqu'à 2.000 mètres d'altitude les grandes vallées alpines. La calotte de glace débordait le Plateau suisse et couvrait encore en grande partie le Plateau bavarois. Sur les îlots, émergeant de la glace, aucune espèce atlantique n'aurait pu pénétrer ni se maintenir. Après le retrait des glaciers et pendant longtemps encore, les conditions climatiques et édaphiques restaient peu favorables à l'immigration de végétaux craignant les grands écarts de température et d'humidité atmosphérique.

Mais ces végétaux délicats, auxquels appartient la presque totalité des espèces atlantiques, ont pu persister non seulement au Sud des Alpes, mais aussi dans les pays côtiers de la Manche et gagner depuis là plus facilement du terrain lors de la période à Littorines ou période « atlantique ».

Sur le Plateau Central de la France, l'élément atlantique paraît avoir pris une extension considérable pendant les périodes interglaciaires ; il a dû s'y maintenir en partie au moins dans les basses vallées même pendant l'extension maximum des glaciers quaternaires.

Pendant le Quaternaire inférieur ou moyen eut lieu la pénétration de nombreuses espèces atlantiques dans le bassin méditerranéen et jusqu'en Grèce. Mais avec l'établissement des conditions climatiques actuelles, c'est-à-dire après le Monastirien (Würmien), l'existence des végétaux atlantiques sur le pourtour méditerranéen, plus sec, devenait de plus en plus précaire. Beaucoup de localités s'éteignirent, l'aire de maintes espèces se morcela à tel point que leurs localités extrêmes en Italie, en Provence et même dans la partie méridionale du Massif Central de France (Cévennes !), n'ont plus aujourd'hui de contact avec le foyer primitif de l'élément atlantique.

4° Sous-élément circumboréal.

Le domaine circumboréal embrasse les vastes étendues situées au Nord des domaines sylvatiques d'arbres à feuilles caduques. Par l'uniformité de sa flore et de sa végétation le territoire boréo-arctique présente une homogénéité telle qu'il paraît impossible d'y distinguer plusieurs domaines différents. La ceinture méridionale du domaine circumboréal est occupée par des forêts de Conifères, des groupements buissonnants à saules et à bouleaux, des basses tourbières (Flachmoore) à Cyperacées, des tourbières bombées à Sphaignes (Hochmoore) ; plus au Nord, dominent les landes à arbrisseaux nains, les toundras à Mousses, à Lichens et finalement des groupements ouverts. Cyperacées, Graminées, Crucifères, Caryophyllacées et Composées sont dans ce domaine les familles les plus importantes ; la plupart des espèces appartiennent aux Hémicryptophytes et aux Chaméphytes.

On a l'habitude de désigner sous le nom d' « *arctiques* », les contrées au Nord de la limite des forêts. Mais, au point de vue floristique, leur individualité n'est pas plus accentuée que, par exemple, celle de l'étage nival des hautes montagnes de la zone tempérée : ce sont les confins les plus appauvris de notre planète. Les terres arctiques se distinguent donc surtout par des caractères négatifs : absence de groupements d'organisation supérieure (forêts, associations de hauts buissons, etc.), absence de genres spéciaux, rareté d'espèces endémiques paléogènes. En revanche des groupements végétaux déjà présents en deçà de la limite des forêts y prennent une extension énorme et couvrent d'immenses espaces.

Plus on s'approche du pôle moins les différences de longitude influent sur la population végétale. Ainsi les cinq sixièmes des 128 espèces phanérogames du Spitzberg habitent également le Groënland ; 63 pour 100 des plantes supérieures de l'Ellesmere-Land, au Nord du continent américain, ont une distribution circumboréale, et *80 pour 100* se retrouvent dans l'Europe boréo-arctique. Il paraît donc tout à fait logique de considérer le territoire arctique, malgré son étendue, comme un simple secteur du domaine circumboréal (1).

Un passé récent commun a groupé dans ce domaine des « sippes » d'origine évidemment très diverse. La souche probable de nombreuses espèces se retrouve dans l'Amérique tempérée et même subtropicale. Le genre *Arctostaphylos* a son foyer de développement dans les contrées sud-occidentales de l'Amérique du Nord (Californie, Mexique, etc.), où se trouve réunie la totalité des espèces. Deux représentants seulement de cette sippe ont progressé vers le Nord et ont aussi atteint l'Europe : *A. Uva-ursi* à la fin du Tertiaire ou au commencement du Quaternaire, *A. alpina* probablement pendant les grandes glaciations. Le genre *Ledum* compte 3 espèces (4 avec le L. *latifolium* Ait. sous-espèce du *L. palustre)*, dont 2 cantonnées dans l'Amérique pacifique *(L. columbinum* Piper, *L. glandulosum* Nutt.) et une *(L. palustre* ssp. *eupalustre)* circumpolaire, ayant étendu son aire jusqu'au centre de l'Europe. Lyonia [*Chamædaphne*] *calyculata* et *Oxycoccus quadripetalus*, circumpolaires toutes deux, la première en Europe jusqu'au Samland (Baltique), la seconde bien plus répandue, jusqu'à l'Aubrac dans le Massif Central, ont aussi leurs plus proches parents dans l'Amérique tempérée : Lyonia *ferruginea* Walt., L. *rhomboidalis* Veill., L. *ligustrina* [L.] Muhl., etc. dans les états méridionaux atlantiques, *Oxycoccus macrocarpus* [Ait.] Pursh de Terre-Neuve au Wisconsin. *Phyllodoce* compte une demi-douzaine d'espèces réparties dans l'Amérique boréale surtout pacifique, d'où elles rayonnent dans les contrées arctiques. L'une d'elles, *Ph. cœrulea*, a gagné

---

(1) M. A. Engler (Syllabus, etc.) et d'autres auteurs attribuent au territoire arctique le rang d'une région équivalente à la région méditerranéenne. Nous ne pouvons partager cette conception.

une extension énorme dans l'Amérique arctique, le Groënland, l'Asie nord-orientale. En Europe, elle est en Scandinavie, en Ecosse et dans les Pyrénées.

Les montagnes de l'Asie centrale et orientale sont le berceau des genres *Saxifraga* sect. *Hirculus, Diapensia, Polemonium* subgen. *Eu-Polemonium, Pedicularis, Ligularia*, etc. De ce centre de développement certaines unités expansives se sont détachées, s'irradiant vers le Nord et acquérant au cours des périodes glaciaires une distribution circumboréale très étendue. La section *Hirculus* du genre *Saxifraga*, cantonnée presque exclusivement dans les hautes montagnes de l'Asie centrale : Himalaya, Yunnan, etc., y compte plus de 80 espèces (cf. Engler et Irmscher, 1916). Un représentant de cette section est propre aux Montagnes Rocheuses *(S. chrysantha* A. Gray), plusieurs ont franchi le cercle polaire : *S. Eschschöltzii* Stérnb., *S. flagellaris* Willd., *S. serpyllifolia* Pursh, etc., mais une seule a pénétré jusqu'en Europe : *S. Hirculus* L., qui s'est conservée en France dans quelques tourbières du Jura. — *Ligularia*, genre réduit en Europe à deux espèces *(L. sibirica* Cass., et *L. glauca* [L.] = *Senecio Senecillis* Maxim. de la Podolie et la Transylvanie), compte, d'après Franchet (1892), près de 70 espèces confinées dans l'Asie centrale et orientale. *Ligularia sibirica*, peu variable en Europe, devient extrêmement polymorphe en Asie, et y atteint la plénitude de son développement spécifique. Des Pyrénées orientales et du Massif Central de France, où il est rare, il s'étend jusqu'en Laponie, dans la Russie arctique et l'Asie orientale (Japon).

Un troisième centre d'origine, pour certaines sippes boréoarctiques, est le système montagneux de l'Europe centrale, foyer de développement des genres *Alchemilla, Saxifraga* sect. *Aizoon*, sect. *Porphyrhanthes, Hieracium*, etc. La section « *Alpinæ* » du genre *Alchemilla*, d'un polymorphisme déconcertant dans les Alpes et les montagnes voisines où elle a produit, en outre, un certain nombre d'entités systématiques nettement tranchées, n'a qu'un représentant dans les pays boréo-arctiques : *Alchemilla alpina* L. *vera*, très peu variable (M. Buser, comm. verb.).

Enfin, bon nombre de sippes boréales, appartenant surtout aux familles des Graminées, Cyperacées, Joncacées, Salicacées,

Betulacées et aux Mousses, paraissent provenir de l'intérieur du domaine circumboréal, dont ils auraient formé naguère le fond de la végétation.

Dans le Massif Central de la France, la végétation atlantique est caractérisée par les landes à bruyères et à *Genista*, le domaine médio-européen par les forêts de sapins et de hêtres, la région méditerranéenne par certaines associations et fragments d'associations ligneuses sclérophylles et de Thérophytes. Le domaine circumboréal a fourni à cet ensemble polygène les tourbières bombées à *Sphagnum*, les basses tourbières à *Carex*, à *Eriophorum*, etc., et des peuplements de saules et de bouleaux *(Betula pubescens, Salix lapponum, etc.).*

Le nombre, la densité et le bon développement (la vitalité) des espèces boréales sont en rapport avec l'étendue et la conservation des tourbières. Aussi l'élément circumboréal, faiblement représenté dans quelques fragments de tourbières des Cévennes méridionales, acquiert plus d'ampleur dans l'Aubrac, la Margeride et surtout en Auvergne, puis — en dehors de notre territoire — dans le Jura. Les tourbières froides, gorgées d'eau, couvertes de neige pendant plusieurs mois, constituent, en effet, un milieu très spécial sous nos latitudes, le seul, dont le sol se maintient gelé à une certaine profondeur bien après la fonte des neiges, le seul qui emmagasine une somme de chaleur tellement réduite qu'elle est jusqu'à six fois inférieure à celle dépensée par l'évaporation (cf. Homén, 1897).

Les avant-postes les plus méridionaux des tourbières du Massif Central remplissent quelques cuvettes des plateaux élevés de l'Aigoual (1.100-1.400 m. d'altitude), sous le 44 degré de latitude, et, d'après Martins (1871, p. 426), celles de l'Espinouse (environ 1.000 mètres d'altitude), sous le 43° 30' de latitude boréale. Elles sont confinées ici dans la zone des pluies abondantes (plus de 1.500 millimètres). Mais ces vestiges, en contact presque immédiat avec la région méditerranéenne, n'offrent que très peu de végétaux dont l'origine boréale soit hors de doute.

Dans les tourbières de l'Espinouse, qui se dessèchent parfois en été au point de pouvoir être traversées à pied sec dans tous les sens, Martins (1871) indique comme boréales 41 espèces phanérogames parmi lesquelles nous signalerons :

Deschampsia cæspitosa (L.) Pal.
Agrostis canina L.
Carex echinata Murr.
— inflata Huds.
Rhynchospora alba (L.) Wahl.
Caltha palustris L.

Viola palustris-L.
Epilobium palustre L.
Menyanthes trifoliata L.
Veronica scutellata L.
Galium palustre L.

toutes répandues jusqu'en Laponie ; la plupart aussi au Groënland.

Dans les *Cévennes sud-occidentales* (Espinouse, Lacaune, Montagne Noire) s'observent, en outre, comme raretés : *Lycopodium inundatum* (Europe, surtout boréale), *Alopecurus geniculatus* (jusqu'en Laponie, Groënland sous le 70° latitude boréale, etc.), *Eriophorum angustifolium* (jusqu'au Spitzberg et au Grantland sous le 82° de latitude boréale), *Trichophorum cæspitosum* (jusqu'au Groënland), *Carex disticha* (Europe, surtout boréale, Sibérie), *C. diœca* (Europe arctique, Islande, Sibérie, etc.), *Juncus squarrosus* (jusqu'au Groënland, Sibérie, etc.), *Salix aurita* (jusqu'en Laponie), *Cardamine pratensis* (jusqu'au 81° 43' au Grinnelland, Spitzberg), *Viola epipsila*, *Pedicularis palustris* (jusqu'en Laponie).

Le *Massif de l'Aigoual*, plus élevé de 200 à 300 mètres en moyenne, possède presque toutes les espèces boréales des Cévennes sud-occidentales (exceptés : *Trichophorum cæspitosum, Rhynchospora alba, Carex diœca*) et de plus : Lycopodium Selago (circumboréal, jusqu'au 81° 43' au Grinnelland), *Dryopteris Lonchitis* (jusqu'au Groënland), *Eriophorum vaginatum* (Eurasie boréo-arctique, Groënland [?], Amérique boréoarctique jusqu'au 71° 75' latitude boréale), *Juncus filiformis* (circumboréal), *Luzula sudetica, Rumex longifolius, Salix repens* (Eurasie, surtout boréale). On pourrait ajouter ici une série de plantes moins franchement boréales comme *Carex fusca, C. canescens, Streptopus amplexifolius, Ranunculus flammula, Sedum villosum, Geum rivale, Viola montana, Crepis paludosa,* etc.

Au *Mont Lozère*, pilier oriental des Cévennes méridionales, apparaissent en plus : *Carex limosa, C. pauciflora, Salix pentandra, Chrysosplenium alternifolium, Comarum palustre,* dans le Haut-Vivarais : *Botrychium matricariæfolium* R. Br., *Empetrum nigrum, Gnaphalium norvegicum.* Toutes ces espè-

ces, également présentes dans les Alpes, ont leur plus grande
extension dans les contrées boréales.

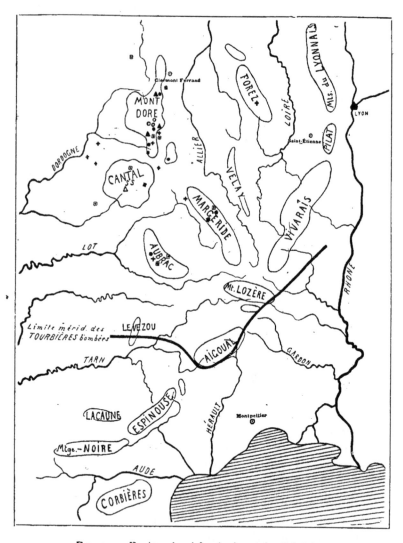

FIG. 9. — Espèces boréales à aires très disjointes.

★ Betula nana, ▣ Ligularia sibirica, ● Carex chordorrhiza, + Andromeda
poliifolia, S Saxifraga hieraciifolia, ▲ Potamogeton prælongus, ○ Carex vaginata,
△ Andræa Blyttii, ■ Marsupella nevicensis.

Les vestiges des tourbières bombées du Massif de l'Aigoual et
du Mont Lozère, édifiés en grande partie par les *Sphagnum acutifolium* et *cymbifolium*, se sont réfugiés dans les « molières »,

marais spongieux de la pénéplaine entre 1.200 et 1.450 mètres. *Sphagnum recurvum* et *Sph. papillosum* (Mont Lozère !), *Sph. molluscum* et *Sph. auriculatum* (Massif de l'Aigoual !) n'y jouent qu'un rôle subordonné.

L'*Aubrac*, moins élevé que les Cévennes méridionales, doit à sa situation plus septentrionale et plus occidentale une importante colonie d'espèces boréales comprenant entre autres :

Isoetes lacustris L.	*Malaxis paludosa* (L.) Sw.
Scheuchzeria palustris L.	*Salix phylicifolia* L.
Alopecurus æqualis Sobol.	— *pentandra* L.
Calamagrostis lanceolata Roth	*Betula pubescens* Ehrh.
Carex pauciflora L.	*Comarum palustre* L.
— *chordorrhiza* L.	*Andromeda poliifolia* L.
— *limosa* L.	*Oxycoccus quadripetalus* Gil.
— *lasiocarpa* Ehrh.	*Ligularia sibirica* L.

toutes absentes des Cévennes à l'Ouest du Mont Lozère. Une Mousse boréo-arctique, intéressante, *Andræa alpina*, très rare dans les Alpes (Mont-Blanc, manque aux Pyrénées) a été trouvée au sommet de l'Aubrac par Prost. Elle fut retrouvée plus tard, au Puy de Sancy. Peu au S.-O. de l'Aubrac, aux *Monts Levezou* (1.099 mètres), *Malaxis paludosa*, curieuse Orchidée à fleurs minuscules, vert-jaunâtres, atteint sa limite méridionale.

Les tourbières étendues de la *Margeride* ont seules conservé dans le Massif Central : *Lysimachia thyrsiflora* et le bouleau nain *(Betula nana)*, découvert, il y a peu d'années, près Grèzes et Chanaleilles (Haute-Loire) et au Malzieu (Lozère) entre 1.200 et 1.400 mètres d'altitude (Coste). Il devient plus fréquent dans le Jura et atteint son extension maximum dans la zone arctique et subarctique. *Ligularia sibirica* et *Salix lapponum* ne dépassent pas la Margeride vers le Sud-Est ; mais ils réapparaissent au S.-O. dans les Pyrénées.

Le principal foyer de survivants boréo-arctiques sont les *Monts d'Auvergne*, favorisés par leur position, leur altitude et, dans une certaine mesure aussi, par la topographie glaciaire de leur relief. Sous l'influence des courants atlantiques, les hauts plateaux et les sommets sont souvent enveloppés d'un épais brouillard, qui persiste parfois des mois entiers. La neige, très abondante, déposée par le vent, s'accumule en névés gigantesques dans les creux et sur les versants exposés à l'Est. Au commencement du mois de juin encore, ces névés atteignent facilement 4 à 5 mètres d'épaisseur. Dans cet étage, des brouillards persistants, entre 1.200 et 1.700 mètres, naissent de nombreuses sources qui favorisent, sur les plateaux peu ou pas inclinés, la formation de tourbières, lieux de refuge préférés par les plantes boréo-arctiques. Des tourbières étendues, parfois exploitées, occupent surtout le territoire des lacs glaciaires du Cantal et des Monts Dore (étage du hêtre) où les précipitations annuelles atteignent et dépassent 1.500 millimètres. .

Les tourbières bombées sont étroitement liées à la présence des *Sphagnum acutifolium* et *Sph. cymbifolium*, espèces constitutives de premier ordre, très fréquentes en Auvergne, auxquelles succèdent les Cyperacées *Eriophorum vaginatum* et *Trichophorum cæspitosum* et enfin la lande à *Cálluna*. La presque totalité des espèces françaises de Sphaignes (23) sont réunies en Auvergne ; mais à part *Sphagnum rigidum* et les deux espèces mentionnées ci-dessus, toutes sont rares ou assez rares (Héribaud, 1899).

Dans la constitution des basses tourbières rentrent surtout des laîches (*Carex fusca* [*Goodenowii*], C. *inflata*, C. *canescens*, C. *echinala*, etc.), des *Eriophorum* (*E. angustifolium*, *E. latifolium*, *E. gracile* [rare] et des Hypnacées. Leur évolution engendre non pas la callunaie, mais une saulaie très caractéristique à *Salix lapponum*, *S. phylicifolia*, *S. pentandra*, *S. repens*, *S. aurita*, *S. cinerea*, et plus rarement *Betula pubescens*. La teinte gris-argentée des saulaies arbustives où domine le saule de Laponie imprime à certains coins de l'étage supérieur un cachet très spécial qui rappelle les marais du Nord de la Finlande ou de la Scandinavie. Pour donner une idée du cortège phanérogamique de ces saulaies, nous résumons ici un relevé pris sur le versant est du Puy Paillaret (Monts Dore), à 1.450 mètres. Il comprend :

Salix lapponum L. (dom.).
— *pentandra* L.
— *aurila* L.
— *phylicifolia* L.
Betula pubescens Ehrh.
Vaccinium uliginosum L.
Carex fusca All.
— *chordorrhiza* L.

Carex echinata Murr.
— *diandra* Schrank
Eriophorum angustifolium Roth
Juncus squarrosus L.
— *effusus* L.
Caltha palustris L.
Potentilla erecla (L.) Hampe
Cardamine pratensis L.

Geum rivale L.
Galium palustre L.
Selinum pyrenæum (L.) Gouan
Valeriana diœca L.
Comarum palustre L.
Menyanthes trifoliata L.
Saxifraga stellaris L.

Crepis paludosa L.
Viola palustris L.
Cirsium palustre L.
Pedicularis silvatica L.
Epilobium palustre L.
Sanguisorba officinalis L., etc.

C'est un ensemble franchement boréal.

Plusieurs Phanérogames boréo-arctiquès ont, en Auvergne seulement, réussi à se maintenir jusqu'à nos jours. Sans compter les espèces également répandues dans les Alpes et les Pyrénées *(Salix herbacea, Saxifraga oppositifolia, Dryas octopetala,* etc.), nous en citerons :

Potamogeton prælongus Wulf. — Monts Dore : lacs Pavin !, Guéry et Moncineyre, Jura, Alpes ; rares dans l'Europe moyennė. Europe boréale, Sibérie, etc.

Trichophorum alpinum (L.) Pers. — Cantal : Prat-de-Bouc Malbo, etc. Manque aux Pyrénées ; Alpes, Jura, Europe boréale, Sibérie, Amérique boréale.

Carex vaginata Tausch. — Monts Dore, au-dessus de 1.750 mètres : Puy Ferrand, 1.750-1.850 mètres ! ; Col de Sancy, Cacadogne ! ; Alpes ; très rare ; montagnes hercyniennes ; Europe boréale et arctique ; Amérique arctique jusqu'au 71° 75' latitude boréale ; Sibérie.

Rumex aquaticus L. — Monts Dore et Cantal en plusieurs localités ; Jura, Lorraine ; manque aùx Alpes. Répandu dans les contrées boréales et arctiques de l'Europe, de la Sibérie et de l'Amérique.

Nuphar pumilum Sm. — Monts Dore et Cantal en plusieurs localités, mais peu abondant. Europe centrale rare, Europe boréale jusqu'à Tromsöe ; Sibérie ; Mandchourie.

Cochlearia officinalis L. ssp. *pyrenaica* (DC.) Rouy et Fouc. — Monts Dore : vallée de Rentières, près d'Ardes ; Cantal : nombreuses localités, par exemple au Pas-de-Roland, base du Puy-Marie, Mandailles, Roc des Ombres, près du Lioran, près de Brezons, vallée du Goul en amont de la Roussière, etc., bords de la Truyère très rare (M. Coste, in litt.). — Pyrénées, Alpes, Carpathes, etc., pays boréaux ; le type jusqu'au Spitzberg (cf. Thellung A., dans *Hegi, Ill. Fl.* v. *Mitteleuropa,* 36° fasc., p. 136).

Saxifraga hieraciifolia W. et K. — Cantal : Pas-de-Roland, en petit nombre sur les rochers humides (auct. plur.) ; Roche-Taillade (Brevière) ; rochers près de Peyre-Arse (abbé Soulié). Un hiatus énorme de 1.800 kilomètres environ sépare ces localités des avant-postes les plus proches de l'aire boréo-arctique dans les montagnes de la Norvège (Vaagefielde, Dovre, etc.). *S. hieraciifolia* possède ou possédait encore quelques rares localités disjointes dans les Alpes de la Styrie et de la Carinthie, à 1.000 kilomètres environ à l'Est du Cantal ; il est aussi dans les Carpathes. Mais son aire continue s'étend de la Norvège à la Sibérie, à l'Amérique boréale et au Groënland. Il atteint le 80 degré de latitude boréale au Spitzberg (1).

Au delà de l'Auvergne l'élément circumboréal perd subitement de son importance, et le *Forez*, à 70 kilomètres au Nord-Est, malgré son altitude respectable, n'a plus guère que: *Eriophorum vaginatum, Carex pauciflora, Andromeda poliifolia* et *Oxycoccus quadripetalus* ; puis quelques espèces de moindre intérêt. Parmi les Cryptogames, *Lophozia Michauxii, Sphagnum teres* et *Calliergon sarmentosum* méritent d'être signalés. Ce *Calliergon*, très rare dans les Pyrénées, plus fréquent dans les Alpes (entre 1.100 et 2.800 mètres en Suisse), a toujours été

---

(1) Dans la même catégorie d'espèces boréo-arctiques rentrent plusieurs Cryptogames, telles que : *Alectoria Fremontii* (Cantal : dans la forêt du Lioran ; les stations les plus proches se trouvent dans la Norvège méridionale, d'où elle s'étend jusqu'en Laponie), *Lophozia Kunzeana* (tourbière au-dessus du lac d'En-Bas à la Godivelle, unique localité française ; se retrouve dans les Alpes orientales à partir de la Suisse, dans la Forêt-Noire, les montagnes hercyniennes et surtout dans les pays boréo-arctiques, jusqu'au Groënland). *Lophozia obtusa* (Monts Dore et Cantal ; Jura, Vosges, Alpes, surtout orientales, etc.; pays boréaux, jusqu'à l'Ellesmereland), *Lophozia Michauxii* (Monts Dore : bois du Capucin ; Forez : bois de la Richarde ; manque ailleurs dans l'Europe occidentale ; Alpes orientales de l'Autriche et domaine boréoarctique ; circumboréal), *Marsupella nevicensis* (Monts Dore et Cantal ; très rare dans les Alpes ; Europe, surtout boréale), *Anthelia julacea* et *A. Juratzkana* (Sancy ; rare dans les Pyrénées ; Alpes, etc. ; jusqu'au 78°50' l. b. à l'Ellesmereland), *Andræa Blyttii* (Cantal : Puy de Bataillouze ; Scandinavie, Ecosse ; manque aux Alpes), *Dicranum fragilifolium* (Cantal : au ravin de la Goulière ; n'a pas encore été constaté dans les Alpes et les Pyrénées ; Scandinavie, Laponie, Sibérie, Amérique boréo-arctique), *Barbula·icmadophila* (Monts Dore : Sancy, Val-d'Enfer ; Alpes, très rare ; Caucase, pays boréaux), *Bryum arcticum* (Cantal : Puy de Bataillouze ; rare dans les Alpes et le Jura, manque aux Pyrénées ; très répandu dans les pays boréaux).

rencontré stérile en France, tandis qu'il fructifie normalement en Scandinavie.

Au *Mont Pilat* et à Marlhes (Loire), on a indiqué le rare *Botrychium matricariæfolium* (Retz.) A. Br. ; mais il semble en avoir disparu (v. Rouy, *Fl. Fr.*, XIV, p. 463). Un autre *Botrychium* boréal *(B. Matricariæ* [Schrank] Spreng.) a été également trouvé à Marlhes.

Le *Morvan* (900 mètres), dernier rameau septentrional du système montagneux de la France centrale, n'offre plus que les *Juncus squarrosus, Salix pentandra, Sedum villosum, Comarum palustre, Oxycoccus quadripetalus* et quelques espèces boréales plus répandues.

Un grand essor de la phytogéographie date du moment où on a compris que les colonies actuelles d'espèces boréo-arctiques dans l'Europe moyenne ne sont que les derniers restes d'une flore ancienne, conservée, en partie, dans les dépôts fossiles d'âge glaciaire. Au Suédois Nathorst revient le mérite d'avoir, le premier, reconnu et interprété judicieusement ces dépôts et d'avoir démontré leur existence en de nombreux points des pays baltiques, de l'Allemagne moyenne, de la Suisse. Dès lors, de nombreux paléobotanistes se sont mis à l'œuvre pour étudier les limons glaciaires et compléter la liste des témoins fossiles.

Parmi les preuves fossiles les plus concluantes de l'origine boréale de la flore des limons glaciaires, connus aussi sous le nom de « limons à *Dryas* », nous citerons pour l'Europe -moyenne (France orient., Suisse, Allemagne) (1) :

Cryptogames :

Nitella flexilis Ag.
Sphagnum acutifolium (Ehrh.)
Aulacomium palustre (L.)
Drepanocladus fluitans (Hedw.)
— *exannulatus* (Gümb.)

Drepanocladus aduncus (Hedw.) var. *groenlandicum.*
Chrysohypnum stellatum Schreb.
Calliergon sarmentosum (Wahl.)
— *trifarium* (Web. et Mohr)
— *turgescens* (Lindb.)

(1) Pour la Pologne, v. surtout J. Lilpop et W. Szafer, Contrib. à la connaissance de la flore et du climat de l'époque diluvienne en Pologne *(Bull. Serv. géol. de Pologne,* I, p. 445-479, 1922).

Phanérogames :

Potamogeton filiformis Pers.
Salix herbacea L.
* — polaris L.
* — reticulata L.
* — myrtilloides L.
— phylicifolia L.
* — vagans And.
* Betula nana L.

Polygonum viviparum L.
* Minuartia stricta (Sw.) Hiern
* Ranunculus hyperboreus Rottb.
* Saxifraga Hirculus L.
Dryas octopetala L.
Oxycoccus quadripetalus Gilib.
Loiseleuria procumbens (L.) Desv.
* Armeria arctica Wallr., etc.

Les Phanérogames boréo-arctiques marquées d'un astérisque (*) manquent ou sont très rares dans les Alpes.

En Grande-Bretagne et au Danemark, on a constaté, en outre, dans les limons glaciaires correspondants (cf. Reid, 1899 ; Hartz, 1902 ; Lewis, 1907 ; Samuelsson, 1910) :

Potamogeton prælongus Wulf.   .
Carex inflata Huds.
Salix repens L.
Caltha palustris L.
Comarum palustre L.
Viola palustris L.

Empetrum nigrum L.
Andromeda poliifolia L.
Vaccinium uliginosum L.
Menyanthes trifoliata L.
Isoetes lacustris L., etc.

Les dépôts d'Ecosse d'âge mecklembourgien, décrits par M. Lewis, sont particulièrement riches. Ils ont fourni entre autres : *Salix arbuscula, S. herbacea, S. reticulata, Viscaria alpina, Sedum roseum, Arctostaphylos alpina, Veronica alpina,* etc. M. Lewis les considère contemporains d'une végétation de toundra arctique immigrée après la dernière grande glaciation.

Cette flore à *Dryas* paraît avoir existé surtout au voisinage des grands glaciers quaternaires ; elle repose presque exclusivement à quelques mètres de profondeur dans des tourbières actuelles, entourées parfois, comme à Schwerzenbach près de Zurich, d'un cordon de collines morainiques glaciaires.

Tandis que les dépôts glaciaires de la Suisse et de l'Allemagne méridionale appartiennent incontestablement à la *dernière* grande glaciation (würmienne), les gisements de Bois-l'Abbé, près d'Epinal, et de Jarville près de Nancy, datent d'une période plus ancienne que nous avons cru pouvoir synchroniser avec la glaciation rissienne (v. p. 14). L'échange réciproque des flores orophile et boréo-arctique est donc en partie antérieur à la dernière grande glaciation. Nous comprenons mieux ainsi la distribution très disjointe de certaines espèces boréales comme *Saxifraga hieraciifolia*, Phyllodoce *cœrulea*, etc. Elles auraient immigré durant la période rissienne (ou mindélienne ?) et leur aire aurait commencé à se morceler dès la dernière période interglaciaire (rissienne-würmienne).

Nous avons donné ailleurs la liste complète de la flore rissienne de Bois-l'Abbé et de Jarville (v. p. 14), qui comprend des Conifères subarctiques et subalpines, des végétaux de tourbières et quelques espèces franchement alpines et arctiques. Parmi elles, *Elyna myosuroides* (Vill.) Fritsch, Cyperacée orophile et arctique, manque aujourd'hui à l'Europe moyenne en dehors des Pyrénées, des Carpathes et des Alpes, où elle va de (1.500) 2.000 à 3.300 mètres d'altitude. Elle est également en Sibérie, au Groënland, à l'Ellesmereland (Discovery *Harbour* à 81 degrés de latitude boréale), etc. *Loiseleuria procumbens* (L.) Desv. pénètre jusqu'au delà du 74 degré de latitude boréale au Groënland ; son aire circumpolaire s'étend de la Laponie à travers la Sibérie et l'Amérique arctique jusqu'au Labrador. Absente des montagnes du Massif Central de France, on la rencontre dans les Pyrénées et les Alpes au-dessus de la limite des forêts (descend exceptionnellement à 1.250 mètres) ; elle s'élève à 3.000 mètres au Ridnaun dans le Tyrol.

Un dépôt qui paraît dater à peu près de la même époque, mais qui a été formé au voisinage immédiat du glacier, est connu à Deuben (Saxe). Son âge serait contemporain, d'après M. Nathorst (1894), de l'extension maximum de la calotte glaciaire scandinave prenant fin au Sud de Dresde. Nathorst y a constaté, entre autres espèces : *Salix myrtilloides*, *S. retusa*, *S. herbacea*, *Polygonum viviparum*, *Saxifraga Hirculus*, *S. oppositifolia*, *Calliergon sarmentosum*, etc., plantes boréo-arctiques et alpines ; mais il n'y a pas trouvé de traces d'arbres.

Tandis que, sur le pourtour des grands glaciers, une végétation arctique et alpine, composée en partie d'arbustes et arbrisseaux nains, colonisait les moraines et les alluvions, des forêts de Conifères (*Pinus*, *Picea*, *Larix*) et des peuplements de bouleaux (*Betula pubescens*) devaient occuper de grands espaces en dehors de l'influence directe des glaces et des inondations temporaires.

La végétation herbacée et arbustive croissait sur les graviers, dans les tourbières et à l'intérieur même des forêts clairiérées, comme on la rencontre aujourd'hui aux limites polaires et alpines des forêts. Telles sont les conclusions suggérées par les découvertes paléobotaniques.

Le retrait des glaciers rissiens fut suivi d'un changement complet de la végétation. Sous l'influence d'un climat doux, égal et humide, des forêts exubérantes de feuillus s'étendaient dans les basses montagnes et les plaines de la France centrale et orientale et les contrées voisines. A peine certains végétaux boréaux des stations froides pouvaient-ils se maintenir durant cette période interglaciaire (rissienne-würmienne), en dehors des montagnes, dans les tourbières et les marais.

Mais un autre refroidissement ramène les glaciers dans les plaines ; de nouveau les Conifères s'installent et avec eux une flore de caractère plus ou moins boréal. Le pin sylvestre abonde non seulement dans la basse terrasse à Saint-Jakob-s.-Birs près de Bâle (en compagnie des *Carpinus Betulus, Vaccinium uliginosum, V. Vitis-idæa*, etc., Gutzwiller, *l. c.*), mais aussi à Polada et à Puegnago au Sud du Lac de Garde (Andersson 1910, p. 86, 88), à Clérey (Aube), où les fouilles de Fliche (1900) ont révélé une forme à très petits cônes avec des restes d'*Elephas primigenius*, et aussi ailleurs dans le Nord-Est de la France.

En Allemagne, M. Weber (1914) a reconnu le pollen du pin sylvestre et un fragment d'écorce roulé dans le limon würmien de Borna au Sud de Leipzig accompagné du mammouth, du renne et de débris fossiles de *Potamogeton filiformis, P. pusillus, Eriophorum Scheuchzeri, E. angustifolium, Carex inflata, C. lasiocarpa, Salix polaris, S. herbacea, S. Myrsinites, Urtica diœca, Silene vulgaris, Lychnis flos cuculi, Ranunculus hyperboreus, R. acer, Arabis nova* (! ?), *Comarum palustre, Potentilla aurea, Armeria arctica* et de Mousses diverses. Cette découverte très importante confirme la présence d'une végétation boréo-arctique à une distance assez éloignée des glaciers würmiens. Borna est situé à 100 kilomètres au Sud de la limite extrême de l' « Inlandsis » de la dernière grande glaciation (Werth, 1914).

Les tufs de Lasnez, près de Nancy, datant de la même époque, nous ont transmis deux espèces moins significatives que celles

des limons à *Dryas* de la Suisse et de l'Allemagne, mais néanmoins assez caractéristiques : *Salix nigricans*, aujourd'hui
inconnu dans la contrée, et *Salix vagans* And. (= *S. livida*,
Wahl.), qui a complètement disparu du territoire français. Il
a survécu en quelques points de l'Allemagne méridionale, mais
son aire continue s'étend de la Scandinavie et de la Laponie en .
Sibérie, au Kamtschatka et à l'Amérique boréale (var. *ame-
ricana*).

La pénétration de l'élément circumboréal dans les montagnes
du Massif Central a pu s'accomplir soit de l'Est par l'intermédiaire des Alpes occidentales, soit du Nord-Est le long du
Jura, soit enfin directement du Nord à travers les hauteurs et
les plaines du Nord de la France. La Grande-Bretagne, faisant
partie du continent jusqu'au Quaternaire récent, c'est-à-dire
jusqu'après la période würmienne, devait établir un contact
avec les contrées boréales.

Par cette voie, la plus directe, nous semblent parvenus :
Rumex longifolius DC. (*R. domesticus* Hartm.), existe en
France dans les Cévennes méridionales à l'étage du hêtre et
dans les Pyrénées. Manque aux Alpes, mais se retrouve dans la
Grande-Bretagne et l'Allemagne septentrionales. Pays boréo-
arctiques de la Scandinavie à l'Asie boréale ; Amérique boréo-
arctique, Groënland. *Salix lapponum* L. a de nombreuses
localités dans les tourbières de l'Auvergne (entre 1.200 et
1.550 mètres environ) et de la Margeride ; se retrouve aussi
dans les Pyrénées orientales. Remplacé dans la chaîne des
Alpes par le *S. helvetica* Vill., il réapparaît aux Sudètes, dans
la Prusse orientale, en Ecosse. Son aire continue va de la
Scandinavie et la Laponie jusqu'en Sibérie. *Saxifraga hieraciifolia* (v. p. 154). Les localités de l'Auvergne paraissent dues à
une progression Nord-Sud dont les étapes intermédiaires ont
disparu. Les seules localités européennes du *Phyllodoce
cœrulea*, en dehors du domaine circumboréal, se trouvent dans
les Pyrénées centrales (jusqu'à 2.600 mètres d'altitude au Pic de
Crabère dans l'Ariège) à 42°40′ latitude boréale. Les points les
plus rapprochées de son aire touchent le district de Kristian-
sand en Norvège (58°40′) et les montagnes d'Ecosse (environ
56°30′). *Subularia aquatica* est dans quelques étangs des
Pyrénées orientales et centrales, dans les Vosges, les Ardennes,

et, très rare, en Allemagne. Il est, au contraire, répandu dans
les contrées boréo-arctiques de l'Eurasie et de l'Amérique.
Trisetum agrostideum se trouve dans les *Hautes-Pyrénées*
(var. *baregense*), puis dans la Scandinavie boréale et la Laponie ; il manque ailleurs en Europe (plante de valeur systématique litigieuse).

Les espèces énumérées ci-dessus manquent aux Alpes
(*Saxifraga hieraciifolia* excepté, qui est en Styrie [très rare]) ;
elles font également défaut au Jura, à la Forêt-Noire et
(*Subularia* excepté) aux Vosges. Il paraît donc que cet essaim
migrateur, boréo-occidental, n'ait pas pénétré dans le Jura et
les Alpes occidentales. Cela est d'autant plus vraisemblable que
leurs exigences écologiques et leur comportement sociologique,
semblables à ceux de nombreux végétaux boréaux et alpins,
n'expliquent nullement leur extinction dans les Alpes, si jamais
elles y avaient existé.

Un autre essaim migrateur, sans doute bien plus considérable,
a dû gagner le Massif Central par l'intermédiaire du Jura, lon-
geant la lisière extérieure des glaciers alpins et jurassiques. Non
seulement les espèces boréo-arctiques du Massif Central sont
pour la plupart bien plus largement répandues dans le Jura,
mais les tourbières jurassiques présentent encore un accroissement notable de l'élément circumboréal comprenant les
Phanérogames suivantes :

Potamogeton nitens Weber   *Sagina nodosa* (L.) Fenzl
Calamagrostis neglecta (Ehrh.) Fl. W.   *Saxifraga Hirculus* L.
Carex Heleonastes Ehrh.   *Bidens radiatus* Thuill. (1).
Minuartia stricta (Sw.) Hiern

(1) Ainsi que les HÉPATIQUES : *Blepharostoma setiforme* (Vosges ; Jura [très
douteux d'après M. Meylan] ; domaine circumboréal, jusqu'au 80°40' l. b.),
Lophozia marchica (tourbières du Jura, plus rare dans celles des Alpes ;
domaine boréo-arctique, jusqu'au 79° l. b.), et la MOUSSE : *Paludella squarrosa*
(tourbières du Jura, rare ; manque aux Pyrénées et aux Alpes occidentales ;
très rare dans les Alpes orientales, Allemagne centrale et surtout septentrionale ; très répandue dans les pays boréaux où elle fructifie bien plus souvent). On pourrait y ajouter *Calliergon trifarium*, espèce boréo-arctique, si
caractéristique pour la végétation marécageuse des terrains glaciaires de la
plaine suisse. D'après M. Ammann (1912), c'est un des principaux com-
posants (souvent presque exclusif) des couches inférieures de la tourbe,
immédiatement au-dessus du limon glaciaire. Dans des conditions pareilles,
nous l'avons observé dans les marais de Diesse, Jura (840 m.), formant une
couche très homogène de 1 m. d'épaisseur ! Actuellement, il ne joue en

Le bouleau nain est assez abondant dans les hautes tourbières peu altérées.

Les représentants boréo-arctiques du Jura, manquant pour la plupart aux Alpes centrales et occidentales, se retrouvent, sans exception, dans les marais de la Forêt-Noire ou du Plateau souabe, territoires situés en aval des moraines frontales du grand glacier würmien. Cette contrée est d'ailleurs enrichie d'une nouvelle série d'espèces boréales qui atteignent ici leur limite sud-occidentale extrême :

Najas flexilis (Lac de Constance), *Hierochloe borealis* (isolé dans les Basses-Alpes : vallée de l'Ubaye, etc.), *Carex capitata*, *Juncus stygius*, *Salix myrtilloides*, *S. vagans* And. (= *S. livida* Wahl.*, à Pfohren [Bade] et près de Munich), *Betula humilis*, *Stellaria crassifolia* (Buchauer et Wurzacher Ried), *Stellaria longifolia* (Lengenwang), *Ledum palustre* (jusqu'en 1901 au Hornsee), *Trientalis europæa* (une localité isolée en Savoie au Grand Bornand), *Pedicularis Sceptrum carolinum*, *Utricularia ochroleuca* (Vosges ; Forêt-Noire ; Oberamt Ravensburg ; près de Munich ; dans les Vosges à l'état stérile seulement, d'après M. Issler) ; puis quelques Mousses : *Meesia Albertini*, *Timmia megapolitana*, etc.

Quelques-unes de ces espèces ont atteint les Alpes où elles sont d'ailleurs fort rares.

La direction N.E.-S.O., suivie par cette migration importante paraît s'orienter de la Baltique orientale aux Sudètes et de là au Plateau souabe et au Jura. On constate une progression assez régulière et constante de l'élément circumboréal en sens inverse. C'est dans le territoire de Samland-Courlande que les plantes boréales et boréo-alpines prendraient nettement le dessus (Preuss, 1911, p. 112).

Vers le Sud et le Sud-Ouest, la migration boréo-arctique n'a pas dépassé la chaîne pyrénéenne. Aux Pyrénées orientales et centrales, sous la latitude de 42°30′, c'est-à-dire à la hauteur de la Corse et de l'*Albanie septentrionale*, vient s'éteindre la

---

Suisse qu'un rôle très secondaire dans la formation de la tourbe et se trouve rarement en quantité notable. On le rencontre aussi dans les Alpes, où il s'élève à 2.300 mètres (sec. Pfeffer) ; en dehors des Alpes et du Jura, il n'est en France qu'aux environs de Paris et dans le Nord-Est.

poussée des populations végétales .descendues aux temps glaciaires des hautes latitudes de l'Eurasie.

L'étude détaillée de la flore boréo-arctique dans les Pyrénées
présenterait un intérêt-spécial ; les découvertes récentes de.
MM. Coste et Soulié, dans le Val d'Aran, promettent encore
d'autres surprises. Voici à titre de renseignement provisoire une
courte liste de végétaux boréo-arctiques ayant pénétré jusqu'aux
Pyrénées sans les dépasser :

Isoetes lacustris L.
Scheuchzeria palustris L.
* Trisetum agrostideum Fries var.
* Hierochlœ borealis R. et Sch.
Eriophorum vaginatum L.
* — Scheuchzeri L.
Carex diandra Schrank
* — bicolor Bell.
* — atrifusca Schkuhr
— vaginata Tausch
— lasiocarpa Ehrh.

* Kobresia bipartita (Bell.) D.T.
* Juncus arcticus Willd.
Rumex longifolius DC.
Salix phylicifolia L.
— lapponum L. s. str.
* Subularia aquatica L.
* Draba incana L.
* Phyllodoce cœrulea (L.) Salisb.
* Utricularia intermedia Hayne
Ligularia sibirica L.

Ils comptent parmi les plus grandes raretés de la flore
pyrénéenne ; plusieurs d'entre eux n'ont été trouvés que dans
une seule localité.

En comparant les listes des représentants boréo-arctiques du
Massif Central et des Pyrénées on constate des différences
notables. De nombreuses espèces paraissent ne pas avoir atteint
les Pyrénées, tandis que d'autres (marquées d'un *) font défaut
aux montagnes du Massif Central.

L'invasion de l'élément circumboréal dans les montagnes de
l'Europe tempérée a dû s'accomplir dans un ordre déterminé,
comparable en quelque sorte à l'avance méthodique d'une
armée organisée. Les éclaireurs (Cryptogames, surtout Mousses,
et des plantes hygrophiles), favorisés à la fois par le changement climatique, par leur pouvoir d'adaptation et la facilité de
leur dissémination à grande distance, devaient, en général,
s'installer les premiers, préparant la station nouvelle aux
immigrants plus exigeants au point de vue édaphique :
Éricacées des tourbières, certaines Cypéracées et Graminées,
Saxifraga Hirculus, Betula nana, etc.

A l'approche du Midi les conditions climatiques leur deve--

nant défavorables, ces immigrants du Nord se groupaient de
plus en plus étroitement dans certaines associations ; il en est
ainsi d'ailleurs encore de nos jours. La lutte contre la végétation
indigène toujours puissante ne pouvait être soutenue avec
succès que par groupements ; les associations les plus fortes
décident en fin de compte de la victoire des individus. Or, trois
types de groupements boréaux — hygrophiles tous les trois —
paraissent avoir réussi à traverser toute la France jusqu'aux
Pyrénées : les groupements aquatiques, les basses tourbières à
Carex et les tourbières bombées à Sphaignes.

La surabondance d'eau dans les cuvettes, les bas-fonds, sur
les plateaux un peu élevés, mettait la végétation préexistante
en état d'infériorité vis-à-vis des hygrophytes du Nord en voie
d'expansion. Les étangs, les tourbières à *Sphagnum* et à
Mousses et les marais à Cypéracées auraient donc permis, avec
les alluvions des glaciers et des fleuves, la migration de toute
une population de végétaux boréaux à travers des contrées
comme la France sud-occidentale, occupées, même pendant
l'apogée de la grande glaciation, par une végétation en grande
partie mésothermique. Cette migration ne pouvait se faire que
par bonds, au moins dans les contrées méridionales.

La dépendance frappante des espèces vis-à-vis de certaines
associations végétales fait comprendre aussi la réunion singu-
lière de nombreux représentants boréaux dans peu de localités
très éloignées les unes des autres. Le hasard seul n'aurait pu
réunir la population végétale que nous avons signalé sur les
pentes du Paillaret (v. p. 152), les *Scheuchzeria*, *Comarum
palustre*, *Andromeda*, *Vaccinium uliginosum*, *Carex* spec. div.,
Pedicularis, etc., dans les tourbières de Laguiole (Aubrac), ou
les *Carex diandra*, C. *limosa*, C. *lasiocarpa* à Salardu aux
sources de la Garonne, leur unique localité dans la chaîne
pyrénéenne. Ces colonies, ainsi que les sphagnaies (1) et les
marais tourbeux qui les hébergent, apparaissent comme vestiges isolés d'un enchaînement plus continu de stations ana-

(1) Remarquons encore que les tourbières bombées étaient certainement
plus étendues et mieux développées au commencement et à la fin des glaciations que pendant leur extension maximum. Les hautes tourbières alpines
actuelles, au voisinage des glaciers, sont toutes situées en deçà de la limite
des forêts (v. aussi Früh et Schröter, 1905).

logues, servant aux temps glaciaires, de relais entre le Nord, le Jura, le Massif Central et les Pyrénées.

Plus encore que certaines espèces alpines les végétaux boréo-arctiques se comportent dans le Massif Central de France comme des survivants par disjonction. La disparition de la plupart d'entre eux n'est qu'une question de temps et ne saurait être empêchée par des mesures préventives (mis à ban, création de réserves, etc.). L'existence, sous nos latitudes, de toute une série devient d'ailleurs de plus en plus précaire à cause du desséchement ininterrompu, naturel et artificiel des tourbières.

Nous n'avons, à cet égard, que le choix des exemples. Dès 1878, Lamotte constate l'extinction du *Ligularia sibirica* dans les marais de Saint-Paul-des-Landes, près d'Aurillac. Le *Saxifraga Hirculus*, autrefois à Malbrande près de Nantua, y a disparu (Cariot et Saint-Lager, 1897, p. 326). Caruel (1866, p. 464 ; et 1871, p. 369) signale la disparition des *Oxycoccus quadripetalus, Caltha palustris, Liparis Loeselii, Rhynchospora fusca, R. alba, Eriophorum angustifolium,* par le desséchement des tourbières près du lac de Bientina en Toscane. L'*Oxycoccus* est ainsi perdu pour l'Italie moyenne et ne se retrouve plus que sur le versant Sud des Alpes. *Rhynchospora alba* et *Liparis* ont été refoulés jusqu'à la vallée du Pô. M. Stark (1912, p. 108) relève dans l'Allemagne sud-occidentale des faits intéressants d'extinction récente se rapportant à des espèces boréales d'origine glaciaire : *Scheuchzeria palustris, Trichophorum caespitosum, Oxycoccus quadripetalus, Andromeda poliifolia,* et d'autres encore y ont perdu maintes localités sans l'intervention de l'homme et avant même qu'on ait songé à l'exploitation de la tourbe. *Rubus Chamaemorus,* trouvé jadis, d'après cet auteur, à Kniebis et dans la tourbière de Schwenningen (Forêt-Noire) a aujourd'hui sa limite méridionale dans le Riesengebirge. *Ledum palustre,* disparu depuis peu de ses localités avancées en Styrie et de son dernier refuge dans les marais du Hornsee (Forêt-Noire), s'est retiré pendant le siècle dernier de plus de 2 degrés de latitude vers le Nord. *Carex chordorrhiza* a abandonné deux des neuf localités qu'il possédait sur le haut plateau wurtembergeois (Bertsch, 1918, p. 93). H.-B. de Saussure avait, dès 1779, souligné la disparition du *Linnaea borealis* aux Voirons, près de Genève, où personne ne l'a jamais retrouvé depuis (1).

L'extinction de certaines espèces boréales paraît d'ailleurs remonter aux périodes préhistoriques. M. G. Andersson (1910, 1) a trouvé dans la « Gyttja » du marais de Polada au Lac de Garde, en grande abondance, les fruits du *Najas flexilis*, actuellement inconnu en Italie, réapparaissant, en compagnie d'autres espèces boréales, sur les bords du Lac de Constance et plus au Nord.

A leur limite extrême, les représentants d'un élément en voie de recul se montrent sensibles aux moindres changements du milieu. Une simple altération d'équilibre dans l'association dont ils font partie peut les faire succomber devant la concurrence menaçante. C'est ainsi que le sous-élément circumboréal est supplanté pour ainsi dire sous nos yeux par la végétation médio-européenne en harmonie parfaite avec le climat actuel de l'Europe moyenne. Nous assistons ainsi au dernier stade d'une grandiose « succession millénaire » qui s'est déroulée depuis le retrait définitif des grands glaciers quaternaires.

---

(1) Cette perte *générale* de terrain n'exclut pas une extension *locale* de certaines espèces. Leur caractère de « survivants glaciaires » n'en est pas altéré. La conception de « survivant » n'implique d'ailleurs pas leur maintien dans une localité définie, restreinte.

QUATRIÈME CHAPITRE

LA VÉGÉTATION SUBALPINE ET ALPINE DU MASSIF CENTRAL

La végétation subalpine et alpine [les « orophytes » (1)] du Massif Central a de tout temps attiré l'attention des botanistes collectionneurs et frappé l'imagination des esprits philosophiques. Elle fournit, en effet, avec certaines espèces animales orophiles, un ensemble de témoignages historiques de haute importance. Il nous a paru indispensable de consacrer un chapitre à part aux plantes orophiles, bien qu'elles ne constituent pas un « élément » spécial dans le sens précis que nous attribuons à ce terme. Elles se recrutent parmi plusieurs éléments et forment ainsi un groupe hétérogène aussi bien par leur origine que par leur distribution géographique. Nous avons déjà eu l'occasion de nous occuper d'un certain nombre d'entre elles.

Il est nécessaire de distinguer deux grandes catégories d'orophytes aux appétences climatiques différentes :

1° Les espèces *subalpines* ou *montagnardes-subalpines*, qui dans les Alpes et les Pyrénées ont leur plus grande densité et

---

(1) Orophytes : plantes des montagnes (Gebirgspflanzen) par opposition à plantes planitiaires (Ebenenpflanzen). Le terme « orophile » a déjà été employé par M. Briquet (1905, p. 131-132), dans un sens identique. En 1910, M. Diels a introduit le terme de « oréophytes » pour remplacer l'expression équivoque de « plantes alpines ». Les oréophytes de M. Diels sont donc des espèces de l'étage alpin des hautes montagnes. Pour M. Schröter (1913, p. 918), par contre, oréophytes signifie tout simplement plantes des montagnes. Nous avons également admis ce sens plus général, mais avec l'orthographe de M. Briquet, qui paraît mieux s'accorder avec l'étymologie grecque (ὄρος = montagne, mont, colline, hauteur; *orographie* = description des montagnes).

Fig. G. — Monts-Dore : sapins isolés à la limite des forêts et massif du Sancy.
(Phot. Humbert.)

Fig. H — Pacages aux environs de Compains (Monts Dore), à 1.200 mètres d'alt. :
Gentiana lutea dominant. (Phot. Humbert.)

leur optimum de développement à l'étage subalpin, dans le Massif Central aux horizons du hêtre et du sapin (1).

2° Les espèces *alpines* proprement dites, ayant leur plus grande extension au-dessus de la limite des forêts dans les hautes montagnes de l'Europe moyenne.

A cette occasion, nous nous permettons d'insister sur la différence entre les termes « alpin » et « alpigène ». Pour nous « alpin » a un sens purement altitudinal, se rapportant à l'extension verticale. Une espèce alpine, un phénomène alpin peuvent se produire à l'étage alpin du monde entier ; une plante alpine est donc un végétal appartenant à l'étage alpin de n'importe quel massif montagneux, dont la limite inférieure est nécessairement subordonnée à la latitude. Alpigène, par contre, a un sens géographique nettement circonscrit et se rapporte aux phénomènes et aux organismes spéciaux au système montagneux des Alpes proprement dites, aussi bien dans les étages montagnard, subalpin, alpin, nival, que dans les vallées. Les espèces propres au système alpin (au sens large) ont, en grande majorité, pris naissance dans les Alpes mêmes d'ancêtres de souches diverses. Le terme alpigène semble donc justifié. Introduit en 1916, il a été accepté et recommandé par M. Schröter (1918, p. 202).

A. — LES OROPHYTES SUBALPINS.

Le sapin *(Abies alba)* dans le Massif Central, p. 167 ; énumération des espèces subalpines, p. 169 ; aires disjointes, p. 176 ; espèces cébenno-jurassiques, p. 177 ; le pont du défilé de Donzère, p. 178 ; souche primitive des espèces cébenno-jurassiques, p. 178 ; espèces montagnardes-subalpines des plaines du Nord de la France, p. 179 ; influence de l'homme dans leur distribution actuelle, p. 180.

Comme dans les Pyrénées et dans les chaînes externes des Alpes sud-occidentales, le sapin *(Abies alba)* est aussi l'essence

---

(1) Le terme « horizon », employé par plusieurs auteurs (Le Grand, M. d'Alverny) pour désigner les étages altitudinaux, se recommande pour les ceintures secondaires de végétation à l'intérieur des étages principaux. On parlerait d'un horizon du sapin, de l'épicéa, de l'arole, des arbrisseaux nains, etc. L'association climatique finale donnerait son nom à chaque horizon de végétation.

forestière la plus caractéristique de l'étage subalpin du Massif
Central. Il y forme pourtant rarement (Forez, Pilat ?) un
horizon très net ; le hêtre l'accompagne jusqu'à la limite des
forêts et le climat local décide en dernier lieu de la victoire de
l'un ou de l'autre. Le sapin exige en effet des conditions spéciales d'humidité, de sol et de relief. Il préfère les ubacs
(versant Nord), les creux et vallons où les brouillards s'amas-
sent et se maintiennent (v. aussi Cl. Roux, 1905). Le hêtre est
bien moins exigeant à cet égard. L'alternance entre les deux
essences s'observe, par exemple, avec une netteté parfaite,
depuis le sommet du Sancy dans les Monts Dore. Tandis que le
sapin remplit de sa sombre verdure les vallons étroits, brumeux
et froids du versant Nord et Nord-Ouest, la forêt de hêtre pur
règne sur les versants Sud, Sud-Est et Sud-Ouest jusqu'au
contact avec les pelouses des sommets. Dans les Cévennes méridionales, à l'Ouest du Mont Lozère, le sapin est remplacé par
le hêtre qui constitue l'association climatique finale de l'étage
supérieur (1).

Des sapinières étendues se rencontrent surtout dans le Forez,
en Auvergne et au Pilat, mais aussi dans le Beaujolais, le
Vivarais, le Velay, entre 800 et 1.450 mètres en moyenne.
L'arbre est plus rare dans la Margeride et dans l'Aubrac (au
Nord du massif seulement, Coste, in litt.). La forêt de sapine la
plus avancée vers les plaines du Midi, le beau Bois des Armes,
appartenant à la commune de Costeslades-Palhères, garnit les
pentes du versant Nord-Est du Mont Lozère, entre 1.200 et
1.400 mètres d'altitude. Il compte de nombreux arbres séculaires, entièrement couverts de Mousses et de Lichens. Des
sapins isolés descendent ici jusqu'à 1.050 mètres.

Les satellites de la sapinière se recrutent, pour la plupart,
parmi les espèces subalpines.

Nous donnons ici l'énumération des Phanérogames et Cryptogames vasculaires subalpines du Massif Central et leur distribution dans les différents massifs locaux. Nous ajoutons des
données sur leur répartition altitudinale dans les Cévennes méri-

---

(1) M. Cl. Roux indique *Abies alba* aussi dans la partie occidentale de la
Montagne Noire, où il paraît cependant avoir été planté.

dionales et le *Haut* Vivarais, en attendant qu'elle soit mieux connue ailleurs.

ESPÈCES SUBALPINES DU MASSIF CENTRAL DE FRANCE

(Abréviations) : RR. = très rare, R. = rare, AR. = assez rare, AC. = assez répandu, C. = répandu, CC. = très répandu dans le Massif Central).

Athyrium alpestre (Hoppe) Nyl. — RR.; Auvergne et Forez.

Dryopteris Robertiana (Hoffm.) G. Christens. — AC.; Cévennes mér., RR., 700-900 mètres! Vivarais, vers 1,000 mètres, etc.

— *Oreopteris* (Ehrh.) Maxon — AR.; Cévennes mér., RR.; Aubrac, etc.

— *Lonchitis* (L.) O. Kze. — AR.; Cévennes mér., RR., 1.000 mètres; Vivarais, 1.200-1.400 mètres, etc.

Asplenium viride L. — RR.; Cévennes mér., 880-1.350 mètres! Auvergne: Cantal.

— *fontanum* (L.) Bernh. — R.; Cévennes mér., R., 700-1.300 mètres! Vivarais; Lyonnais.

— *septentrionale* (L.) Hoffm. — C.; Cévennes mér., 200-1.600 mètres!, etc.

Allosurus crispus (L.) Röhl. — AC.; Cévennes mér., R.: Aigoual, 950-1,480 mètres! Mont Lozère, 1.300-1.650 mètres! Vivarais, 900-1.700 mètres, etc.

Botrychium Lunaria (L.) Sw. — C.; Cévennes mér., AC., 1.000-1.600 mètres! Vivarais, 1,300-1,600 mètres, etc.

Abies alba Mill. — C.; du Mont Lozère au Lyonnais, entre (800) 900 et 1.450 mètres en moyenne; atteint 1.520 mètres aux Monts Dore.

Pinus montana Mill. — RR.; Auvergne (en deux tourbières des Monts Dore, autour de 1.200 mètres!); Forez (tourbières de Chalmazel) (v. surtout Cl. Roux, 1908).

Calamagrostis varia (Schrad.) Host — RR.; Montagne Noire (Rouy),

Stipa Calamagrostis (L.) Wahl. — R.; Cévennes mér., 200-1.000 mètres; Côte-d'Or.

Agrostis Schleicheri Jord. — RR.; Cévennes mér., rochers au-dessus de Mende, 900 mètres (Coste).

Poa Chaixii Vill. — AC.; Cévennes mér., AC., 1.150-1.660 mètres! Vivarais, 1.200-1.700 mètres etc.

Carex brachystachys Schränk — RR.; Gorges des Causses, environ 700-900 mètres.

Juncus alpinus Vill. — AC.; Cévennes mér., 1.100-1.300 mètres! Vivarais, 1.000-1.600 mètres, etc.

Luzula luzulina (Vill.) D.T. et Sarnth. — RR.; Mont Lozère, au bois de la Berque, 1.400 mètres (Coste).

— *sudetica* (Willd.) Lam. et DC. — A.C.; Cévennes mér., R., 1.300 mètres! Vivarais, 1.200-1.700 mètres, Auvergne!, etc.

Veratrum album L. — C.; Cévennes mér., au-dessus de 900 mètres! Vivarais, au-dessus de 1.000 mètres, etc.

Allium senescens L. — AC.; Cévennes mér., 3oo-1.6oo mètres ! Vivarais, 200-1.000 mètres, etc.

— *Victorialis* L. — AC.; Cévennes mér., A.R., 1.100-1.5oo mètres ! Vivarais, 1.5oo-1.7oo mètres ; Auvergne, au-dessus de 1.15o mètres !, etc.

Lilium pyrenaicum Gouan — RR.; Cévennes mér. (v. p. 215).

Fritillaria pyrenaica L. — RR.; Cévennes mér. (v. p. 215).

Paradisia Liliastrum (L.) Bert. — RR.; Cévennes mér., à l'Aigoual, 1.35o-1.45o mètres ! Vivarais, au Mézenc.

Streptopus amplexifolius (L.) Lam. et DC. — R.; Cévennes mér., R., 95o-1.48o mètres ! Vivarais, R. ; Aubrac (?) ; Auvergne ; Forez.

Polygonatum verticillatum (L.) All. — AC.; Cévennes mér., AC., 900-1.48o mètres !, etc.

Crocus albiflorus Kit. *(C. vernus* All.). — AC.; Cévennes mér., AR., 1.000-1.68o mètres ! Vivarais, au-dessus de 900 mètres, etc., jusqu'au Forez et au Pilat.

— *nudiflorus* Sm. — RR. ; Cévennes mér. (v. p. 215).

Orchis globosus L. — RR.; Vivarais, R. ; Auvergne : Cantal.

— *sambucinus* L. — AC.; Cévennes mér., 8oo-1.6oo mètres ! Vivarais, 7oo-1.7oo mètres, etc.

Cœloglossum albidum (L.) Hartm. — AR.; Cévennes mér., RR.; 1.2oo-1.3oo mètres ; Vivarais, 1.6oo-1.7oo mètres ; Aubrac ; Auvergne ; Forez ; Pilat.

— *viride* (L.) Hartm. — AC.; Cévennes mér., AC., au-dessus de 1.100 mètres ! Vivarais, 9oo-1.6oo mètres, etc.

Cypripedium Calceolus L. — RR.; Cévennes mér., en trois localités, sur les flancs du Causse Noir et Causse Méjean, entre 65o et 75o mètres.

Gymnadenia odoratissima (L.) Rich. — R.; Cévennes mér., RR., 1.000 mètres ! Vivarais, au-dessus de 1.2oo mètres ; Pilat ; Auvergne, RR. ; Côte-d'Or.

Listera cordata (L.) R. Br. — R.; Vivarais ; Pilat ; Auvergne ; Forez ; caractéristique de l'association du sapin.

Epipogium aphyllum (Schmidt) Sw. — RR.; Vivarais (la Sapette, sec. Saint-Lager).

Thesium alpinum L. — AC.; Cévennes mér., au-dessus de 75o mètres ! Vivarais, au-dessus de 1.000 mètres, etc., jusqu'au Pilat et à la Côte-d'Or.

Polygonum Bistorta L. — C.; Cévennes mér., 7oo-1.66o mètres ! Vivarais, au-dessus de 700 mètres, etc.

Rumex arifolius All. — AR.; Cévennes mér. ; Aigoual, 1.42o mètres ! Mont Lozère (Coste) ; Vivarais, au-dessus de 1.000 mètres ; Aubrac ; Auvergne ; Forez.

— *alpinus* L. — R.; Mont Lozère (Coste) ; Vivarais, au-dessus de 1.3oo mètres ; Aubrac (sec. Bras) (?) ; Auvergne, 1.05o-1.8oo mètres ! Forez.

Salix appendiculata Vill. (*S. grandifolia* Ser.). — RR.; uniquement au Suc-de-Bauzon, 1.45o mètres, dans le Vivarais.

Minuartia [*Alsine*] *liniflora* (L.) Schinz et. Thell. — R.; Cévennes mér., bordure calcaire et Causses, entre 5oo et 1.000 mètres environ ; Vivarais : Etheise (Ardèche) (Saint-Lager), à rechercher dans cette dernière localité.

Minuartia Diomedis Br.-Bl. — RR.; Cévennes mér. (v. p. 219).

Moehringia muscosa L. — R.; Cévennes mér. et Causses, 850-1.400 mètres!
Vivarais, 1.400 mètres; Margeride (près de Saugues, Coste); Pilat.

Dianthus cæsius Sm. — RR.; sommets de l'Auvergne (Cantal et Monts
Dore), de 1.600 à 1.870 mètres (au Sancy!).

Thalictrum aquilegifolium L. — AR.; Mont Lozère (manque plus à l'Ouest);
Vivarais, 900-1.700 mètres; Margeride; Aubrac; Auvergne!;
Forez (?).

Trollius europæus L. — AC.; Cévennes mér., à l'Aigoual et au Mont Lozère,
R., 1.100-1.500 mètres! Vivarais, 700-1.700 mètres, etc.

Ranunculus aconitifolius L. — CC.; Cévennes mér., au-dessus de 750 mètres! Vivarais, 800-1.700 mètres, etc.

Aconitum Anthora L. — RR.; Aubrac, près du lac de Saint-Andéol,
1.250 mètres (Coste, *in litt.*).

— *Napellus* L. — AR.; Cévennes mér., R. (Aigoual, 1.280-1.390 m.! Mont
Lozère [Coste]); Vivarais, au-dessus de 1.200 mètres; Aubrac;
Auvergne; Forez; Morvan.

— *Lycoctonum* L. — AC.; Cévennes mér., AR., 600-1.480 mètres! Vivarais, au-dessus de 1.200 mètres, etc.

Corydalis intermedia (Ehrh.) Gaud. (*C. fabacea* Pers.). — RR.; Cévennes
mér., à l'Aigoual, 1.400-1.450 mètres! — Roche d'Ajoux, dans le
Lyonnais (Cariot), douteux d'après Saint-Lager.

Arabis brassicæformis Wallr. (*A. pauciflora* [Grimm] Garcke). — RR.;
Cévennes mér. calcaires et Causses, 500-1.100 mètres!

— *alpina* L. — RR.; Cévennes mér. et Causses, 300-900 mètres; sommets
de l'Auvergne! Espèce subalpine-alpine, s'élève à 3.300 mètres dans
les Alpes.

Draba aizoides L. — RR.; Cévennes mér. (Causses), 700-1.000 mètres environ [var. *saxigena* (Jord.)]; Auvergne: Cantal [var. *alpina* Koch sec.
Rouy]; Côte-d'Or.

Thlaspi brachypetalum Jord. — AC.; Cévennes mér., C., 800-1.500 mètres;
Vivarais, etc.

Kernera saxatilis (L.) Rchb. — RR.; Cévennes mér. et Causses, entre 500-
1.400 mètres!

Sedum Anacampseros L. — RR.; Forez, vers Pierre-sur-Haute (l'abbé Charbonnel, en 1900 [*in litt.*], détermination confirmée par l'abbé
Coste).

— *annuum* L. — AC.; Cévennes mér., 950-1.510 mètres! Vivarais,
1.000-1.700 mètres, etc.

Sempervivum arachnoideum L. — AR.; Cévennes mér., AR., environ
900-1.680 mètres! Vivarais, 1.000-1.500 mètres; Margeride; Aubrac;
Auvergne.

Saxifraga rotundifolia L. — AR.; Cévennes mér., environ 1.100-1.400 mètres;
Vivarais, au-dessus de 1.000 mètres; Aubrac; Auvergne, jusqu'à
1.810 mètres au Sancy!

— *cuneifolia* L. — RR.; Mont Lozère, abondant au bois des Armes, près
de Costeslades, 1.200-1.400 mètres (auct. plur.!), rare sur le versant
Sud, entre Gourdouze et Pierrefroide, dans la forêt de hêtre, à
1.250 mètres!

Ribes petræum Wulf. — AR.; Cévennes mér., R., environ 1.300-1.450 mètres!

(Aigoual et Mont Lozère) ; Vivarais, au-dessus de 1.000 mètres ;
Aubrac ; Auvergne, au-dessus de 960 mètres ! ; Forez ; Monts du
Lyonnais.

Rosa pendulina L. *(R. alpina* L.). — AC. ; Cévennes mér., 940-1.600 mètres !,
etc.

— *glauca* Vill. — AC. ; Cévennes mér., R., 1.000 mètres ! Vivarais, 900-
1.200 mètres, etc.

— *coriifolia* Fries — AC. ; Cévennes mér., R., 1.100-1.200 !, etc.

— *rubrifolia* Vill. — AR. ; Cévennes mér., AR., 1.000-1.400 mètres !
(Aigoual, Mont Lozère) ; Vivarais ; Aubrac ; Auvergne.

— *villosa* L. — AR. ; Cévennes mér. : au Mont Lozère ; Vivarais, 900-
1.200 mètres ; etc.

Rubus saxatilis L. — AC. ; Cévennes mér., RR. (Causses, Mont Lozère) ;
moins rare ailleurs.

Potentilla caulescens L. — RR. ; Causses des Cévennes mér., 600-1.000 mètres !

Alchemilla pallens Buser — AC. ; Cévennes mér., au-dessus de 850 mètres, etc.

— *conjuncta* Bab. — R. ; Vivarais, etc. ?

— *saxatilis* Buser — AC. ; Cévennes mér., 600-1.700 mètres ! Vivarais,
900-1.750 mètres, etc.

— *basaltica* Buser — AR. ; Vivarais, au-dessus de 1.200 mètres ;
Auvergne, au-dessus de 1.400 mètres ! (1).

Cotoneaster integerrima Medik. — AR. ; Cévennes mér. : Aigoual, 1.200-
1.500 mètres ! Causses, dès 600 mètres ! Mont Lozère ; Vivarais,
1.500-1.750 mètres ; Velay ; Auvergne.

Sorbus Chamæmespilus (L.) Crantz — R. ; Mont Lozère, 1.400-1.500 mètres !
Vivarais ; Auvergne ! Forez.

Trifolium spadiceum L. — AC. ; Cévennes mér., C., 950-1.520 mètres !
Vivarais, au-dessus de 1.000 mètres ; Margeride ; Aubrac ; Auvergne ;
Forez ; Pilat !

Geranium phæum L. — R. ; Aubrac (Coste) ; Vivarais ; C., en Auvergne.

Hypericum Richeri Vill. — RR. ; Vivarais, au Mézenc, pentes Nord et W.
; et montagne de l'Ambre.

Hypericum maculatum Crantz *(H. quadrangulum* auct.). — AC. ; Cévennes
mér. : RR., Aigoual, à Montals, 1.300 mètres ! Mont Lozère (Coste) ;
Vivarais, au-dessus de 1.000 mètres, etc.

Viola biflora L. — RR. ; Auvergne, R. (Monts Dore) ; Forez (d'Alverny).

— *lutea* Huds. — AC. ; Cévennes mér. (Montagne Noire, Espinouse, Mont
Lozère) ; Vivarais, 900-1.700 mètres, etc. Peut-être variété du
suivant.

— *sudetica* Willd. — AC. ; Cévennes mér. ; Vivarais, 900-1.700 mètres,
etc., jusqu'au Pilat et au Forez.

Epilobium alpestre (Jacq.) Krock. — RR. ; Auvergne (Monts Dore, au-dessus
de 1.200 m. ! Cantal) ; Forez.

— *Duriæi* Gay — RR. ; Aubrac, Auvergne, Forez (v. p. 219).

Circæa alpina L. — AR. ; Cévennes mér. : Aigoual, R., 1.000-1.450 mètres !
Mont Lozère (Coste) ; Aubrac ; Auvergne ; Forez ; Pilat.

---

(1) La répartition des *Alchemilla colorata* Bus., *A. Velleri* Bus., *A. coriacea*
Bus., *A. straminea* Bus., *A. alpestris* Schmidt, etc., dans le Massif Central,
n'est pas suffisamment connue.

Circæa intermedia Ehrh. — AC. ; Cévennes mér., R., environ 1.000-
1.200 mètres ; Vivarais, au-dessus de 1.000 mètres, etc.

Astrantia major L. — R. ; Vivarais (Lamotte) ; Auvergne, C. ; Forez.

Bupleurum longifolium L. — RR. ; Auvergne (Monts Dore et Cantal) ;
Forez (Héribaud).

— *ranunculoides* L. — R. ; Cévennes mér., 600-900 mètres environ
[var. *cebennense* Rouy] ; Vivarais, vers 1.740 mètres ; Auvergne
(Monts Dore, Cantal).

Chærophyllum aureum L. — C. ; Cévennes mér., environ 200-1.100 mètres !
Vivarais, 1.000-1.600 mètres, etc.

— *hirsutum* L. ssp. *Villarsii* (Koch) Briq. — R. ; Auvergne (Monts
Dore, Cantal) ; Forez.

Athamanta cretensis L. — RR. ? Cévennes mér. (Causses), 600-1.050 mètres !

Peucedanum Ostruthium (L.) Koch — AC. ; Cévennes mér., 1.000-
1.500 mètres environ !, etc.

Laserpitium Siler L. — RR. ; Cévennes mér. : Montagne Noire et Causses,
400-1.000 mètres !

Pyrola uniflora L. — AR. ; Cévennes mér., R., 900-1.100 mètres ! Velay ;
Langogne (Lozère) ; Forez (Mont Semionne, Cunlhat).

Arctostaphylos Uva-ursi (L.) Spreng. — AR. ; Cévennes mér. et Causses,
C., 700-1.100 mètres ; Vivarais, au-dessus de 1.400 mètres ; Auvergne
(Monts Dore, Cantal).

Vaccinium Vitis-idæa L. — AC. ; Cévennes mér., R., 1.200-1.400 mètres !
(Mont Lozère, Aigoual) ; Vivarais, RR., 1.100 mètres ; Margeride ;
Aubrac, R. ; Auvergne ; Forez ; Pilat ; Monts du Lyonnais.

— *uliginosum* L. — AC. ; Cévennes mér., R., 1.350-1.680 mètres (Aigoual
et Mont Lozère) ; Vivarais, au-dessus de 1.200 mètres, etc., jusqu'au Forez.

Gentiana lutea L. — AC. ; Cévennes mér., C., 650-1.600 mètres ! Vivarais,
au-dessus de 900 mètres, etc.

—. *verna* L. — RR. : Auvergne (Monts Dore !, Cantal).

— *campestris* L. — C. ; Cévennes mér., au-dessus de 1.000 mètres ! Vivarais, au-dessus de 900 mètres, etc.

Polemonium cœruleum L. — RR. ; Auvergne, R. (Monts Dore et Cantal) ;
Vivarais, plusieurs localités.

Pulmonaria azurea Bess. — R. ; Tarn sec. Rouy ; Vivarais ; Forez ; Auvergne,
au-dessus de 1.200 mètres, jusqu'à 1.800 mètres au Sancy !

Myosotis silvatica (Ehrh.) Hoffm. — C. ; Cévennes mér., au-dessus de
700 mètres ; Vivarais, au-dessus de 500 mètres, etc.

Ajuga pyramidalis L. — R. ; Auvergne (Monts Dore et Cantal), au-dessus
de 1.200 mètres !

Stachys alpinus L. — C. ; Cévennes mér., R., 720-1.100 mètres !, etc.

Scutellaria alpina L. — RR. ; Vivarais : entre Villefort et les Vans, aux Vans
200 mètres, rocailles calcaires du Coiron 600 mètres, entre Ves-
seaux et Pramailhet, Païolive, Saint-Jean-de-Centenier.

Erinus alpinus L. — RR. ; Cévennes mér. : massif de l'Aigoual et Causses,
AR., 450-1.260 mètres !

Scrophularia alpestris J. Gay — RR. ; Cévennes mér., Aubrac (v. p. 216).

Tozzia alpina L. — RR. ; Auvergne : Cantal, en plusieurs localités.

Veronica latifolia L. em. Scop. — RR. ; Auvergne : Cantal, en plusieurs localités.

Pedicularis comosa L. — AR. ; Cévennes mér., 1.100-1.540 mètres ! Vivarais, au-dessus de 1.200 mètres ; Aubrac (entre Nasbinals et Marchastel, Coste) ; Auvergne.

— *foliosa* L. — R. ; Auvergne : Monts Dore, au-dessus de 1.050 mètres ! Cantal ; Forez.

Euphrasia salisburgensis Funk — AR. ; Cévennes mér., 700-1.250 mètres ! Vivarais, Auvergne (Monts Dore, Cantal), etc. ?

Pinguicula vulgaris L. ssp. *leptoceras* Rchb. — AR. ; Vivarais ; Auvergne ; Forez ; etc. ?

— *longifolia* Ram. — RR. ; Cévennes mér. ; Auvergne (v. p. 219).

Globularia cordifolia L. — RR. ; Cévennes mér. : plusieurs localités dans la vallée de la Jonte, rochers aux environs de Mende.

— *nana* Lamk. — RR. ; Cévennes mér. (v. p. 216).

Lonicera nigra L. — AC. ; Cévennes mér., 1.050-1.480 mètres !, etc.

— *alpigena* L. — AC. ; Cévennes mér. : Aigoual; RR., 1.380 mètres ! Mont Lozère,-etc.

— *cœrulea* L. — RR. ; Vivarais, plusieurs localités, vers 1.300 mètres.

Valeriana tripteris L. — AC. ; Cévennes mér., 650-1.550 mètres ! Vivarais, au-dessus de 1.000 mètres, etc.

Phyteuma orbiculare L. — AC. ; Cévennes mér., 400-1.100 mètres ! Vivarais, au-dessus de 800 mètres, etc.

Campanula recta Dulac (*C. linifolia* Lamk. et auct. non Scop.). — AC. ; Cévennes mér,, au-dessus de 1.100 mètres ! Vivarais, 1.100-1.700 mètres, etc. En Auvergne, jusqu'à 1.800 mètres au Sancy !

— *latifolia* L. — R. ; Auvergne (Monts Dore, Cantal) ; Venzac (Aveyron) (Coste et Soulié, 1897).

Adenostyles Alliariæ (Gouan) Kern. — AC. ; Cévennes mér., au-dessus de 770 mètres ! etc.

Petasites albus (L.) Gärtn. — AC. ; Cévennes mér., 1.000-1.400 mètres ! etc.

Arnica montana L. — AC. ; entre 1.150 et 1.560 mètres, dans le massif de l'Aigoual ! Vivarais, au-dessus de 1.000 mètres, etc.

Achillea pyrenaica Sibth. — AR. ; Cévennes mér. ! Aubrac ; Auvergne ! (v. p. 220).

Doronicum austriacum Jacq. — AC. ; Cévennes mér., 940-1.520 mètres ! etc.

Senecio Cacaliaster Lamk. — AC. ; manque aux Cévennes mér., à l'Ouest du Mont Lozère, ainsi qu'au Vivarais. En moyenne entre 1.000 et 1.700 mètres ; descend le long des cours d'eau jusqu'à 500 mètres (Lamotte).

Carlina acaulis L. — RR. ; Cévennes mér., au Pic de Nore dans la Montagne Noire (Pagès). Seule localité connue dans le Massif Central (Pyrénées, Alpes, Jura, Vosges, etc.).

Carduus Personata (L.) Jacq. — RR. ; Auvergne (Monts Dore et Cantal).

Cirsium rivulare (Jacq.) All. — AR. ; Cévennes mér.,.RR. : Mont Lozère ; Vivarais ; Velay ; près de Mende et Marvejols ; Aubrac ; Auvergne, au-dessus de 1.000 mètres !

— *Erisithales* (Jacq.) Scop. — AC. ; Cévennes mér., R. : Aigoual, 980-1.100 mètres ! Mont Lozère ; Vivarais, 900-1.700 mètres, etc.

Cicerbita [*Sonchus*] *Plumieri* (L.) Kirschl. — AC. ; Cévennes mér., R., jusqu'à 1.410 mètres ! Vivarais, au-dessus de 1.200 mètres, etc.

Cicerbita alpina (L.) Wallr. — RR. ; Auvergne (Monts Dore, Cantal) ; Forez.

Crepis paludosa (L.) Mönch — C. ; Cévennes mér., 850-1.440 mètres ! Vivarais, au-dessus de 1.000 mètres, etc.

— *mollis* (Jacq.) Aschers. *(C. succisifolia* [All.] Tausch). — AC. Cévennes mér., RR. : Mont Lozère ; Aigoual (Lamotte) ; Vivarais, au-dessus de 1.100 mètres ; Aubrac ; Auvergne ! Forez.

— *lampsanoides* (Gouan) Fröl. — RR. ; Auvergne (v. p. 218).

Hieracium Peleterianum Mérat — AR. ; Cévennes mér., AC., 850-1.560 mètres ! Auvergne (Monts Dore, Cantal), etc. ?

— *pallidum* Biv. — AC. ; Cévennes mér., 500-1.560 mètres !, etc.

— *saxatile* Vill. — RR. ; Cévennes mér., calcaires et Causses, 700-1.100 mètres !

— *amplexicaule* L. — AC. ; Cévennes mér., 450-1.400 mètres ! Vivarais, au-dessus de 1.000 mètres, etc.

— *vogesiacum* Moug. — R. ; Cévennes mér., RR. (?) ; Auvergne.

— *subalpinum* A.-T. — RR. ; Cévennes mér., au bois de Salbouz (Martin in hb. Montpellier).

— *juranum* (Gaud.) Fries — R. ; Cévennes mér. : Mont Lozère, au bois de la Berque (Coste) ; Margeride, près de Saugues (Coste) ; Auvergne.

— *lanceolatum* Vill. — R. ; Vivarais, vers 1.740 mètres ; Auvergne ; Forez.

— *prenanthoides* Vill. — RR. ; Auvergne (Héribaud, 1915).

— *lactucifolium* A.-T. — RR. ; Lozère, près de Mende (Prost), à rechercher.

— *lycopifolium* Fröl. — RR. ; Anduze (de Pouzolz), à rechercher.

— *onosmoides* Fries — AR. ; Vivarais ; Aveyron ; Auvergne ; Forez.

— *pyrenæum* Rouy — RR. ; Cévennes mér. (v. p. 217).

Nous n'avons mentionné dans la liste précédente ni les espèces boréales et méditerranéo-montagnardes déjà énumérées ailleurs (chap. III), ni celles plus ou moins montagnardes dans le Midi, mais assez répandues dans les plaines de l'Europe moyenne. Beaucoup de ces dernières partagent dans les parties méridionales du Massif Central les exigences des végétaux orophiles, restant cantònnées dans le climat plus ou moins océanique de la montagne.

La plupart des végétaux subalpins montrent d'ailleurs une dépendance assez étroite vis-à-vis de l'étage climatique des brouillards persistants, qu'ils aident à caractériser au point de vue biologique.

Leur répartition géographique révèle quelques faits intéressants qui ressortiront mieux encore par leur rapprochement avec les résultats de l'examen des espèces alpines.

L'*Auvergne* (massifs du Cantal et des Monts Dore) possède la flore subalpine de beaucoup la plus variée. En Auvergne seul on rencontre :

Dianthus cæsius Sm.
Gentiana verna L.
Tozzia alpina L.
Veronica latifolia L.
Carduus Personata (L.) Jacq.

Campanula latifolia L.
Crepis lampsanoides (Gouan) Fröl.
Hieracium prenanthoides Vill.
— sonchoides A.-T.

L'*Auvergne* et le *Forez* ont en commun :

Athyrium alpestre (Hoppe) Nyl.
Pinus montana Mill.
Viola biflora L.
Epilobium alpestre (Jacq.) Krock.

Bupleurum longifolium L.
Pedicularis foliosa L.
Cicerbita alpina (L.) Wallr.

qui manquent ailleurs sur le Plateau Central.

En *Auvergne*, dans l'*Aubrac* et le *Vivarais* s'observe le *Geranium phæum* ; en *Auvergne* et au Mézenc *(Vivarais)* l'*Orchis globusus* ; en *Auvergne* et dans les *Cévennes méridionales* sont . *Asplenium viride, Draba aizoides Arabis alpina, Pinguicula longifolia;* en Auvergne, dans le Forez et le Vivarais : *Astrantia major* et *Hieracium lanceolatum.*

Seule, une trentaine d'espèces subalpines se rencontrent ailleurs dans le Massif Central et manquent à l'Auvergne. Parmi celles-ci quatre ou cinq sont cantonnées dans les montagnes du Haut Vivarais : *Salix appendiculata, Alchemilla conjuncta (?), Hypericum Richeri, Scutellaria alpina, Lonicera cærulea.* Le magnifique *Paradisia Liliastrum* embellit les pelouses du Mézenc (Vivarais) et de l'Aigoual ; *Sedum Anacampseros* a été trouvé jusqu'ici uniquement à Pierre-sur-Haute dans le Forez. Les rochers granitiques des bois montagneux du Mont Lozère sont ornés du *Saxifraga cuneifolia*, qui a ici ses seules localités entre les Alpes centrales et les Pyrénées. Il paraît en être de même du *Luzula luzulina. Aconitum Anthora* fut découvert, il y a peu d'années, par M. Charrier, dans l'Aubrac. Il habite d'un côté le Jura et les Alpes, de l'autre les Pyrénées. *Crocus nudiflorus* et *Scrophularia alpestris* sont dans les Cévennes méridionales et dans l'Aubrac.

Mais le *plus grand nombre d'espèces subalpines particulières à un seul massif* se trouvent dans les Cévennes les plus méridionales à l'Ouest du Mont Lozère, y compris les Causses. Elles sont au nombre de vingt-deux.

Calamagrostis varia (Schrad.) Host
Stipa Calamagrostis (L.) Wahl.
Agrostis Schleicheri Jord.
Carex brachystachys Schrank
Lilium pyrenaicum Gouan
Fritillaria pyrenaica L.
Cypripedium Calceolus L.
Minuartia liniflora (L.) Sch.. et Th.
— Diomedis Br.-Bl.
Corydalis intermedia (Ehrh.) Gaud.
Arabis brassicæformis Wallr. -

Kernera saxatilis˜ (L.) Rchb.
Potentilla caulescens L.
Athamanta cretensis L.
Laserpitium Siler L.
Erinus alpinus L.
Globularia cordifolia L.
— nana Lamk.
Carlina acaulis L.
Hieracium subalpinum A.-T.
— saxatile Vill.
— pyrenæum Rouy

Parmi ces vingt-deux espèces, cinq, franchement pyrénéennes, sont évidemment dues à une immigration des Pyrénées, relativement proches (Lilium pyrenaicum, Fritillaria
pyrenaica, Minuartia Diomedis, Globularia nana, Hieracium
pyrenæum). Une (Hieracium saxatile) a dans les Cévennes
ses localités uniques entre les Alpes et les Pyrénées. Les autres,
absentes partout ailleurs sur le Plateau Central, se retrouvent,
sans exception, dans le Jura franco-suisse (1).

Une conclusion assez inattendue se dégage de ces faits de
répartition paradoxale en apparence : La flore subalpine des
Cévennes méridionales a des rapports plus étroits avec celle du
Jura qu'avec celle de l'Auvergne. Pourtant les sommets de
l'Auvergne se dressent à 50 kilomètres à peine plus au Nord et
se rattachent de près aux Cévennes par l'Aubrac et la Margeride, tandis que le Jura, situé à 200 kilomètres au Nord-Est,
en est séparé par la large et profonde dépression du Rhône.

Passant en revue les dix-sept espèces cébenno-jurassiques, on
constate que quatorze d'entre elles sont calcicoles absolues,
faisant partie, pour la plupart, de l'association rupicole à
Potentilla caulescens et Saxifraga cebennensis (v. Br.-Bl., 1915).
Arabis brassicæformis, Corydalis intermedia, et Carlina acaulis
sont indifférents. La migration des calcicoles à travers le
Massif Central, surtout siliceux et volcanique, aurait donc rencontré de grandes difficultés (v. esquisse géol., p. 51).

La seule communication plus ou moins continue entre les

(1) D'autre part, 19 espèces subalpines des Cévennes, à l'Ouest du Mont
Lozère, manquent dans le Jura. Ce sont, outre les 6 espèces citées ci-dessus :
Allosurus, Sempervivum arachnoideum, Alchemilla saxatilis, Trifolium spadi-
ceum, Viola lutea, V. sudetica, Scrophularia alpestris, Pedicularis comosa,
Campanula recta, Achillea pyrenaica, Doronicum austriacum, Hieracium Pele-
terianum, H. pallidum, presque toutes calcifuges.

montagnes calcaires du Languedoc et le Jura est réalisée par les Préalpes occidentales, depuis la Valdaine (Drôme) jusqu'au Bugey, promontoire méridional du Jura. Par le fameux défilé de Donzère, où les calcaires compacts du Crétacé s'approchent des deux côtés resserrant le Rhône, le raccord s'établit entre les Cévennes et les Préalpes calcaires. A moins de 100 mètres d'altitude se sont installés ici : *Stipa Calamagrostis, Silene saxifraga, Centranthus angustifolius* et aussi *Juniperus Sabina, Sorbus Aria, Rhamnus alpina, Cotinus Coggygria*.

Le défilé de Donzère a certainement joué un rôle important dans les migrations des flores, en particulier comme passage pour les espèces calcicoles entre les Alpes et les Pyrénées. Peut-être peut-on considérer, comme un dernier témoin de cette communication aujourd'hui rompue, les quelques tapis de *Globularia cordifolia*, découverts sur une petite colline de la plaine de Montélimar entre Montboucher et Espeluche (180 m. environ). La plante paraît n'y point fleurir et se maintient péniblement en lutte avec une flore de caractère purement méditerranéen *(Avena bromoides, Coris monspeliensis, Stæhelina dubia*, etc. !). Elle réapparaît abondamment de 25 à 30 kilomètres plus loin sur les escarpements taillés à pic des premiers contreforts alpins (à Saou 385 m.) en compagnie des *Stipa Calamagrostis, Kernera, Draba aizoides, Potentilla caulescens, Ononis cenisia, Athamanta cretensis, Laserpitium Siler, Erinus alpinus, Scabiosa lucida* et d'autres plantes subalpines !

La répartition géographique des dix-sept espèces cébenno-jurassiques présente d'ailleurs une remarquable analogie. Des Cévennes elles sautent aux Préalpes calcaires qu'elles longent, en général, sans interruption notable jusqu'au Jura suisse. *Asplenium fontanum, Stipa Calamagrostis, Cypripedium Calceolus, Kernera saxatilis, Athamanta cretensis, Laserpitium Siler, Carlina acaulis* se retrouvent même dans le Jura souabe.

Par leurs rapports phylogéniques la plupart de ces espèces témoignent d'une origine méridionale ; elles sont de souche méditerranéenne. L'*Athamanta* en est l'expression la plus significative. Des neuf espèces méditerranéennes du genre, *A. cretensis* est la seule, qui se soit complètement adaptée aux conditions de vie alpines; elle s'élève dans les Alpes du Tessin jusqu'au delà de 2.600 mètres ! *Erinus alpinus* atteint 2.200 mètres

dans les Alpes suisses ; dans les Pyrénées nous l'avons observé
jusqu'à 2.650 mètres (Cap Latus !). Il se retrouve dans les
montagnes de l'Espagne, des îles Baléares, de la Sardaigne, de
l'Algérie. *Potentilla caulescens*, d'un groupe essentiellement
méditerranéo-montagnard, habite les rochers montagneux
depuis l'Espagne jusqu'aux Balkans ; il est aussi en Sardaigne,
en Sicile, dans le Djurdjura, et s'élève à 2.600 mètres dans les
Alpes rhétiques.

C'est d'ailleurs un fait assez général que les espèces cébenno-
jurassiques montent assez haut dans les Pyrénées et les Alpes ;
quelques-unes frôlent l'étage nival, dépassant 2.800 mètres en
Suisse *(Kernera, Globularia cordifolia)*. La présence de la plupart d'entre elles dans les Cévennes remonte certainement au
delà de l'époque quaternaire; elles appartiennent à la flore méditerranéo-montagnarde de vieille souche qui a dû peupler les
montagnes sur le pourtour de la Méditerranée tertiaire. Leur
distribution actuelle si étendue et si morcelée en fait foi.

Les plantes subalpines et montagnardes répandues dans tout
le Massif Central, réapparaissent pour la plupart non seulement
dans les Vosges et les basses montagnes d'au delà du Rhin,
mais bon nombre se maintiennent même dans les plaines à
climat océanique du Nord et du Nord-Ouest de la France.
Perroud (1884) en cite pour la Normandie : *Nardus stricta,*
Polygonum Bistorta, Aconitum Napellus, Pyrola minor, Vacci-
nium Myrtillus, V. Vitis-idæa, Gentiana campestris, Stachys
alpinus, Phyteuma orbiculare, Antennaria diœca, Doronicum
Pardalianches, etc., à des altitudes inférieures à 200-300 mètres.
Chatin (1887, p. 333) énumère entre autres pour les environs
de Paris : *Poa Chaixii* (1), *Gymnadenia odoratissima, Cœlo-*
glossum viride, Polygonum Bistorta, Dianthus superbus,
Aconitum Napellus, Arnica montana, etc. Du Nord-Ouest au
Sud-Est le niveau inférieur de ces espèces s'élève insensible-
ment. Elles deviennent exclusivement montagnardes au contact
de la région méditerranéenne où elles recherchent en général

(1) Aussi dans les hêtraies, près de Vierzy (Aisne) !

l'ombre et la fraîcheur. M. Gola (1913) a fait une constatation
semblable pour l'Apennin piémontais, Velenovsky (1898, p. 338)
pour les Balkans. La répartition des Muscinées et des Lichens
présente d'ailleurs de nombreux exemples analogues.

La prise de possession par l'homme de surfaces étendues culti-
vables, la transformation de bois en pâturages ou en prairies
semi-artificielles, le pacage abusif et les coupes répétées ont
certainement détruit maintes localités de ces espèces peu
susceptibles de s'accommoder à de nouvelles conditions écologiques. La reconstitution de l'état primitif de la végétation
aurait donc pour conséquence une nouvelle extension au dépens
de la flore ubiquiste des pacages. Dans certains terrains des
Cévennes méridionales rachetés par l'Etat et mis en défens, on
observe, en effet, dès maintenant un développement plus
vigoureux et une nouvelle extension d'espèces subalpines devenues très rares sous le régime pastoral. A l'Aigoual par exemple
*Paradisia Liliastrum, Cœloglossum viride, Pedicularis comosa,
Arnica montana*, etc., seraient ainsi redevenues bien plus
abondantes depuis une trentaine d'années (M. Flahault,
comm. verb.).

B. — LES OROPHYTES ALPINS.

Limite supérieure de la forêt, p. 180; l'étage alpin en Auvergne, p. 181;
pelouse pseudoalpines, p. 183 ; énumération des espèces alpines dans
les Cévennes méridionales, p. 184; dans l'Aubrac et la Margeride, p. 190;
dans le Haut Vivarais, p. 191; au Pilat, p. 192; dans les Monts du
Lyonnais, p. 192 ; dans le Forez, p. 193 ; en Auvergne, p. 194 ; colonies
culminales et colonies des gorges, p. 198; Pic de la Fajeole, p. 198; Puy
de Sancy, p. 200; colonie des gorges de la Jonte, p. 200; disparition
récente d'espèces orophiles, p. 201; problèmes soulevés, p. 202 ; immigration récente par bonds à grande distance improbable, p. 203; flore
orophile du Tertiaire, p. 205; les glaciations quaternaires dans le Massif
Central, p. 208; leur influence sur les migrations des plantes, p. 210;
relations entre la présence de glaciers quaternaires et la richesse en
espèces orophiles, p. 211; irradiation alpigène, p. 212; irradiations
pyrénéennes, p. 214: conditions de migration pendant la période quaternaire, p. 220.

Ce n'est pas sans raison que les montagnes du Massif Central
ont reçu le surnom de « tête chauve de la France ». En effet, le
taux moyen de boisement dans les départements de la Loire,

du Rhône et du Puy-de-Dôme n'est que 12 pour 100 de la surface totale ; celui de la Lozère 12,5 pour 100, celui du Cantal
16 pour 100 (sans compter les châtaigneraies). Mais en 1790
encore on évaluait l'étendue des forêts dans le Puy-de-Dôme à
150.000 hectares, soit 18,75 pour 100 (Reynard, 1908) !

La limite supérieure de la forêt dans notre massif — limite
naturelle — oscille autour de 1.500 mètres. Nulle part elle
n'atteint 1.600 mètres d'altitude.

C'est le hêtre, plus rarement le sapin et hêtre et exceptionnellement le sapin pur qui forment la limite de la forêt. En
contact avec les pâturages cette limite est cependant souvent
artificielle, abaissée par les abus séculaires du pacage, les
coupes et les incendies (v. Pl. IV). Dès lors, il devient difficile de séparer les véritables pelouses alpines des pelouses
« pseudoalpines » gagnées au dépens des bois.

Pour tous ceux qui ont herborisé sur les sommets des Monts
Dore et du Cantal, l'existence d'un étage alpin dans ces massifs
paraît pourtant indiscutable, le grand problème consiste à le
délimiter et à poursuivre la limite dans les détails. A cet effet,
il faudrait se rendre au fond des vallons rocheux peu accessibles de Chaudefour, de l'Enfer, de la Cour, etc., où on trouve
encore des conditions à peu près naturelles. Le hêtre rabougri,
pur ou en mélange avec le sapin, y pénètre en peuplements
serrés jusqu'à sa limite extrême (1.500-1.550 m.). Une étroite
bande de sorbiers *(Sorbus Aria, S. Aucuparia)*, de bouleaux
(Betula tomentosa), de *Prunus Padus*, faible analogue de
l'horizon du pin rampant et de l'aulne vert des Alpes, les
sépare des pelouses et des landes à *Vaccinium*. Au-dessus de
1.550-1.600 mètres règnent partout des associations végétales
arbustives et prairiales de physionomie alpine, caractérisées par
de nombreuses espèces alpines.

Mais qu'on se garde d'approcher l'étage alpin du Massif
Central avec les conceptions acquises dans les Alpes ou les
Pyrénées. Chacun des grands massifs a ses particularités, inti-
mement liées à l'histoire de son passé et aux conditions qui
président l'emplacement des limites biologiques et la subdivision actuelle des étages altitudinaux. Fonction du climat général, indépendant de variations locales et d'influences spéciales
de relief ou de sol, l'étage alpin de l'Auvergne doit son extension

considérable et sa limite très basse (1.550 m.) au régime marin.
Le régime atlantique, particulièrement accentué sur les versants N. et N.-W., et combiné ici à des pluies d'été abondantes,
est la cause principale de l'abaissement de nombreuses limites
biologiques (associations végétales, espèces alpines, cultures,
etc.) en Auvergne (1).

FIG. 10. — Pacages alpins à *Nardus* et Plomb du Cantal (1.858 mètres).

Parmi les groupements végétaux qui caractérisent le mieux
l'étage alpin de l'Auvergne nous citerons : les *Nardeta* à *Trifolium alpinum*, *Plantago alpina*, *Ligusticum 'Mutellina* (voir
fig. 10), les sources moussues à *Mniobryum* et *Philonotis* garnis
de *Sagina saginoides*, *Epilobium nutans*, *Saxifraga stellaris*, les

(1) A l'observatoire du Puy-de-Dôme (1.465 m. d'alt.), les mois d'été (juin,
juillet, août) donnent en moyenne 474,8 mm. d'eau (période de 1879-1905),
pour cinquante-deux jours et demi de pluie. La moyenne annuelle y est de
1.650,3 mm. pour deux cent vingt-cinq jours pluvieux.

combes à neige (en fragments), offrant les *Anthelia, Pohlia commutata, Dicranum falcatum, Salix herbacea, Veronica alpina, Gnaphalium supinum*. *Luzula Desvauxii*, équivalent écologique du L. *spadicea* des Alpes, contribue à la fixation des pentes à éboulis humides, tandis que les « cheminées » et les crêtes rocheuses exposées au N.-N.-W. sont tapissées d'une association très spéciale et endémique à *Saxifraga Lamottei* et *Androsace rosea* qui comprend, en outre, dans les Monts Dore : *Agrostis rupestris, Saxifraga bryoides, Cerastium alpinum, Saxifraga hypnoides, Alchemilla basaltica, A. flabellata, Minuartia verna*, etc. ; des Lichens : *Cetraria islandica, C. cucullata, Solorina crocea*, etc. et de nombreuses Mousses !

Les landes à *Vaccinium uliginosum, V. Myrtillus* et *Calluna*, enrichies de genêts (*Genista pilosa, G. tinctoria* v. *Delarbrei*) aux adrets, d'*Empetrum nigrum* à l'ubac, paraissent constituer ici le groupement climatique final de l'étage alpin. Ces landes répondent à des conditions d'humidité du sol et d'enneigement moyennes. Dans les dépressions, où la neige apportée par le vent s'accumule et se maintient jusqu'en été, elles sont remplacées par le gazon ras du *Nardetum* supportant mieux une couverture de neige prolongée (v. fig. 10).

Nos connaissances actuelles ne permettent pas de nous prononcer d'une façon définitive sur la présence ou l'absence d'un étage alpin dans le Vivarais (Mézenc), au Mont Lozère et dans le Forez. Tout semble indiquer cependant que le sommet du Mézenc (1.754 m.) au moins soit situé bien au-dessus de la limite climatique des forêts.

Dans les massifs moins élevés : Margeride, Aubrac, Aigoual, etc., il n'y a pas d'étage alpin ; la futaie se lance à l'assaut des crêtes principales, et si elle est incapable de s'y installer, c'est uniquement l'influence mécanique et physiologique des vents violents qui l'en empêché. Les terrains déboisés ou dépourvus de végétation forestière sous l'influence du vent sont couverts en partie de landes à *Vaccinium Myrtillus*, à bruyères et genêts (*Calluna, Erica cinerea, Genista purgans, G. sagittalis, G. pilosa, G. anglica*), en partie de Graminées sociales (*Agrostis alba, Deschampsia flexuosa, Festuca spadicea, Nardus stricta*, etc.) Ces pelouses « pseudoalpines » — pour employer le terme introduit par M. Flahault en 1901 — diffèrent cependant

des pelouses alpines d'Auvergne par l'absence ou la rareté
d'espèces alpines et par leurs relations génétiques : leur développement tend toujours vers· la hêtraie, représentant ici
l'association climatique finale.

Nous avons eu l'occasion d'étudier en détail la répartition des
plantes alpines dans les Cévennes méridionales ; c'est par leur
examen que nous commencerons.

Les *Cévennes méridionales* entre la Montagne Noire et le
Mont Lozère comptent vingt-trois Phanérogames et plusieurs
Cryptogames alpines :

1. *Juniperus communis* L. ssp. *nana* (Willd.) Briq. — Crêtes
rocheuses, recouvreur des éboulis siliceux et volcaniques :
Mont Lozère, 1.400-1.680 mètres ! Vivarais, 1.400-1.700 mètres;
Auvergne, 1.200-1.850 mètres !

Pyrénées, entre 1.800 et 2.750 mètres (au Canigou !); Alpes (1.600) 1.800-
3.570 mètres ; Jura. Hautes montagnes de l'Europe, de l'Afrique du Nord,
de l'Asie ; pays boréo-arctiques, jusqu'au Groënland.

2. *Avena montana* Vill. — ·Eboulis et rochers calcaires et
volcaniques : Grand Aigoual, 1.200-1.300 mètres ! Indiqué au
Puy de Wolf (Aveyron) par Bras. Vivarais au Mézenc, 1.300 m.;
Auvergne.

Pyrénées; étages subalpin et alpin, jusqu'à 3.200 mètres, au Vignemale
(Ramond, 1826). Alpes ,occidentales, jusqu'à 2.750 mètres (le Lautaret!).
Sierras de l'Espagne. Atlas.

3. *Poa alpina* L. — Rochers et pelouses pierreuses dès terrains calcaires dans les Causses, environ 730-1.100 mètres
(var. *brevifolia*), manque aux montagnes siliceuses des Cévennes. Auvergne.

Corbières ; Pyrénées, étages subalpin et surtout alpin, jusqu'à 3.200 mètres
(Ramond) ; Alpes, entre (200 m., entraîné par les torrents) 1.200 et 3.600 mètres. Montagnes de l'Europe, Djurdjura et Moyen Atlas ! montagnes de l'Asie ;
contrées boréales, jusqu'au Spitzberg.

4. *Poa violacea* Bell. — Pelouses sèches, rochers ; silicicole.
Répandu à l'Aigoual, 1.150-1.560 mètres ! Mont Lozère.
Vivarais, 1.200-1.700 mètres ; Aubrac ; Margeride ; Auvergne.

Pyrénées, aux étages subalpin et alpin, jusqu'à 2.890 mètres (cf. Gautier) ;
Alpes (1.200) 1.600-2.650 mètres ! Asturies ; Corse ; Apennin ; Carpathes ; Balkans ; Asie Mineure.

5. *Carex frigida* All. — Cévennes méridionales dans l'Espinouse (dès 400-600 mètres, d'après M. Pagès), Massif de l'Aigoual entre 950 et 1.480 mètres! Mont Lozère. Répandu au bord des torrents et des sources ; suintements de rochers, calcifuge.

Pyrénées, étages subalpin et alpin, jusqu'à 2.560 mètres ; Alpes (240) 1.500-2.790 mètres ! Vosges ; Forêt-Noire. Hautes montagnes de l'Europe centrale et méridionale ; Corse ; Ecosse ; Amérique septentrionale.

6. *Juncus trifidus* L. — Massif de l'Aigoual en plusieurs localités entre 1.240 mètres (Comberude !) et de 1.550 mètres ! ; calcifuge tolérant. Mont Lozère, 1.380-1.680 mètres !

Pyrénées, étage alpin, jusqu'à 2.780 mètres, descend rarement à 1.600 mètres. Alpes, entre 1.800 et 3.180 mètres! Accidentellement à 650 mètres dans le Tessin! Hautes montagnes de l'Europe ; Caucase ; Altaï ; territoires boréaux de l'Eurasie et de l'Amérique.

7. *Luzula spicata* (L.) Lam. et DC. — Très abondant dans les pelouses du Massif de l'Aigoual (930-1.560 mètres !) et du Mont Lozère (1.200-1.700 mètres !) ; calcifuge tolérant. Vivarais 1.400-1.700 mètres ; Margeride ; Auvergne.

Pyrénées, jusqu'à 3.000 mètres (Ramond) ; Jura ; Alpes, entre (1.450) 1.800 et 3.600 mètres ; Atlas marocain. Hautes montagnes de l'Eurasie et de l'Amérique boréale. Pays boréo-arctiques, jusqu'au Groënland.

8. *Minuartia (Alsine) recurva* (All.) Schinz et Thell. (non *Alsine Thevenæi* Reuter). — Mont Lozère : rochers granitiques et couloirs gazonnés du Malpertus, 1.500-1.600 mètres ! ; calcifuge.

Pyrénées, environ 1.800-2.900 mètres ; Alpes, 1.700-3.165 mètres. Hautes montagnes de l'Europe ; Caucase.

9. *Minuartia (Alsine) verna* (L.) Hiern — Montagnes de l'Aveyron : Sébazac près de Rodez (Revel), Lioujas (Bras), Gages. Sommets du Forez (Héribaud) et de l'Auvergne, environ 1.000 jusqu'à 1.800 mètres (Sancy !).

Pyrénées, surtout à l'étage alpin, s'y élève à 2.850 mètres ; Alpes, entre 1.600 et 3.310 mètres (Findelen-Rothorn !), accidentellement à 270 mètres, près de Bozen. Montagnes de l'Europe ; Corse ; Sicile ; Algérie ; pays boréaux de l'Eurasie.

10. *Cardamine resedifolia* L. — Fréquent dans le Massif de l'Aigoual, entre 850 et 1.560 mètres ! Mont Lozère ! Vivarais, 1.100-1.700 mètres ; Margeride, rare (forêt de Mercoire, Coste) ; Auvergne, 1.000-1.800 mètres, calcifuge ! .

Pyrénées, étages subalpin et surtout alpin, jusqu'au-dessus de 3.000 mètres; Alpes, rarement au-dessous de 1.500 mètres, s'élève à 3.500 mètres. Hautes montagnes de l'Europe centrale et méridionale.

11. *Sedum alpestre* Vill. — Graviers granitiques et rochers siliceux et volcaniques : Mont Lozère, 1.350-1.650 mètres ! Vivarais au-dessus de 1.200 mètres ; Auvergne, environ 1.400-1.840 mètres !

Etages subalpin et surtout alpin des Pyrénées ; Alpes (750) 1.700-3.500 mètres. Montagnes de l'Europe centrale et méridionale, de la Corse aux Sudètes ; Balkans ; Asie Mineure.

12. *Saxifraga stellaris* L. — Bords de sources fraîches, indifférent : Mont Lozère, 1.100-1.400 mètres ! Vivarais, 900-1.700 mètres ; Aubrac ; Margeride ; Auvergne, 1.050-1.830 mètres !

Pyrénées, surtout à l'étage alpin; Alpes (800) 1.300-3.000 mètres; Vosges. Montagnes de l'Eurasie; circumpolaire, pénètre jusqu'à 81°50' l. bor.

13. *Saxifraga Aizoon* Jacq. — Répandu à l'Aigoual, entre 1.100 et 1.540 mètres ! Très rare dans l'Espinouse, 800-950 mètres (Pagès). Vivarais, 900-1.500 mètres ; Aubrac ; Margeride ; Auvergne, environ 750 jusqu'à 1.870 mètres (Sancy !).

Corbières, à partir de 550 mètres; Pyrénées, surtout à l'étage alpin, jusqu'au-dessus de 2.800 mètres; Alpes, surtout fréquent à l'étage alpin, s'élève à 3.415 mètres (Findelen-Rothorn !) et descend à 230 mètres dans le Tyrol; Jura; Vosges. Montagnes de l'Eurasie; territoires boréaux de l'Eurasie et de l'Amérique.

14. *Alchemilla alpina* L. em. Buser (vera). — Cévennes mér. Aigoual, au-dessus de 1.300 mètres, rare ! Vivarais, vers 1.700 mètres ; Auvergne (1).

Pyrénées centrales (sec. Rouy et Fouc.) ; Alpes, s'élève à 2.650 mètres ! Iles britanniques, Faër-Oer, Islande, Scandinavie, Finlande et Russie arctiques, Groënland.

15. *Trifolium alpinum* L. — Massif de l'Aigoual, abondant par endroits, entre 1.330 et 1.560 mètres ! Mont Lozère, abon-

---

(1) *Alchemilla demissa* Buser (Aigoual, au-dessus de 1.400 mètres ; Vivarais, etc. ?), dont la répartition n'est pas assez bien connue, devrait probablement être mentionné à cette place.

dant ; calcifuge. Vivarais, vers 1.700 mètres ; Aubrac ; Forez ;
Auvergne, au-dessus de 1.400 mètres !

Pyrénées, surtout à l'étage alpin, s'élève à 2.600 mètres ! Alpes, rarement
au-dessous de 1.600 mètres, exceptionnellement à 1.000 mètres; s'élève à
3.100 mètres. Apennin.

16. *Trifolium badium* Schreb. — Mont Lozère (Prost, etc.).
Auvergne, assez rare au-dessus de 1.050 mètres (Vallée des
Bains !).

Pyrénées; Alpes (600) 1.000-3.000 mètres; Jura. Hautes montagnes de
l'Europe centrale et méridionale, des Pyrénées aux Balkans.

17. *Potentilla aurea* L. — Mont Lozère, pas rare (Coste).
Vivarais, vers 1.600 mètres ; Aubrac, 1.200-1.470 mètres
(Coste) ; Margeride (Coste) ; Pilat ; Forez ; Auvergne, 1.050-
1.880 mètres !

Surtout à l'étage alpin ; Alpes, rarement au-dessous de 1.200 mètres, s'élève
à 3.255 mètres ! Jura ; Montagnes, des Pyrénées aux Balkans.

18. *Epilobium alpinum* L. — Massif de l'Aigoual en deux
localités, vers 1.420 mètres !, calcifuge. Vivarais au Mézenc,
rare ; Forez ; Auvergne.

Pyrénées, surtout à l'étage alpin ; Alpes, entre 1.800 et 2.900 mètres, exceptionnellement à 1.300 mètres; Haut-Jura, rare ; Vosges. Montagnes de l'Eurasie ; pays boréaux et arctiques, jusqu'au Groënland.

19. *Veronica fruticans* Jacq. *(V. saxatilis* Scop.). — Rochers
siliceux du Massif de l'Aigoual, assez rare entre 1.200 et
1.540 mètres ! Peu de localités dans les Monts Dore d'Auvergne
au-dessus de 1.600 mètres !

Pyrénées, surtout à l'étage alpin, s'élève à 2.870 mètres (Pic du Midi)
Alpes, 1.400-3.135 mètres (Gornergrat!), accidentellement à 660 mètres.
Haut-Jura ; Vosges ; montagnes de l'Europe et de la Sibérie occidentale.

20. *Phyteuma hemisphæricum* L. — Pelouses et rochers du
Massif de l'Aigoual entre 1.200 et 1.567 mètres ; calcifuge ;
Malpertus au Mont Lozère, 1.300-1.680 mètres ! Vivarais, au-
dessus de 1.000 mètres ; Forez ; Auvergne, environ 1.400-
1.870 mètres ! Indiqué à tort dans l'Aubrac.

Pyrénées, surtout à l'étage alpin, s'élève à 3.200 mètres au Vignemale
(Ramond); Alpes, au-dessus de 1.800 mètres jusqu'à 3.100 mètres, indiqué
même à 3.600 mètres dans le Valais, descend à 550 mètres, entraîné par les
torrents. Apennin ; Sierra de Guadarrama.

21. *Aster alpinus* L. — Aigoual, sur la bande calcaire à Comberude, 1.300 mètres (Fahault, !) ; plus fréquent sur les Causses entre 600 et 1.000 mètres ! (dép. du Gard, de l'Hérault, de l'Aveyron, de la Lozère).

Corbières, 780-1.050 mètres ; Pyrénées, surtout à l'étage alpin, descend à 800 mètres et s'élève à 2.740 mètres (Pic Barbet !) ; Alpes, surtout au-dessus de 1.500 mètres, s'élève à 3.185 mètres et descend exceptionnellement à 200 mètres dans le Tyrol mér. ; Jura. Montagnes de l'Europe centrale et méridionale ; Russie de l'Est ; Caucase ; Sibérie ; Amérique boréale.

22. *Senecio Doronicum* L. — Mont Lozère, assez rare (Coste). Aubrac ; Forez ; Auvergne, au-dessus de 1.200 mètres (Lamotte, !).

Pyrénées, de l'étage subalpin à l'étage alpin supérieur (Gautier) ; Alpes, entre environ 1.500 et 3.100 mètres au Findelen- Rothorn ! Hautes montagnes de l'Europe centrale et méridionale ; Maroc (?).

23. *Leontodon pyrenaicus* Gouan — Abondant par endroits dans les pelouses supérieures de l'Aigoual, 1.280-1.550 mètres; Mont Lozère ! — Haut Vivarais, 1.500-1.700 mètres ; Aubrac ; Margeride ; Pilat ; Forez ; Auvergne, 1.100 (Vallée des Bains) jusqu'à 1.880 mètres !

Pyrénées, 1.200-2.850 mètres (Ramond) ; Vosges ; Alpes, surtout à l'étage alpin, au-dessus de 1.800 mètres, rarement dès 1.300 mètres, s'élève à 3.250 mètres au Piz Languard ! Montagnes de l'Europe centrale.

24. *Crepis conyzifolia* (Gouan) D. T. (*C. grandiflora* Tausch). — Mont Lozère, au-dessus de 800 mètres (auct. div., !). Vivarais, au-dessus de 900 mètres ; Margeride AC. (Coste) ; Aubrac AR. (Coste) ; Auvergne, environ 1.000-1.850 mètres!

Pyrénées, surtout à l'étage alpin ; Alpes, entre 1.500 environ et 2.770 mètres (Val del Fain !). Montagnes de l'Europe centrale et méridionale.

Parmi les Cryptogames alpines des Cévennes méridionales il faut citer les LICHENS : *Parmelia stygia* (Aigoual, Mont Lozère ; Vivarais, Margeride, Forez, Auvergne.— Pyrénées, Alpes, etc.), *P. encausta* (massif de l'Aigoual, au Saint-Guiral, Mont Lozère ; Forez, Auvergne.— Alpes, jusqu'à 4.638 m., Pyrénées, etc.), *Alectoria ochroleuca* (Cévennes mér., etc. ; Pyrénées, Alpes, jusqu'au-dessus de 3.400 m. ! etc.). *Gyrophora* [*Umbilicaria*] *corrugata* (massif de l'Aigoual ; Haute-Loire, Pilat, Auvergne.— Pyrénées, Alpes, etc.), *G. crustulosa* (Cévennes sud-occidentales, Aigoual ; Vivarais, Forez, Auvergne. — Alpes, Pyrénées, etc.), *G. spodochroa* (Espinouse, Lozère ; Forez, Auvergne. — Jura, Pyrénées, Alpes, jusqu'à 3.861 m. à la Grande Casse, etc.) ; les HÉPATIQUES : *Lophozia alpestris* (subalpin-alpin : Aigoual, 1.560 m. ; Auvergne. — Jura, Pyrénées, Alpes, jusqu'à 2.700 m., etc.), *Lophozia Muelleri* (subalpin-

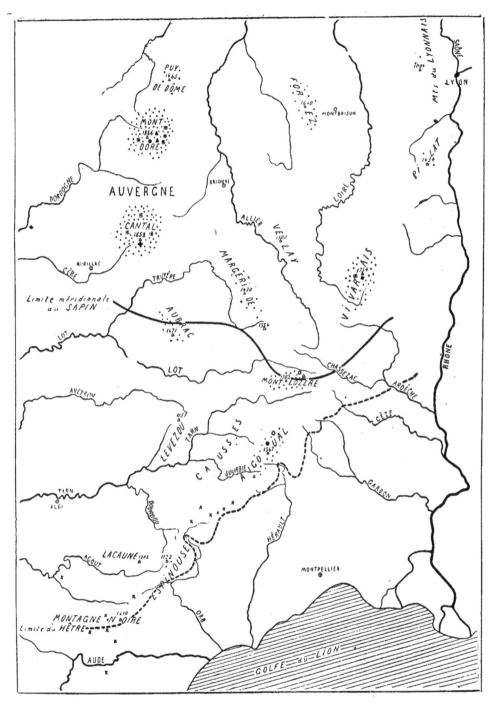

FIG. 11. — Répartition des espèces alpines dans le Massif Central.

Chaque point noir représente une espèce alpine (à remarquer le nombre élevé dans les monts d'Auvergne). ● *Veronica fruticans,* ○ *Juncus trifidus,* ◈ *Minuartia recurva,* + *Silene ciliata,* ■ *Senecio leucophyllus,* ▣ *Androsacea rosea,* ▲ *Jasione humilis* (exemples d'immigration pyrénéenne ancienne), ✕ *Fritillaria pyrenaica* (exemple d'immigration pyrénéenne peu ancienne).

alpin : Cévennes ; Auvergne. — Pyrénées, Alpes, jusqu'à 3.100 m., Jura, etc.), *Acolea concinnata* (sur la plupart des hauts sommets du Massif Central. — Pyrénées, Alpes, jusqu'à 3.165 m., Vosges, etc.) ; les MOUSSES : *Anœctangium compactum* (Montagne Noire ; Auvergne. — Pyrénées, Alpes, etc.), *Rhacomitrium sudeticum* (Aigoual, Mont Lozère ; Auvergne. — Pyrénées, Alpes, entre 1.100 et 3.480 m., Vosges, etc.), *Bryum fallax* (massif de l'Aigoual au Bramabiau ; Auvergne.— Pyrénées, Alpes, Jura, etc.), *Gymnostomum rupestre* (Cévennes mér. et ailleurs dans le Massif Central. — Pyrénées, Alpes, Jura, Vosges, etc.), *Polytrichum alpinum* (s'élève à 3.700 m. dans les Alpes, etc.). Les deux dernières espèces sont subalpines-alpines.

Les Lichens et Mousses suivants, absents des Cévennes sud-occidentales et de l'Aigoual ne se trouvent dans les Cévennes méridionales qu'au Mont Lozère : *Solorina crocea* (Malpertus, 1.600 m., rare ! Auvergne : Puy Ferrand, Sancy, 1.750 m. ! etc. — Pyrénées, Alpes, jusqu'aux hauts sommets, etc.), *Platysma commixtum* (Mont Lozère ; Forez. — Pyrénées, Alpes, etc.), P. *sepincola* (Bois des Harmaux, 1.250 R. ; Forez. — Pyrénées, Alpes, etc.), *Gyrophora anthracina* (Lozère. — Pyrénées, Alpes, etc.), *Grimmia sulcata* (Mont Lozère ; Monts Dore. — Pyrénées, Alpes, en Suisse, entre 1.950 et 2.900 m., etc.), *G. incurva* (Mont Lozère ; Pilat, Auvergne. — Pyrénées, Alpes, entre 1.800 et 4.569 m., Vosges, etc.).

Toutes les espèces alpines des Cévennes méridionales sont bien plus fréquentes dans les Alpes occidentales et les Pyrénées. Sur le Plateau Central la distribution de plusieurs d'entre elles accuse de grandes lacunes. Ainsi *Carex frigida, Juncus trifidus* et *Aster alpinus* ont, dans les Cévennes méridionales, leur unique escale entre Alpes et Pyrénées. *Minuartia recurva* n'apparaît qu'au Roc de Malpertus (Mont Lozère), où elle est assez abondante ! *Veronica fruticans* et *Trifolium badium* sont propres aux Cévennes méridionales et à l'Auvergne, *Avena montana, Sedum alpestre* et *Juniperus nana* aux Cévennes méridionales, au Haut Vivarais et à l'Auvergne. A l'exception d'*Avena montana*, calcicole, toutes les espèces *alpines* des Cévennes méridionales sont calcifuges ou indifférentes.

Les colonies de plantes alpines les plus rapprochées des Cévennes méridionales habitent la Margeride et les croupes volcaniques de l'Aubrac. Le Pic de Mailhebiau, point culminant de l'Aubrac, à 65 kilomètres au Nord de l'Aigoual, s'élève à 1.471 mètres.

M. l'abbé Coste (in litt.) signale dans l'*Aubrac* dix espèces alpines dont huit sont également à l'Aigoual ou au Mont Lozère (v. p. 184-89). Deux seulement (*Nigritella nigra, Alchemilla flabellata*) manquent aux Cévennes méridionales ; mais elles se retrouvent au Mézenc et en Auvergne.

La *Margeride*, avec son prolongement la Montagne du Goulet, chaînes de communication entre le Mont Lozère et l'Auvergne sont revêtues de prairies étendues, de tourbières et d'assez vastes forêts ; mais en dépit de leur altitude notable (Trues de Fortunio, 1.543 m. et de Randan, 1.554 m.), ils n'ont conservé qu'un petit groupe d'orophytes. L'uniformité de leur ossature archéo-granitique en est la raison principale. Les espèces alpines de la Margeride sont au nombre de neuf (Coste, in litt.) :

Poa violacea Bell.	*Saxifraga stellaris* L.
Luzula spicata (L.) Lam. et DC.	*Potentilla aurea* L.
Sagina saginoïdes (L.) D.T.	*Leontodon pyrenaicus* Gouan
Cardamine resedifolia L.	*Crepis conyzifolia* (Gouan) D.T.
Saxifraga Aizoon Jacq.	

Un petit centre mieux pourvu est le *Haut Vivarais* volcanique, qui, par le Tanargue (1.519 m.), se relie au Mont Lozère. M. Revol a étudié avec soin ce massif et nous a donné un aperçu détaillé de sa flore phanérogamique (1910, 1914). *Huit* espèces alpines des Cévennes méridionales manquent dans les montagnes du *Haut Vivarais* :

Carex frigida All.	*Trifolium badium* Schreb.
Juncus trifidus L.	*Veronica fruticans* Jacq.
Minuartia verna (L.) Hiern	*Aster alpinus* L.
— *recurva* (All.) Schinz et Thell.	*Senecio Doronicum* L.

Mais une dizaine d'autres les remplacent :

M. *Lycopodium alpinum* L.	M. *Alchemilla flabellata* Bus.
M. *Nigritella nigra* (L.) Rchb.	M. *Orchis globosus* L.
M. *Silene rupestris* L.	M. *Euphrasia minima* Jacq.
M. *Anemone vernalis* L.	*Euphrasia hirtella* Jord.
Sisymbrium pinnatifidum (Lam.) DC.	

Les espèces de l'étage alpin des Pyrénées, dont il sera question plus loin, ne sont pas mentionnées ici. Par contre, nous devons signaler quelques espèces subalpines du *Haut Vivarais* absentes dans les Cévennes méridionales :

Listera cordata (L.) R.Br.	M. *Hypericum Richeri* Vill.
M. *Orchis globosus* L.	M. *Astrantia major* L.
Salix appendiculata Vill.	M. *Lonicera cœrulea* L.

Les colonies alpines les plus importantes du Vivarais se groupent autour du gigantesque dôme phonolithique du *Mézenc* (= M.). Situé en face des premiers contreforts alpins, il en est séparé par une distance de près de 100 kilomètres. La plupart des plantes alpines du Mézenc manquent d'ailleurs aux Préalpes calcaires qui lui font face, et pour les rencontrer il faut pénétrer bien plus avant vers les chaînes cristallines ! (1)

La partie septentrionale du Vivarais dominée par le *Pilat* granitique (1.434 m.) est garnie de belles sapinières dans ses parties supérieures. Sa flore phanérogamique n'offre rien de bien particulier. Au Crêt-de-la-Perdrix (Pilat) se trouve l'unique localité connue dans le Massif Central du *Gyrophora erosa*, Lichen des hautes montagnes et du Nord de l'Europe. M. Magnin y a récolté aussi *Gyrophora torrida*, également présent en Auvergne.

Les Montagnes du Lyonnais, du Beaujolais et du Charolais, prolongements des Cévennes septentrionales du Vivarais, dépassent à peine 1.000 mètres (Mont Boucivre, 1.004 m. ; Saint-Rigaud, 1012 m. ; Mont Moné, 1.000 m. ; Roche-d'Ajoux, 973 m.). Elles possèdent une flore montagnarde-subalpine banale, comprenant entre autres les *Polygonum Bistorta*, *Aconitum Napellus*, *A. Lycoctonum*, *Sorbus Aucuparia*, *Prunus Padus*, *Ribes petræum*, *Acer Pseudoplatanus*, *Circæa alpina*, *Vaccinium Vitis-idæa*, *Gentiana lutea*, *G. campestris*, *Lonicera nigra*, *Cicerbita Plumieri*, pour ne citer que les plus expressives (cf. Magnin, 1886, p. 273-278). Aux rochers de Chiroubles, dans le Beaujolais, s'accroche le rare *Gyrophora proboscidea*, à aire alpine et boréale, que l'on n'indique pas ailleurs dans le Massif Central. Le sapin *(Abies alba)* constitue des forêts assez vastes entre 800 et 1.000 mètres, il descend, isolé, à 600 mètres.

A l'Ouest du Lyonnais, entre les plaines effondrées de la Limagne et de Montbrison, se dressent les *Monts du Forez*,

---

(1) *Salix Myrsinites* L., indiqué par M. Revol (1910, p. 226) au Mézenc, doit être rayé de la liste des espèces du Massif Central ; c'est par suite d'une confusion qu'il figure dans le *Catalogue des Plantes de l'Ardèche* (J. Revol, *in litt.*).

presque entièrement granitiques. Autour de Pierre-sur-Haute, sommet culminant (1.640 m.), s'est maintenue une colonie importante de plantes alpines et subalpines. Ces espèces sont réunies soit dans les tourbières « narces », soit dans les landes à *Calluna* et à *Genista pilosa* « hautes-chaumes », associations très semblables à ces mêmes landes des Monts Dore et des Cévennes méridionales, soit enfin dans les pelouses pseudo-alpines à *Nardus* et à *Deschampsia flexuosa* au-dessus de 1.400 mètres. D'après M. d'Alverny (1911), les bois de sapin, arbre dominant, débutent à environ 1.000 mètres et atteignent 1.500 mètres d'altitude. L'arbre et ses satellites descendent beaucoup moins bas dans le Forez, plus sec, que dans les Monts du Lyonnais où les précipitations sont plus abondantes (v. carte des pluies, p. 59).

Les quelques espèces alpines du Forez, absentes dans les Cévennes méridionales, sont (1) :

Cerastium alpinum L.	*Homogyne alpina* L. (manque ailleurs
Sagina saginoides (L.) D. T.	sur le Plateau Central) (2).
Sisymbrium pinnatifidum (Lam.) DC.	

auxquelles s'ajoutent les espèces subalpines :

---

(1) Surtout d'après Le Grand (1873) et M. d'Alverny (1911).

(2) Parmi les Cryptogames du Forez qui manquent aux Cévennes méridionales, nous citerons : LICHENS : *Cladonia cenotea* (Forez, Margeride, Auvergne. — Vosges, Jura, Pyrénées, Alpes, etc., subalpin), *Cladonia alpicola* (Forez : Pierre-sur-Haute. — Vosges, Jura, Alpes, etc.), *Platysma commixtum* (Forez. — Vosges, Pyrénées, Alpes, etc.), *Gyrophora tornata* (Forez : Pierre-sur-Haute ; Monts Dore. — Vosges, Alpes, etc.) ; HÉPATIQUES : *Acolea [Gymnomitrium] varians* (rochers près le Marais de la Dore, Puy-de-Dôme, Monts Dore. — Alpes, montagnes de l'Ecosse et de la Scandinavie), *A. alpina* (Forez, Monts Dore, Cantal ; hautes montagnes de l'Europe : Alpes, jusqu'à 2.900 m. ; Pyrénées, etc.), *Marsupella sphacelata* (Forez, Monts Dore, Cantal. — Pyrénées, Alpes, etc.) ; MOUSSES : *Dicranum Blyttii* (Forez : Pierre-sur-Haute. — Pyrénées, Alpes etc., jusqu'à 2.600 m. en Suisse, etc.), *Grimmia torquata* (Forez : Pierre-sur-Haute ; Monts Dore, Cantal. — Alpes, jusqu'à 3.480 m. ; Pyrénées, Vosges, etc.), *Pohlia commutata* (Forez : Roc Lavé, à Pierre-sur-Haute ; Monts Dore, Cantal. — Vosges, Jura ; entre 1.100 et 3.800 m. dans les Alpes, etc.), *Bryum Mühlenbeckii* (Forez : Pierre-sur-Haute ; Cantal. — Alpes suisses, entre 1.000 et 2.600 m., etc.), *Plagiothecium striatellum* (Forez : Pierre-sur-Haute ; entre 1.285 et 2.400 m. dans les Alpes suisses, etc.).

Athyrium alpestre (Hoppe) Nyl.
Dryopteris Oreopteris (Ehrh.) Max.
Pinus montana Mill. *(arborea)*.
Listera cordata (L.) R. Br.
Sedum Anacampseros L.
Viola biflora L.

Bupleurum longifolium L.
Chærophyllum Villarsii Koch.
Pedicularis foliosa L.
Cicerbita alpina (L.) Wallr.
Hieracium inuloides Tausch
— *lanceolatum* Vill.

Le nombre des végétaux alpins et subalpins plus ou moins répandus dans les Cévennes méridionales et manquant dans le Forez est bien plus considérable. Le Massif de l'Aigoual à lui seul en possède davantage que toute la chaîne forézienne avec son annexe la Madelaine. Nous aurons à revenir plus tard sur ce fait à première vue anormal, si l'on considère la situation plus septentrionale et l'altitude plus considérable du Forez ainsi que la proximité relative des riches Monts d'Auvergne. Le Forez fait, en effet, l'impression d'une dépendance floristique appauvrie des Monts Dore, où la plupart des mêmes espèces sont bien plus largement représentées.

Aux *Monts d'Auvergne* volcaniques, s'élevant à 1.886 mètres au Sancy (Monts Dore), et à 1.858 au Plomb du Cantal, la flore alpine et subalpine du Plateau Central atteint son maximum de développement.

Dix-huit espèces alpines ont sur les sommets de l'Auvergne leurs seules localités intermédiaires entre le Jura et les Pyrénées :

Selaginella selaginoides (L.) Link — Monts Dore : Pente Nord du Capucin. (Indiqué probablement à tort au Pilat et à Pierre-sur-Haute par Cariot).

Poa caesia Sm. — Monts Dore : Roc de Cuzeau (Lavergne, sec. Hérib.).

Phleum alpinum L. — Monts Dore : V. d'Enfer, Chaudefour, etc. Cantal : Le Plomb, Peyre-Arse, etc.

Salix herbacea L. — Monts Dore : V. d'Enfer au Puy des Aiguilliers et à la Cheminée du Diable, pente Nord du Puy Ferrand.

Salix hastata L. — Cantal : Pas-de-Roland, Roche-Taillade.

Polygonum viviparum L. — Monts Dore, en plusieurs localités.

Anemone alpina L. — Monts Dore, fréquent au-dessus de 1.400 mètres! Cantal, fréquent au-dessus de 1.300 mètres.

Saxifraga oppositifolia L. — Cantal : Pas-de-Roland et entre Leylac et Peyre-Arse (Hérib., abbé Soulié).

Potentilla Crantzii (Crantz) Beck — Cantal : Cabrillade près Lieutadès (f. Saltel sec. Revel).

Sieversia montana (L.) Spreng. — Monts Dore, assez fréquent au-dessus de 1.450 mètres! Cantal : Le Plomb, Pra-de-Bouc, Puy Mary, etc.

Dryas octopetala L. — Monts Dore : Sancy (Sanitas sec. Rouy). Cantal : Pas-de-Roland (abbé Ménard sec. Rouy), Roche-Taillade (abbé Ménard sec. Hérib.), Cirque de la Rhue (Charbonnel).

Myosotis alpestris Schmidt — Monts Dore et Cantal, pas rare autour des sommets !

Bartsia alpina L. — Cantal, fréquent autour des sommets.

Veronica alpina L. — Monts Dore : localités assez nombreuses. Cantàl : Plomb, Puy Mary, Puy Bataillouze.

Plantago alpina L. — Monts Dore, fréquent au-dessus de 1.400 mètres dans les nardaies! Cantal : Le Plomb, Puy Mary, Peyre-Arse, Griou, environs de Chazes, etc., fréquent.

Galium asperum Schreb. ssp. *anisophyllum* (Vill.) Briq. — Monts Dore et Cantal, pas rare.

Erigeron alpinus L. — Monts. Dore : Sancy, V. de Chaudefour, etc. Cantal : Le Plomb, Puy Bataillouze (1).

(1) Quelques espèces subalpines, *Tozzia alpina*, *Veronica latifolia*, *Hieracium prenanthoides*, ont la même distribution sur le Plateau Central ; elles ne se trouvent qu'en Auvergne.

Parmi les Cryptogames alpines qu'on ne rencontre dans le Massif Central qu'en Auvergne et qui se retrouvent dans le Jura, les Alpes et les Pyrénées, nous citerons les LICHENS: *Cetraria cucullata* (Monts Dore, Cantal ; Vosges), *Alectoria sarmentosa* (Puy-de-Dôme, Lioran), *Evernia divaricata* (Monts Dore, Cantal) ; MOUSSES : *Weisia Wimmeriana* (Cantal ; entre 1.440 et 2.930 m. dans les Alpes), *Dicranum elongatum* (Monts Dore ; en Suisse, entre 1.180 et 3.260 m.), *Dicranum albicans* (Monts Dore : Capucin ; Alpes suisses, entre 1.430 et 3.270 m., Jura [Guinet sec. Meyran, 1916]), *Desmatodon latifolius* (Monts Dore, Cantal ; Alpes suisses, jusqu'à 3.500 m.), *Encalypta rhabdocarpa* (Monts Dore : Vallée des Bains), *Pohlia proligera* (Monts Dore : Vallée des Bains ; Pyrénées ?), *Amblyodon dealbatus* (Cantal : Puy Mary ; Alpes suisses, jusqu'à 2.650 m.), *Timmia austriaca* (Monts Dore : Vallée des Bains, Vallée de Chaudefour, etc.), *Timmia norvegica* (Cantal : Roc Taillade ; Alpes, jusqu'à 2.920 m.), *Myurella apiculata* (Monts Dore ; Alpes suisses, jusqu'à 3.265 m., manque aux Pyrénées), *Ptychodium plicatum* (Monts Dore, Cantal. Alpes suisses, jusqu'à 2.700 m., etc.).

Gnaphalium supinum L. — Monts Dore : versant Nord du Sancy, V. de Chaudefour, entre le Puy Ferrand et le Puy de la Perdrix, etc.

D'autres encore manquent même au Jura et à la majeure partie des chaînes préalpines calcaires, ne se trouvant en France qu'aux Pyrénées, aux Alpes et en Auvergne. Ce sont surtout des végétaux confinés sur les hauts sommets siliceux :

Woodsia ilvensis (L.) R. Br. ssp. *ilvensis* (Bolton) A. Gray — Cantal : Roc des Ombres, et çà et là entre le Puy Mary et le Puy Violent (abbé Soulié) ; Puy Violent (fr. Gasilien). — Calcifuge, s'élève à 2.700 mètres dans les Alpes rhétiques (!) et à 2.780, mètres au Canigou (Pyrénées-Orientales). Sudètes ; manque aux autres massifs secondaires de l'Europe moyenne.

Agrostis rupestris All. — Monts Dore en plusieurs localités, à partir de 1.580 mètres ; Cantal : Plomb, Puy de Griou, Puy Mary, etc. — Calcifuge tolérant, humicole ; dans les Alpes rarement au-dessous de 1.800 mètres, s'y élève à 3.600 mètres dans le Valais.

Avena versicolor Vill. — Monts Dore : Puy Ferrand, Chaudefour, Val d'Enfer, Paillaret, au-dessus de 1.540 mètres, Sancy ! pentes du Puy-de-Dôme (Lamotte) ; Cantal : au Plomb. — Calcifuge tolérant, humicole ; Alpes entre (1.200), 1.600 et 3.250 mètres au Piz Languard !

Carex curvula All. — Monts Dore, au Puy Ferrand (Dumas-Damon). — Calcifuge, humicole. — Alpes, rarement au-dessous de 2.000 mètres, s'y élève à 3.300 mètres ; jusqu'à 3.000 mètres dans les Pyrénées.

Carex atrata L. — Cantal : Pas-de-Roland, Puy de Griou, base Sud du Puy Mary, Roche-Taillade, Puy Violent. — Indifférent ; s'élève à 3.070 mètres dans les Alpes.

Saxifraga aspera L. ssp. *bryoides* (L.) Gaud. — Monts Dore assez répandu sur les sommets au-dessus de 1.600 mètres ! Cantal : au Plomb, Puy Mary. — Calcifuge ; rarement au-dessous de 2.000 mètres, s'élève à 4.000 mètres dans les Alpes.

Saxifraga androsacea L. — Cantal : Pas-de-Roland vers Peyre-Arse (Charbonnel), Puy Mary. — Calcicole préférant ; dans les Alpes rarement au-dessous de 1.800 mètres, s'y élève à 3.400 mètres ; dans les Pyrénées à 3.350 mètres (Ramond).

Trifolium pallescens Schreb. — Monts Dore au-dessus de
1.200 mètres (!) : Val d'Enfer, Puy de Sancy, vallées des Bains
et de Chaudefour, vallée de la Cour ; Cantal : au Plomb ;
Puy Mary ; Peyre-Arse, Lioran (var. *arvernense* [Lamotte]
Rouy). Indiqué sans doute à tort dans l'Ardèche.— Indifférent;
Alpes, rarement au-dessous de 2.000 mètres, s'élève à
3.100 mètres.

Astrantia minor L. — Cantal : près du Roc des Ombres,
entre le Puy Chavaroche et le Puy Violent (abbé Soulié). —
Calcifuge ; Alpes jusqu'à 2.700 mètres ! Descend assez bas
dans les vallées méridionales.

Euphrasia alpina Lamk. — Cantal (sec. Rouy, *Fl. Fr.*), Puy de
Bataillouze (Lamotte, Charbonnel), etc. ? Calcifuge ; Alpes
centrales jusqu'à 2.780 mètres (Cima di Carten !), descend dans
les vallées méridionales à 400-500 mètres.

Pedicularis verticillata L. — Cantal : Puy Mary, Puy de
Bataillouze et rochers de Vacivières, Pas-de-Roland, etc. —
Indifférent ; entre 1.200 et 3.090 mètres dans les Alpes.

Hieracium piliferum Hoppe — Plusieurs sommets du
Cantal. Calcifuge ; dans les Alpes rarement au-dessous de
1.900 mètres, s'élève à 2.860 mètres (Piz Sesvenna !).

Hieracium glanduliferum Hoppe — Monts Dore : vallées de
la Cour et d'Enfer, crête des Paillarets. Alpes entre 2.000 mètres
en moyenne et 3.255 mètres ! (1).

---

(1) De nombreuses Cryptogames présentent la même distribution. Elles
se rencontrent dans les Pyrénées, en Auvergne et dans les Alpes ; mais elles
manquent dans le Jura. Tels sont les LICHENS : *Thamnolia vermicularis*
(Monts Dore, Plomb du Cantal ; dépasse 3.400 m. dans les Alpes!), *Stereocaulon alpinum* (Monts Dore, Puy-de-Dôme), *Platysma fahlunense* (Monts
Dore ; aussi dans les Vosges), *Cetraria crispa* (Monts Dore, Cantal ; aussi dans
les Vosges) ; HÉPATIQUES : *Acolea coralloides* (Monts Dore, Cantal) ; MOUSSES :
Andræa crassinervia (Cantal) (?) contesté ; Alpes suisses, entre 1.500 et
2.300 m.), *Andræa angustata* (Monts Dore, assez répandu, et Cantal), *Andræa
alpestris* (Monts Dore et Cantal ; Alpes suisses, entre 1.330 et 2.700 m.),
Dicranum fulvellum (Cantal : Puys Violent et Chavaroche ; Alpes suisses,
entre 2.300 et 2.750 m.), *Dicranum falcatum* (Monts Dore, Cantal ; Alpes
suisses, combes à neige, entre 1.830 et 3.000 m.), *Cynodontium torquescens*
(Monts Dore, 1.320 m. ; Alpes suisses, 1.600-2.300 m.), *Amphidium* [*Zygodon*]
lapponicum (Monts Dore, Cantal ; aussi dans les Vosges ; Alpes suisses, jusqu'à 2.900 m.), *Mielichoferia nitida* (Monts Dore ; Alpes suisses, jusqu'à
3.480 m.), *Pohlia acuminata* (Monts Dore), *Pohlia Ludwigii* (Monts Dore :
Vallée de Chaudefour, 1.700 m. Alpes suisses, 1.840-2.700 m.). Les quatre

La richesse des colonies orophiles de l'Auvergne est encore rehaussée par la présence de nombreuses espèces franchement pyrénéennes, alpigènes (et boréo-arctiques) non moins disjointes et qui ne figurent pas dans nos listes précédentes. On en parlera ailleurs (v. p. 212).

Avant d'entrer dans la discussion sur l'origine et l'époque de leur immigration, consacrons quelques pages aux considérations générales sur les colonies orophiles du Massif Central de la France. Ces colonies se cantonnent de préférence soit dans les pelouses et sur les crêtes rocheuses élevées *(colonies culminales)*, soit dans les gorges humides, ombragées du versant atlantique, même à de faibles altitudes *(colonies des gorges)*. Leur importance, fonction du climat local et des conditions édaphiques et orographiques de la station, dépend aussi pour une bonne partie de l'influence du pâturage. De ce fait, les sommets les plus élevés ne sont pas toujours les plus riches.

Au Mont Lozère, par exemple, la colonie culminale de beaucoup la plus intéressante garnit les rochers du Malpertus (1.683 m.), tandis que le Signal de Finiels (1.702 m.), 10 kilomètres plus à l'Ouest, est relativement pauvre. La colonie la plus importante du Massif de l'Aigoual s'est établie non pas sur le sommet principal, rasé par les moutons, mais dans les escarpements du Pic de la Fajeole, contrefort oriental de l'Aigoual. Entre 1.300 et 1.550 mètres on y observe :

Avena montana Vill.	*Saxifraga Aizoon* Jacq.
Poa violacea Bell.	*Alchemilla alpina* L. *vera.*
Carex frigida All.	*Veronica fruticans* Jacq.
Juncus trifidus L.	*Phyteuma hemisphæricum* L.
Luzula spicata (L.) Lamk.	*Aster alpinus* L.
Cardamine resedifolia L.	*Leontodon pyrenaicus* Gouan

et en plus de nombreuses espèces subalpines dont voici les plus intéressantes :

espèces suivantes, appartenant au même groupe, n'ont pas encore été signalées dans les Pyrénées : *Grimmia anomala* (Monts Dore, pas très rare ; Cantal ; Alpes suisses, 1.520-2.300 m.), *Grimmia subsulcata* (Monts Dore : Col du Sancy, 1.680 m. ; Alpes suisses, 1.400-4.230 m. ; indiqué à tort dans les Pyrénées par Dixon), *Pseudoleskea radicosa* (Monts Dore, pas très rare au-dessus de 1.400 m.), *Hypnum revolutum* (Monts Dore : Vallée des Bains ; Alpes suisses, 1.300-3.500 m.).

Pl. V

Fig. I. — Colonies culminales dans les escarpements gra_
nitiques de l'Aigoual, vers 1.450 mètres d'alt. (étage du
hêtre).

Asplenium fontanum (L.) Bernh.
— septentrionale (L.) Hoffm.
— viride L..
Poa Chaixii Vill.
Allium senescens L.
Paradisia Liliastrum (L.) Bert.
Orchis sambucinus L.
Minuartia Diomedis Br.-Bl.
Trollius europæus L.
Aconitum Lycòctonum L.
— Napellus L.
Thlaspi brachypetalum Jord.
Kernera saxatilis (L.) Rchb.
Sempervivum arachnoideum L.

Cotoneaster integerrima Medik.
Rosa rubrifolia Vill.
— pendulina L.
Alchemilla pallens Bus.
Peucedanum Ostruthium (L.) Koch
Gentiana lutea L.
Pedicularis comosa L.
Euphrasia salisburgensis Funk
Phyteuma Charmelii Vill.
Campanula recta Dulac
Adenostyles Alliariæ (Gouan) Kern.
Crepis paludosa (L.) Mœnch
Hieracium Peleterianum Mér.
— amplexicaule L.

Localisées dans l'étage des brouillards fréquents où l'hiver dure en moyenne six mois, ces plantes bénéficient de la surabondance d'eau et d'humidité atmosphérique du grand condensateur montagnard (1). *Juncus trifidus, Trifolium alpinum, Vaccinium uliginosum, Phyteuma hemisphæricum*, très résistants ici, comme dans les Alpes et les Pyrénées, contre l'action mécanique et physiologique du vent, aident à consolider le gazon des croupes souvent déblayées de neige en hiver, exposées au froid et battues par les tempêtes. Au milieu du tapis uniforme de *Nardus stricta* ils se développent vigoureusement, ne faisant nullement l'impression de réfugiés. Il en est de même de : *Crocus vernus, Alchemilla demissa, Epilobium alpinum, E. alsinifolium*, etc., espèces des creux et combes où les amas de neige séjournent longtemps. Cependant nulle part, dans les Cévennes méridionales, les espèces alpines ne dominent d'une façon nette.

Leur rôle est autrement important en Auvergne, où des groupements végétaux alpins prennent part à la constitution du tapis végétal des sommets. Le Puy de Sancy (1.886 m.) dominant le relief de la France centrale, permet d'observer au-dessus de 1.700 mètres une quarantaine de plantes vasculaires alpines. Voici leur énumération d'après notre carnet de route, complété par les indications des flores dignes de confiance :

(1.) V. carte des précipitations, p. 59. L'Aigoual, à 1.567 m. d'altitude reçoit en moyenne (10 ans) 2.175 mm. de pluie par an.

Lycopodium alpinum L.
Poa alpina L.
Avena versicolor Vill.
— montana Vill.
Agrostis rupestris All.
Luzula spicata (L.) Lamk.
— Desvauxii Kunth
Juniperus communis L. ssp. nana (Willd.) Briq.
Silene rupestris L.
Minuartia verna (L.) Hiern
Cerastium alpinum L.
Anemone alpina L.
Sisymbrium pinnatifidum (Lam.) DC.
Sedum alpestre Vill.
Saxifraga stellaris L.
— Aizoon Jacq.
— bryoides L.
Trifolium alpinum L.
— pallescens Schreb.

Sieversia montana (L.) R.Br.
Potentilla aurea L.
Alchemilla alpina L. vera.
— flabellata Bus.
Androsace rosea Jord. et Fourr.
Soldanella alpina L.
Myosotis alpestris Schmidt
Pedicularis foliosa L.
Veronica alpina L.
Euphrasia minima Jacq.
Plantago alpina L.
Phyteuma hemisphæricum L.
Jasione humilis Pers.
Gnaphalium norvegicum Gunn.
Senecio Doronicum L.
Leontodon pyrenaicus Gouan
Crepis conyzifolia (Gouan) D.T.
Erigeron alpinus L.
Gnaphalium supinum L.
Hieracium aurantiacum L.

sans compter le grand nombre d'espèces subalpines.

Une remarquable *colonie de gorges* s'est conservée sur le rebord septentrional du Causse Noir dans le cañon sauvage de la Jonte en amont de Peyreleau (600 à 900 m. d'altitude) (v. fig. K.). Elle comprend, outre quelques espèces alpines, surtout de nombreux végétaux subalpins :

Dryopteris Robertiana (Hoffm.) C. Christensen
Asplenium viride L.
Sesleria cœrulea (L.) Ard.
Poa alpina L.
Stipa Calamagrostis (L.) Wahl.
Carex brachystachys Schrank
Allium senescens L.
Cypripedium Calceolus L.
Cœloglossum viride (L.) Hartm.
Gymnadenia odoratissima (L.) Rich.
Thesium alpinum L.
Mœhringia muscosa L.
Arabis alpina L.
Draba aizoides L. v. saxigena (Jord.).
Kernera saxatilis (L.) Rchb.

Rubus saxatilis L.
Potentilla caulescens L. v. cebennensis Siegfr.
Bupleurum ranunculoides L.
Athamanta cretensis L.
Laserpitium Siler L.
Arctostaphylos Uva-ursi (L.) Spreng.
Stachys alpinus L.
Euphrasia salisburgensis Funk
Globularia cordifolia L.
Phyteuma orbiculare L.
Aster alpinus L.
Cirsium Erisithales (Jacq.) Scop.
Hieracium saxatile Vill.
— amplexicaule L., etc.

presque tous calcicoles rupestres, et, en outre, les deux micro-endémiques *Gentiana Costei* Br.-Bl. et *Saxifraga ceben-*

nensis Rouy, dérivés de types alpino-pyrénéens. L'association à
Potentilla caulescens et *Saxifraga cebennensis* est particulièrement bien dotée d'espèces subalpines. La station de ce groupement, spécial aux Cévennes, assure le maintien de nombreux
végétaux sur la limite de leurs possibilités vitales. Sa nature
rocheuse, l'accès difficile, rendant l'exploitation et parfois
même le pâturage impossibles, garantissent presque indéfini-
ment la continuité des circonstances très spéciales du milieu et
concourent à y maintenir un certain équilibre entre les posses-
seurs du sol et les envahisseurs menaçants. On constate pourtant
que bon nombre de ces espèces ne résistent qu'avec peine et
paraissent en voie de régression. Plusieurs d'entre elles ne croissent plus qu'en quelques rares localités. Un simple accident
peut amener leur destruction. Une fois éteintes, si leurs
graines étaient apportées d'ailleurs, ces plantes n'auraient
guère la faculté de reconquérir leur place dans ces stations où
dominent aujourd'hui des concurrents mieux adaptés.

Des exemples de disparition récente d'espèces alpines ou
subalpines ne manquent d'ailleurs pas.

Il y a un demi-siècle, M. Poujol, forestier, rencontrait en
petit nombre *Gentiana Clusii* et *Gentiana verna* dans la gorge
du Bramabiau non loin de la Boissière (Aigoual). Toutes les
recherches postérieures entreprises par de nombreux botanistes
et par M. Poujol lui-même pour retrouver les deux gentianes
sont restées infructueuses, elles semblent y être définitivement
éteintes. *Dryopteris Lonchitis*, récolté autrefois par Tueskiewicz,
Martin, l'abbé Coste et d'autres à la sortie de la grotte du
Bramabiau, y est devenu également introuvable.

La tendance au recul des colonies des gorges, contraste nettement avec la force d'expansion des espèces méridionales
(v. p. 61). Le reboisement méthodique des parties supérieures
de plusieurs massifs du Plateau Central aura certainement
aussi pour résultat un resserrement des colonies *culminales ;*
mais à notre avis, aucune espèce ne paraît directement mena-
cée. Les rochers, les éboulis et les pelouses des crêtes exposées
aux vents violents formeront toujours un asile pour la flore
orophile, même dans les massifs dont l'altitude ne dépasse pas
la limite climatique des forêts.

*
* *

L'existence de colonies disjointes et d'associations ou de fragments d'associations alpines dans les chaînes montagneuses, isolées du Centre de la France, soulève des questions multiples. Sont-elles autochtones ? Si non d'où, quand et dans quelles conditions climatiques nous sont-elles parvenues ? Quelles ont été leurs voies d'immigration ; de quelle façon et par quels moyens s'est-elle effectuée ? Comment interpréter la répartition inégale de beaucoup d'espèces, la fréquence des unes, la localisation étroite de certaines autres ?

En signalant ces problèmes, nous n'avons nullement la prétention de les résoudre. L'étude de l'histoire des flores, science jeune, ne peut donner encore qu'un petit nombre de solutions à peu près définitives.

Les résultats déjà acquis par l'étude phylogénique, la biogéographie et la géologie peuvent cependant, en se combinant et se complétant, jeter quelque lumière sur bien des faits qui, à première vue, pourraient paraître plus ou moins fortuits.

Une question primordiale se pose : la flore alpine du Massif Central comprend-elle des survivants par disjonction ou peut-on admettre une immigration récente par bonds à grande distance ?

Beaucoup d'objections s'élèvent contre cette dernière hypothèse.

Les lacunes entre les localités de ces espèces dans le Massif Central et les plus proches des Alpes et des Pyrénées dépassent en général 100 kilomètres, parfois même 150 kilomètres (pour les *Juncus trifidus*, *Minuartia recurva*, *Veronica fruticans*, etc., des Cévennes). Elles atteignent près de 250 kilomètres à vol d'oiseau pour certaines espèces cantonnées dans l'Auvergne. En outre, beaucoup de ces espèces ne possèdent aucune adaptation spéciale à la dissémination (*Carex curvula*, *Minuartia*, *Trifolium-alpinum*, *Pedicularis verticillata*, *Veronica*, etc., etc.). La direction des grands courants de l'atmosphère est d'ailleurs tout à fait défavorable au transport de graines des Alpes ou des Pyrénées vers le Massif Central. Le vent dominant dans les Cévennes méridionales, le Nord-Ouest, souffle pendant la plus

grande partie de l'été ; en automne prédominent les vents du
Sud et Sud-Est (v. surtout Houdaille, 1898, et Br.-Bl., 1915).

PARTICIPATION DES VENTS DOMINANTS A L'AIGOUAL, EN $^0/_0$

	N., N.-W.	S., S.-E.
Automne. . . .	46,5 %	53,5 %
Eté.	83,5 »	16,5 »

La partie septentrionale du Vivarais est également sous la
prédominance des vents du Nord et du Nord-Ouest. Sur les
hauteurs du Tanargue et du Mézenc, par contre, les courants
atlantiques du Sud-Ouest prédominent (Bourdin, 1897). Dans
ces montagnes, les plus rapprochées des Alpes et dans les
Préalpes mêmes (1), les vents de l'Est étant tout à fait subor-
donnés, l'importation de graines par le vent de ce côté est pour
ainsi dire impossible.

Dans les massifs situés plus au Nord, en Auvergne, par
exemple, les vents d'Ouest, Sud-Ouest et Nord-Ouest dominent
(Héribaud, 1899). A Aurillac, M. Puech a observé en moyenne
(1892-1894) la répartition annuelle suivante des vents dominants :

S., S.-E. 94, N.-W. 88, N., N.-E. 59, E. 43, S.-E. 43, E. 22,
calmes 16.

Les vitesses maxima mensuelles correspondent aux vents
dominants, à l'Aigoual Nord et Sud-Sud-Est. Les vents les
plus violents soufflent en automne et en hiver lorsque les
sommets sont recouverts d'un épais manteau de neige.

Le rôle des oiseaux migrateurs dans la distribution à grande
distance de plantes orophiles, d'ailleurs fortement discuté, ne
pourra, en aucun cas, être invoqué s'il s'agit d'expliquer la
présence de nos colonies d'orophytes, si importantes et si
variées. Les principales voies de migration des oiseaux sont les
grandes vallées, notamment la large vallée du Rhône. Quant à
l'intervention de l'homme et des animaux domestiques elle a
dû être si faible qu'on peut la négliger complètement. Aucun
trait de géographie humaine ne permet d'admettre une impor-

(1) Dans les Préalpes de la Drôme et dans la vallée du Rhône, les vents
du Nord, très intenses, dominent de beaucoup.

tation de graines alpines dans les montagnes du Massif Central, demeurées jusqu'au moyen âge peu fréquentées et sans relations avec l'étage alpin des deux grandes chaînes voisines. L'estivation des moutons, qui a beaucoup favorisé l'extension d'espèces méridionales vers le Nord, pourrait influencer, dans une certaine mesure, la distribution locale, mais elle n'entre guère en compte pour l'introduction de nouvelles espèces des Alpes ou des Pyrénées, la transhumance se faisant exclusivement entre plaine et montagne.

La discontinuité frappante des localités d'une même espèce, son apparition parfois en masse sur des points très éloignés l'un de l'autre, enfin la répartition même des colonies de plantes alpines dans le Massif Central parle d'ailleurs contre une immigration récente : *les contrées les plus riches sont précisément les plus éloignées des foyers alpins et pyrénéens.* Mais il y a autre chose.

Plusieurs espèces ont eu le temps d'acquérir des appétences écologiques un peu spéciales ; dans leur mode de vie elles diffèrent plus ou moins de leurs congénères des deux grandes chaînes voisines. Ainsi *Aster alpinus* et *Poa alpina*, habituellement indifférents, deviennent calcicoles exclusifs dans les Cévennes, où ils recherchent des stations rocheuses, sèches, à de faibles altitudes. *Carex frigida*, indifférente dans les Alpes et les Pyrénées, est strictement liée aux sols siliceux pauvre en CO^3Ca dans les Cévennes. *Allosurus crispus*, si commun dans les éboulis siliceux des hautes montagnes, manque ici dans les stations similaires, cependant très nombreuses, mais apparaît seulement dans les fissures des rochers ombragés. Les *Luzula spicata* et *Epilobium alpinum* poussent très bien dans les Cévennes sous le couvert des hêtres où l'*Allium Victorialis* forme même parfois des peuplements denses et étendus à la manière de l'*Allium ursinum.* Le *Cerastium alpinum*, espèce des éboulis et des gazons secs dans les Alpes et les Pyrénées, avec prédilection marquée pour les sols calcaires, croît dans les tourbières bombées de la Dore (Forez) parmi les *Sphagnum* (Lamotte, 1877, p. 152).

Enfin certaines espèces alpines ont donné naissance à des micro-endémiques néogènes : *Cerastium alpinum* v. *densifolium* Lamotte, *Saxifraga Lamottei* Luiz., *Alchemilla basaltica* Buser,

Trifolium pallescens v. *arvernense* (Lamottè), *Gentiana Costei* Br.-Bl., etc.

L'ensemble de ces considérations nous amène à écarter catégoriquement l'hypothèse d'une immigration récente par sauts brusques et nous oblige à considérer les colonies d'espèces alpines comme fragments résiduels d'aires jadis plus continues, aujourd'hui disloquées et séparées par des lacunes infranchissables.

**
*

Les géologues ont mis en évidence que, à la fin du Pliocène encore, le Plateau hercynien et les volcans du Centre de la France atteignaient une hauteur considérable. M. Boule (1896) évalue l'altitude des hauts sommets du Cantal à 3.000-4.000 m. Les. rapports floristiques entre les différents massifs étaient certainement alors assez étroits, car les grandes vallées du Massif Central se sont creusées seulement au cours de la période interglaciaire mindélienne-rissienne, qui suivit la deuxième glaciation.

Quelle était la flore de ces hautes montagnes ? Nous ne saurions le dire au juste ; le seul témoin orophile est *Vaccinium uliginosum*, découvert dans les cinérites pliocènes du Cantal.

La distribution générale des orophytes méditerranéens fournit pourtant quelques indices qui pourront servir à élucider la question. Dans cet ordre d'idées le contingent élevé d'espèces alpines répandues à la fois dans les systèmes montagneux des îles tyrrhéniennes, de l'Espagne méridionale, voire même de l'Afrique du Nord, acquiert un puissant intérêt. Sur les hauts sommets de l'archipel tyrrhénien (en Corse surtout) on rencontre par exemple :

* *Drypteris rigida* (Hoffm.) Undw.
Phleum alpinum L.
Agrostis rupestris All.
* *Poa alpina* L.
* — *laxa* Hänke
— *violacea* Bell.
— *cenisia* All.
Carex frigida All.
* *Luzula spicata* L.
Gagea fistulosa (Ram.) Ker-Gaw.
Oxyria digyna (L.) Hill.

Polygonum alpinum All.
* *Sagina saginoides* (L.) D. T.
* *Silene rupestris* L.
Minuartia verna (L.) Hiern
Ranunculus pyrenæus L.
* *Arabis alpina* L.
* *Cardamine resedifolia* L.
Cardamine Plumieri Vill.
Sedum alpestre Vill.
Sempervivum montanum L.
* *Saxifraga stellaris* L.

Saxifraga Aizoon Jacq.
* Sibbaldia procumbens L.
Sieversia montana (L.) R. Br.
Alchemilla alpina L.
Viola nummulariifolia Vill.
Epilobium nutans Schmidt
* — alpinum L.
Bupleurum stellatum L.

Myosotis alpestris Schmidt
* Veronica alpina L.
Erigeron uniflorus L.
* Gnaphalium supinum L.
Chrysanthemum atratum Jacq.
— cerathophylloides All.
Doronicum grandiflorum Lamk.

Ces espèces se retrouvent dans les Alpes et, à peu d'exceptions près, dans les Pyrénées. Un tiers (marqués d'un *) s'observe même dans la Sierra Nevada d'Espagne qui possède en outre :

Avena montana Vill.
Carex capillaris L.
— Lachenalii Schkuhr
Luzula pediformis DC.
Cerastium alpinum L.
— cerastioides (L.) Britt.
Ranunculus glacialis L.
Saxifraga oppositifolia L.

Trifolium pallescens Schreb.
Androsace imbricata Lamk.
Douglasia Vitaliana (L.) Hook.
Gentiana tenella Rottb.
Pedicularis verticillata L.
Veronica fruticans Jacq.
Erigeron alpinus L.

Toutes ces espèces nous sont familières des hauts sommets alpins.

Même dans les massifs montagneux de l'Afrique du Nord on a découvert des végétaux alpins de l'Europe moyenne et méridionale, et leur nombre va croissant à mesure que progresse l'exploration du Grand Atlas marocain (v. surtout Maire, 1916 et suiv.). Citons-en pour l'Atlas algérien et marocain :

Juniperus nana Willd.
Alopecurus Gerardi Vill.
Agrostis alpina Scop.
Avena montana Vill.
Festuca alpina Sut. v. Dyris Maire

Poa alpina L.
Luzula spicata L.
Minuartia verna (L.) Hiern
Æthionema Thomasianum J. Gay
Ononis cenisia L.

Cette concordance floristique entre les grands massifs montagneux de l'Europe méridionale, et la réapparition d'un certain nombre d'orophytes des Alpes dans les chaînes de l'Atlas exigent une liaison géologique ancienne plus étroite entre les divers systèmes montagneux méditerranéens. La présence dans ces massifs de nombreux endémiques orophiles plus ou moins étroitement apparentés entre eux en est une autre preuve (v. chapitre Endémisme). L'hypothèse, d'ailleurs superflue dans ce cas, d'une origine « polytopique » (développement simultané d'espèces identiques sur plusieurs points très éloignés), émise par M. A. Engler (1879, p. 101) et soutenue surtout par M. Briquet, s'évapore de plus en plus et doit céder la place à une explication mieux fondée, en accord aussi avec les études morphogéniques. Celles-ci montrent, en effet, que la séparation définitive entre la chaîne bétique et le Rif marocain eut lieu au début du Pliocène ; les îles tyrrhéniennes furent détachées du continent à la fin du Tertiaire ; elles possédaient à cette époque déjà une flore orophile variée. Sur les sommets, alors si importants du Massif Central, devaient également se rencontrer des espèces alpines.

La communication entre les massifs précités a dû cependant être interceptée d'assez bonne heure et certainement avant l'apogée des grandes migrations quaternaires qui nous ont apporté de nombreux représentants de la flore boréo-arctique. Aucune des espèces d'origine franchement boréo-arctique qui ont pénétré dans les Alpes-Maritimes et les Pyrénées ne s'est avancée jusqu'à la Sierra Nevada, la Corse, la Sardaigne, et encore moins jusqu'à l'Atlas (1).

Dans la flore actuelle du Massif Central de la France on s'efforcerait pourtant en vain de discerner des témoins précis d'une ancienne flore alpine autochtone et spéciale. Au contraire, tous les endémiques orophiles y portent l'empreinte de la jeunesse et se rattachent étroitement à des types alpigènes ou pyrénéens (2). La végétation dans son ensemble dépend complètement des territoires voisins. Il est donc peu vraisemblable qu'une flore orophile tertiaire de quelque importance y ait subsisté depuis le Pliocène jusqu'à nos jours. L'activité volcanique, très intense en Auvergne et au Mézenc, qui s'est poursuivie jusqu'au Quaternaire récent, ne pouvait qu'entraver leur maintien. S'il existe dans le Massif Central des survivants

(1) M. Engler (1879, p. 102) pensait que beaucoup d'espèces alpigènes et pyrénéennes n'ont pas pu atteindre la Sierra Nevada, parce que leur origine serait trop récente, postglaciaire. Les études paléobotaniques et phylogéniques ont mis en évidence, depuis, que cette origine est bien plus ancienne ; dès la fin des temps glaciaires, la formation d'espèces nouvelles se réduit à des micromorphes surtout dans les genres polymorphes (néo-endémiques).

(2) V. cependant les endémiques paléogènes des Cévennes (p. 233).

orophiles tertiaires — et nous en avons souligné la probabilité — ils se confondent avec les immigrés plus récents.

Les grandes glaciations successives du Quaternaire ont modifié non seulement le relief, mais elles ont aussi influencé profondément la vie organique du Massif Central. Leurs traces y sont indiscutables ; mais il est encore difficile de préciser leur âge relatif et d'établir leur synchronisme avec les quatre ou cinq grandes glaciations de la chaîne des Alpes.

Les glaciers du Quaternaire inférieur semblent avoir occupé une grande partie de notre massif ; M. Glangeaud (1917, p. 51) a calculé que la surface recouverte pendant leur maximum d'extension était de plus de 10.000 kilomètres carrés. Les centres de glaciation correspondaient aux centres volcaniques : Monts Dore et Cantal. Les phénomènes glaciaires du Cantal ont surtout été étudié par M. Boule, ceux des Monts Dore par M. Glangeaud.

M. Boule appelle « glaciaire des plateaux » la première grande extension des glaces qui couvrait les Massifs du Cantal et des Monts Dore dans toute leur étendue. Mais, tandis qu'il considère cette glaciation comme contemporaine de l'élévation maximum des cratères de l'Auvergne pendant le Pliocène supérieur (1896, p. 289), M. *Haug* (1911, p. 1822) la fait correspondre à la glaciation mindélienne des Alpes.

Une seconde glaciation, synchronique de la glaciation rissienne, n'aurait eu qu'une extension relativement faible. Dans le Cantal, M. Boule a relevé une haute terrasse composée en partie de blocs volumineux provenant d'une formation morainique. A 20 mètres au-dessous, une terrasse inférieure formée principalement aux dépens des moraines remaniées d'une glaciation concomitante contient des blocs phonolithiques qui laissent encore nettement voir les stries glaciaires. Cette basse-terrasse correspond en amont aux moraines d'une dernière glaciation d'extension assez considérable. Les glaciers de cette époque, localisés dans les vallées du Cantal, appartenaient au type alpin. Ils descendaient cependant assez bas : le glacier de la Jordanne s'arrêtait à Aurillac (600 m. d'altitude), celui de la Cère près de Caillac où s'étend un bel amphithéâtre morainique ; le glacier de l'Allagnon dépassait un peu le confluent de l'Allanche (v. la carte dressée par M. Boule, 1896). L'âge würmien de cette dernière glaciation est hors de doute. La moraine frontale du glacier de la Cère passe au-dessus des alluvions contenant des silex chelléens, tandis qu'à la surface des moraines récentes se rencontrent des outils de l'industrie moustérienne, solutréenne et magdalénienne.

Les études de M. Ph. Glangeaud (1917) sur les glaciers des *Monts Dore* permettent de reconnaître au moins trois périodes glaciaires dont la dernière fut suivie de plusieurs stades de retrait. A cette dernière glaciation, würmienne, appartiennent un glacier principal de 7 kilomètres de longueur et plusieurs glaciers de cirques qui descendaient jusqu'à 750 mètres d'altitude. Les glaciers würmiens se relient à la basse-terrasse des vallées correspondantes située à 8, 12 et 20 mètres et comparables aux paliers alluviaux de la vallée de l'Allier. Les alluvions de Sarliève, appartenant à la basse-terrasse, c'est-à-dire au Würmien, contiennent selon M. Haug, outre la faune à renne *(Rangifer tarandus, Elephas primigenius, Rhinoceros tichorhinus)*, des silex taillés.

Les deux autres périodes glaciaires constatées par M. Glangeaud seraient équivalentes aux périodes rissienne et mindélienne et quelques rares dépôts plus anciens seraient d'âge günzien. L'aspect du Sancy, qui s'élevait pendant la période mindélienne à 2.500 mètres environ, devait alors rappeler celui du Mount Rainier (Washington). Au-dessus des glaciers très larges, et longs de 10 à 25 kilomètres, émergeaient les volcans secondaires. Aux périodes mindélienne, rissienne et würmienne correspondent, d'après M. Glangeaud, trois systèmes de topographies et de dépôts glaciaires : cirques, vallées, drumlins, verrous, lacs, tourbières, moraines, alluvions fluvio-glaciaires, d'une conservation plus ou moins parfaite.

Des glaciers moins considérables ont couvert les Monts de l'Aubrac et du Forez et même des territoires de relief peu accentué comme le Plateau de Millevaches (997 m.). Tout récemment, M. Glangeaud (1920) a constaté aussi leur existence dans les Monts de la Margeride, dans le Vivarais et le Velay ; mais plus on approche de la bordure méridionale du Plateau Central et plus la démonstration devient difficile. M. Kilian (1908, p. 439) rappelle que certaines vallées du Vivarais où le cours d'eau s'est creusé une gorge dans le basalte superposé aux alluvions pléistocènes, offrent beaucoup d'analogie avec les vallées « surcreusées » des Alpes et présentent même des gradins de confluence, sans qu'il y ait eu intervention de phéno· mènes glaciaires.

C'est dans les Cévennes méridionales au Mont Lozère, que Ch. Martins a signalé, pour la première fois, l'existence d'un glacier quaternaire dans le Massif Central. Dans une communication à l'Académie des Sciences (séance du 9 novembre 1868), il décrivit ce glacier de cirque qui remplissait la vallée de Palhères sur Villefort, et dont la moraine terminale, nettement caractérisée, forme un barrage à 950 mètres d'altitude. Plus au Sud et au S.-W. aucune trace certaine de glaciation n'a pu être révélée.

Il est certain cependant que les changements du climat quaternaire se sont fait sentir jusqu'aux abords immédiats de la Méditerranée. Pendant la dernière glaciation (würmienne) encore, la marmotte, le renne et le bouquetin se plaisaient même dans la plaine languedocienne (1). L'épicéa ne devait pas en être très éloigné (v. p. 26).

C'est probablement sous l'influence du climat plus rigoureux de la dernière glaciation que des arbres sensibles comme *Laurus canariensis*, *L. nobilis*, *Acer neapolitanum*, etc., abondants pendant la dernière période interglaciaire, ont définitivement quitté le Bas-Languedoc et la Provence. Les tufs de Saint-Antonin près d'Aix et de Belgencier dans le Var, datant de la fin de la dernière glaciation, contiennent les chênes résistants : *Quercus Ilex* et *Qu. sessiliflora* ainsi que les *Ulmus montana* et *Tilia platyphyllos*, deux arbres montagnards, qui se sont retirés depuis dans les basses montagnes.

Nous avons donné ailleurs la liste des plantes reconnues dans les tufs de Lasnez, dans les alluvions de Saint-Jakob-s.-Birs, de Clérey, etc. (p. 25). Ces végétaux, et plus particulièrement ceux des limons glaciaires de la plaine suisse, démontrent clairement qu'il y a eu un échange de flores orophiles encore pendant la dernière glaciation, comme il y avait eu un premier

---

(1) Les foyers magdaléniens de la Côte d'Azur, du Gard (Salpétrière, près Remoulins) et du Narbonnais (Trou de la Crouzade, Grotte de Bize, près de Narbonne), contiennent des os de renne et des objets fabriqués en os de renne !

et important échange pendant la glaciation rissienne (v. p. 14).

De tout ce qui précède on peut conclure que l'installation de la plupart des espèces alpines dans les montagnes du Massif Central de France s'est effectuée pendant la dernière et surtout pendant l'avant-dernière glaciation ; elle serait au moins en partie contemporaine à l'immigration de l'élément boréal.

C'est ce que nous pouvons actuellement avancer sur l'époque de l'immigration des végétaux alpins (et boréaux) en attendant que les tourbières de l'Auvergne nous aient livré leurs secrets. Il serait très désirable que des recherches méthodiques sur la stratigraphie et sur le contenu de ces tourbières et de leur sous-sol fussent entreprises à l'exemple des études poursuivies en Suisse, dans les pays scandinaves et ailleurs.

Existe-t-il une relation directe entre la présence ou le voisinage de glaciers quaternaires et la richesse d'un massif en espèces subalpines et alpines, autrement dit en « survivants glaciaires » ? Certains phytogéographes tendent à l'affirmer. M. Issler (1909, p. 35) déclare que la répartition des survivants glaciaires dans les Vosges coïncide avec l'extension des glaciers quaternaires dans cette chaîne.

L'étude des survivants glaciaires du Massif Central aboutit à une conclusion un peu différente. Ici la présence ou l'absence d'espèces orophiles est subordonnée aux conditions topographiques, édaphiques et climatiques actuelles.

Les massifs qui, grâce à leur élévation, leur orographie, la composition de leur sol présentent les stations les plus variées ont conservé aussi la plus riche flore alpine et subalpine. Voilà pourquoi les Monts d'Auvergne sont particulièrement bien dotés et pourquoi le massif de l'Aigoual, sans traces de glacier quaternaire, mais riche en stations très diverses, possède près d'une vingtaine d'espèces subalpines et alpines de plus que le Forez situé en face des Monts Dore et portant l'empreinte glaciaire, mais presque purement siliceux (1). Pourtant le

(1) M. d'Alverny (1911, p. 6) fait remarquer que dans le Forez les minéraux calciques (apatite, pyroxène, amphibole, etc.) des roches porphyriques et surtout basaltiques permettent sur certains points la végétation des calcicoles au milieu des calcifuges. Ces exceptions ne paraissent cependant pas avoir beaucoup influencé la flore en général ; les calcicoles caractéristiques y manquent.

Forez s'élève à 1.648 mètres à Pierre-sur-Haute, altitude supérieure de 100 m. à celle de l'Aigoual.

Les orophytes qui ont pénétré dans le Massif Central au courant de l'époque quaternaire provenaient soit des Alpes, soit des Pyrénées. Il est difficile cependant d'évaluer l'importance relative de chacun des deux courants ou essaims migrateurs. Répandus à la fois dans les Alpes et les Pyrénées, la plupart des immigrants ont pu arriver dans le Massif Central de l'Est aussi bien que du Sud-Ouest. En outre, des espèces originaires des Alpes ont pu gagner les Pyrénées pendant le Quaternaire inférieur ou moyen ; leurs localités intermédiaires ont pu disparaître pendant une période interglaciaire, et une seconde immigration s'effectuer lors d'une glaciation plus récente. L'absence de l'épicéa, du mélèze et de l'arole et la présence du pin à crochet dans les montagnes du Massif Central ne sauraient donc être des raisons suffisantes pour confirmer la parenté historico-géographique de ce massif avec les Pyrénées comme le pensent certains auteurs. Le pin à crochet se rencontre aussi bien dans le Jura et les Alpes que dans les Pyrénées, il nous est impossible de préciser aujourd'hui son foyer primitif.

La preuve que les migrations d'espèces orophiles se sont produites dans les deux sens, des Alpes à l'Auvergne et aux Pyrénées aussi bien que des Pyrénées au Plateau Central et aux Vosges, nous est fournie par deux groupes de végétaux : l'un exclusivement pyrénéen, l'autre alpigène, manquant dans les Pyrénées. Les espèces des deux groupes sont pour la plupart rares ou très rares dans le Massif Central de France ; leur provenance, alpigène d'une part, pyrénéenne de l'autre, ne fait aucun doute.

Le *groupe alpigène*, comprenant les espèces alpines et subalpines de la chaîne des Alpes qui n'ont pas pénétré dans les Pyrénées compte onze espèces que voici :

Dianthus cæsius Sm. — Alpes et Jura ; Auvergne : massif des Monts Dore au Cacadogne, Puy Ferrand, dans la vallée de Chaudefour, Val d'Enfer, Crête des Paillarets, Sancy jusqu'à

1.850 mètres !, vallée de la Cour ; massif du Cantal au Pas-de-Roland, Puy Mary, Puy Violent, Plomb, près de Thiézac, etc.

Minuartia (Alsine) liniflora (L.) Schinz et Thell. — Alpes et Jura ; Cévennes du Gard, de l'Hérault, de l'Aveyron, de la Lozère.

Hypericum Richeri Vill. — Alpes et Jura ; Haut Vivarais au Mézenc et Montagne de l'Ambre.

Chærophyllum hirsutum L. ssp. *Villarsii* (Koch) Briquet — Alpes et Jura ; Auvergne : Monts Dore, Cantal ; Forez (Iléribaud).

Bupleurum longifolium L. — Alpes et Jura, Vosges ; Auvergne : Monts Dore dans la vallée de Chaudefour, Val d'Enfer, Puy de Cacadogne, 1.700 mètres !, etc. ; Cantal, au Plomb, Puy Mary, Rochebrune près de Pierrefort, bois des Ternes près de Saint-Flour, etc. ; Forez (Héribaud).

Ligusticum Mutellina (L.) Crantz — Alpes ; manque au Jura et aux Vosges. Auvergne : Monts Dore, nombreuses localités dans les pâturages élevés ! Cantal, au Plomb, Col de Cabre Puy Mary, Puy de Griou.

Senecio Cacaliaster Lamk. — Alpes orientales ; manque en Suisse, dans les Alpes occidentales et dans le Jura. Montagnes du Massif Central, du Gard et de la Lozère au Forez, aux montagnes du Limousin et de la Marche.

Carduus Personata Jacq. — Alpes, Jura, Vosges ; Auvergne ; Monts Dore à Chaudefour, près du lac de Guéry ; Cantal, au bois de Siniq, vallée de Dienne, source de l'Allagnon.

Cirsium Erisithales Scop. — Alpes, Jura ; répandu dans les montagnes du Massif Central : Auvergne, Aubrac, Forez, Vivarais, Cévennes méridionales.

Hieracium aurantiacum L. — Alpes, Jura, Vosges ; Auvergne : Monts Dore au Puy de Cacadogne et de la Grange, vallée de Chaudefour ; Cantal : de Saint-Jacques au Plomb et pentes Est du Plomb, sommet du ravin de la Croix, Col de Cabre.

Hieracium pyrrhantes N. P. — Alpes, Monts Dore (Cosson in hb. Rouy).

Hieracium lactucifolium A.-T. — Alpes occidentales, montagnes de la Lozère.

Cette petite liste comprend des espèces de souches diverses,

mais qui, dans l'Europe moyenne, ont leur maximum d'abondance dans les Alpes. Leur immigration dans le Massif Central,
ou du moins l'immigration de la plupart d'entre elles, doit
avoir eu lieu du côté des Alpes, soit directement, soit par l'intermédiaire du Jura. Une immigration récente est pour ainsi dire
exclue pour les mêmes raisons invoquées plus haut (v. p. 203).
La distance à vol d'oiseau qui sépare les *Dianthus cæsius,
Bupleurum longifolium, Chærophyllum Villarsii, Ligusticum
Mutellina* de leurs localités alpines ou jurassiques les plus
proches, atteint au moins 200 kilomètres. L'adaptation incom-
plète des graines de ces espèces au transport par le vent ne
permet pas d'admettre un transport récent par sauts à grande
distance. *Senecio Cacaliaster* n'apparaît que 500 à 600 kilomètres à l'Est de l'Auvergne dans le Tyrol, faisant défaut au Jura
et aux Alpes françaises et suisses.

Une seule espèce, *Hieracium pyrrhantes* pourrait être autochtone dans le Massif Central. Hybride fixé entre les *Hieracium
Auricula* et *H. aurantiacum*, de formation relativement récente,
il se serait développé sur place, issu du croisement entre les
deux espèces parentes. Le même hybride fixé s'est produit dans
les Alpes. Nous nous trouvons peut-être ici en présence d'un
des rares exemples d'origine polytopique des espèces.

Bien plus nombreux que les végétaux alpigènes *non* pyrénéens sont dans le Massif Central les *orophytes pyrénéens*. On
peut les répartir en deux catégories d'extension altitudinale et
de distribution géographique différente : la première compren-
drait des espèces pyrénéennes qui habitent les étages inférieurs
(montagnard ou subalpin) et dont les localités pyrénéennes se
rapprochent beaucoup de celles des Cévennes méridionales,
qu'elles dépassent d'ailleurs rarement vers le Nord-Est ; la
seconde embrasserait surtout des espèces de l'étage alpin des
Pyrénées à aire très disjointe dans le Massif Central et dont
quelques-unes l'ont traversé dans toute son étendue pour
atteindre les Vosges et le Jura.

Sans exagérer les possibilités de migration il est permis
d'admettre qu'une avance du premier groupe pyrénéen-monta-

gnard est possible encore de nos jours. Tenant compte des altérations et destructions dues à l'action de l'homme et aussi du fait qu'il s'agit en partie de contrées peu explorées, on reconnaît encore, en effet, par la présence de localités relativement peu écartées la voie suivie par cette migration (v. fig., p. 185).

Voici la distribution des principales espèces de cette catégorie:

Lilium pyrenaicum Gouan — Pyrénées, surtout à l'étage subalpin, s'avance jusqu'aux basses Corbières ; environs de Mouthoumet, 700 mètres. — Réapparaît au delà de l'Aude dans la Montagne Noire en plusieurs localités : bords de l'Alzeau, forêt de Ramondens, Lampy, aux Cammazes, Durfort, etc. Indiqué en outre dans la vallée de l'Aveyron près de Saint-Antonin (Tarn-et-Garonne), d'après Bras.

Fritillaria pyrenaica L. — Pyrénées, étages montagnard et subalpin, s'avance dans les basses Corbières jusqu'à la montagne de l'Alaric. — Réapparaît peu au delà de l'Aude dans le Minervois : Bibaut près de Caunes 500 mètres, Roc-de-Monsieur, etc. ; Tarn : près de Castres ; *Hérault*[e]: Espinouse à Saint-Pons, Les Rives, Saint-Michel-dès-Sers, Larzac au Caylar ; Aveyron, partie sud-occidentale : Cornus, bois de Saint-Véran, Guilhomard.

Crocus nudiflorus Sm. — Pyrénées, étage montagnard et subalpin. — Montagne Noire dans les prés de l'étage montagnard : près de Castres, Lampy, Montagne de Nore, près de Mazamet, etc. ; Espinouse : Anglès, Saint-Pons, Douch, Fraisse, La Salvetat, vallée de la Mare ; Lacaune : Nages, Murat, etc. Dans les parties montagneuses de l'Aveyron et du Lot ; des avant-postes à Antonne (Dordogne) et dans l'Aubrac.

Cardamine latifolia Vahl — Pyrénées, surtout à l'étage montagnard. — S'avance jusqu'aux basses Corbières (Lapradelle, 480 m.! etc.) et le long de la Garonne aux environs de Toulouse. Montagne Noire en de nombreuses localités, vallée de l'Agout près de Castres, près de Brassac ; Espinouse occidentale près d'Anglès ; Gourjade (Tarn), et, une seule fois, à Moissac (Tarn-et-Garonne) ; bassin de l'Aveyron aux bords du Viaur à Tanus. Une localité avancée au bord du Goul, près de Taussac dans le bassin du Lot.

(?) *Erysimum aurigeranum* Timb. — Pyrénées de l'Ariège ;

bassin de l'Aude près de Sainte-Colombe, Belcaire, Fillols. — (Cévennes sud-occidentales ?). Causses de l'Aveyron près de Millau, 750 mètres (Coste et Soulié).

Brunella hastæfolia Brot. — Toute la chaîne des Pyrénées et à travers les montagnes des Asturies et de la Galice jusqu'aux montagnes du Portugal septentrional. Descend dans les basses Corbières. — Au delà de l'Aude dans la Montagne Noire, l'Espinouse, les Monts de Lacaune et à travers les montagnes du Tarn, de l'Aveyron, du Lot jusqu'au Cantal et à la Dordogne. Vers l'Est jusqu'aux montagnes du Vivarais.

• *Scrophularia alpestris* J. Gay — Silicicole des étages montagnard et subalpin des Pyrénées ; descend dans les basses Corbières (forêt des Fanges, Milobre de Bouisse, 750 m., etc.). — Montagne Noire : Mas-Cabardès, bois de Moncapel, Mazamet ; environs de Castres ; Sidobre : les Faillades, le Rialet, le Bez ; Monts de Lacaune ; Murat ; Espinouse : la Salvetat, Fraisse, Saint-Amans-de-Mounis. Un avant-poste dans l'Aubrac.

Antirrhinum Asarina L. — Pyrénées, du pied jusqu'à l'étage subalpin (Canigou, 2.070 m.!), calcifuge. Basses Corbières. — Au delà de l'Aude dans de nombreuses localités de la Montagne Noire, des Monts de Lacaune, de l'Espinouse, de l'Aigoual, du Mont Lozère et jusqu'au Vivarais et à la Haute-Loire (Solignac ; du Puy à la Voute-sur-Loire etc.). Traverse vers le Nord les départements du Tarn (Ambialet, bords du Viaur, etc.) et de l'Aveyron (Cassagnes, environs de Rodez) et touche le Tarn-et-Garonne à Bruniquel, vallée de l'Aveyron, et le Cantal entre Saint-Projet et Vieillevie.

Globularia nana Lamk. — Pyrénées et basses Corbières, surtout à l'étage subalpin ; très répandu. — Au delà de l'Aude à Cabrespine et Ventoure près Citou dans la Montagne Noire (Baichère), Cassagnoles, au-dessus de Massaguine, 700-750 m. (Soulié sec. Coste) ; calcicole.

Campanula speciosa Pourr. — Calcicole des vallées pyrénéennes centrales et orientales ; très répandu aussi dans les basses Corbières jusqu'à l'Alaric de Floure. — Réapparaît dans l'Espinouse (Joncels) et dans les Cévennes calcaires et les Causses de l'Hérault, de l'Aveyron, de la Lozère. S'arrête près de Mende ; vers le Sud-Est jusqu'au Pic d'Anjeau au Sud du Vigan (Gard).

Hieracium pyrenæum Rouy — Pyrénées, bassin de l'Aude : Escouloubre, Carcanière. — Montagne Noire : Durfort, Mazamet, Lacabarède ; Monts de Lacaune ; Espinouse : Brusque dans l'Aveyron (Loret, Coste).

Presque toutes ces espèces s'avancent assez loin dans les Corbières et se retrouvent ensuite au delà de l'Aude dans les contreforts les plus rapprochés des Cévennes (Montagne Noire, Espinouse, Lacaune). Pour franchir la large dépression dont le point culminant, le Col de Naurouze, n'atteint que 186 mètres, elles pouvaient suivre deux voies. L'une partant du Razès et allant aux montagnes du Sorézois, partie occidentale de la Montagne Noire, qui borde au Nord la plaine fertile de Castelnaudary, l'autre, plus courte, établissant la communication entre la Montagne d'Alaric, promontoire rocheux des Corbières, et les sommets du Minervois de la Montagne Noire. La distance en ligne directe de l'Alaric (500-600 m.) au Pic de Nore (1.210 m.) est à peine de 30 kilomètres. Or, les trois quarts des espèces de cette migration pyrénéenne peu ancienne paraissent avoir suivi cette voie. On les trouve à la fois dans les Corbières à des basses altitudes et dans les Cévennes sud-occidentales. Plus loin elles s'égrènent à travers les montagnes du Tarn, de l'Aveyron, de l'Hérault, du Gard, de la Lozère ; aucune ne dépasse le Cantal méridional et le Vivarais ; *elles manquent partout ailleurs en France.*

On pourrait se demander pourquoi les espèces endémiques des Pyrénées n'ont pas rayonné en plus grand nombre dans les Cévennes voisines? La différence dans la composition du terrain entre Corbières et Cévennes sud-occidentales a été sans doute un grave obstacle. Dans les Corbières, contreforts pyrénéens au Sud de l'Aude, les calcaires éocènes et crétacés hébergent une flore nettement calcicole ; les Cévennes sud-occidentales dans leurs parties supérieures, par contre, sont entièrement formées de terrains primitifs, surtout de schistes siluriens et cambriens et de gneiss (v. esquisse géolog., p. 51).

Les *espèces pyrénéennes de l'étage alpin*, rares et localisées sur le Plateau Central, n'y apparaissent, pour la plupart, que dans un ou deux massifs ; on pourrait croire que le hasard ait semé leurs graines : c'est la caractéristique d'une distribution déjà ancienne. Si l'on tient compte de leurs adaptations à la dissémination et au transport, souvent rudimentaires, leur introduction récente accidentelle paraît également inadmissible. Impossible même de tracer leur voie d'immigration ; elle s'est complètement effacée. Ces espèces manquent, en effet, non seulement aux Cévennes sud-occidentales, *Minuartia Diomedis* et *Saxifraga Clusii* exceptés, mais encore aux Corbières, promontoire oriental des Pyrénées. Dans la chaîne pyrénéenne elles appartiennent surtout à l'étage alpin des chaînes centrales siliceuses.

Les Monts d'Auvergne, massif de conservation de premier ordre pour les végétaux orophiles, constituent aussi le refuge principal des immigrés pyrénéens de l'étage alpin. Leurs sommets, situés à 300 kilomètres au Nord de la chaîne pyrénéenne, ont seuls reçu :

Silene ciliata Pourret — Cantal : abondant au sommet du Plomb et jusqu'au Puy du Rocher. — Dans les Pyrénées entre 1.500 et 2.600 mètres.

Sagina pyrenaica Rouy — Cantal : Versant N de la Brèche de Roland (abbé Charbonnel). — Etage subalpin et surtout alpin des Pyrénées.

Jasione humilis Pers. — Monts Dore : Puy Ferrand et Col du Sancy (auct. div., *ibid.* à 1.800 m. !), Paillaret (Dumas-Damon), Puy de la Perdrix au-dessus de 1.500 mètres ! — Etage subalpin et alpin des Pyrénées, surtout entre 1.300 et 2.740 mètres (Pic Barbet !).

Crepis lampsanoides (Gouan) Fröl. — Cantal : Le Lioran, ravins de la Croix de la Goulière, Col de Cabre, Font Allagnon, Roche Taillade, Pas-de-Roland. — Etage subalpin des Pyrénées.

Hieracium pullatum A.-T. — Monts Dore : Vallée de Chaudefour ; Cantal : Plomb, Puys Mary, de Bataillouze, de Peyre, Roche-Taillade, le Lioran, etc. — Etage alpin des Pyrénées centrales et occidentales.

Hieracium sonchoides A.-T. — Monts Dore et Cantal (Rouy). — Etage alpin des Pyrénées.

Les éboulis phonolithiques du Mézenc (*Haut-Vivarais*), à 1.700 mètres d'altitude, sont ornés du magnifique *Senecio leu-*

cophyllus DC. à feuilles découpées, argentées-soyeuses. C'est le seul point où cette plante a pris pied en dehors des Pyrénées. La distance à vol d'oiseau entre le Mézenc et les localités pyrénéennes dépasse 300 kilomètres ! Au Canigou nous avons observé *Senecio leucophyllus* dans les éboulis entre 1.900 et 2.740 mètres (Pic Barbet !).

Les crêtes du massif de l'Aigoual, entre 1.150 et 1.540 mètres, hébergent *Minuartia* [*Alsine*] *Diomedis* Br.-Bl., qui, dans les Pyrénées, remplace le *Minuartia laricifolia* des Alpes.

Les espèces suivantes ont une distribution moins restreinte :

Luzula Desvauxii Kunth (1) — Mont Lozère : au bois de la Berque (Coste), Mézenc, 1.200-1.700 mètres, Auvergne, entre 1.150 et 1.885 mètres (Sancy !), Forez ; Vosges (?). Pyrénées, surtout à l'étage alpin.

Alchemilla Lapeyrousii Buser — Massif de l'Aigoual, Vivarais, Auvergne. Pyrénées.

Saxifraga Clusii Gouan — Montagne Noire (Mazamet à 400 m.), Espinouse et Caroux, massif de l'Aigoual, Cévennes de la Lozère. Pyrénées, surtout centrales et occidentales, montagnes de l'Espagne boréale ; var. *propaginea* (Pourr.) Lange : Portugal sept. montagneux.

Epilobium Duriæi Gay — Aubrac, Auvergne, Forez ; Vosges, Jura. Pyrénées surtout à l'étage subalpin.

Selinum pyrenæum Gouan — Massif de l'Aigoual à 1.200 mètres, Mont Lozère 1.200-1.400 mètres !, Margeride (Coste), Vivarais au-dessus de 1.000 mètres, Aubrac et contrées voisines de l'Aveyron, Auvergne (très fréquent entre 1.200 et 1.840 m. !), Forez ; Vosges. Dans les Pyrénées de 1.300 à 2.500 mètres.

Androsace rosea Jord. et Fourr. — Mont Mézenc, Auvergne (Monts Dore entre 1.600 et 1.880 m. !, Cantal) ; Vosges. Dans les Pyrénées orientales entre 1.600 et 2.800 mètres.

Pinguicula longifolia Ram. — Cévennes méridionales : gorges des Causses ; Auvergne : La Tour d'Auvergne (Rouy). Pyrénées centrales, chaînes bétiques.

---

(1) *Luzula Desvauxii* Kunth, nettement distincte du *L. glabrata* Desv., mérite d'être considérée comme espèce autonome.

Achillea pyrenaica Sibth. — Cévennes méridionales : massif de l'Aigoual, 1.100-1.3oo mètres ; Aubrac, Auvergne, descend parfois le long des ruisseaux ! S'élève à 2.4oo mètres dans les Pyrénées orientales !

Hieracium remotum Jord. — Auvergne : Puy-de-Dôme, Monts Dore, Cantal ; Forez. Pyrénées centrales et orientales.

Ce que nous avons dit au sujet de l'immigration des espèces de l'étage supérieur des Alpes s'applique également aux végétaux alpins des Pyrénées. Ils apparaissent sur les sommets de nos montagnes comme survivants glaciaires à l'exemple des orophytes alpigènes.

*
* *

L'aperçu sommaire sur les irradiations alpigènes et pyrénéennes permet de serrer de plus près la question très discutée de la parenté de la flore orophile du Massif Central. Il en ressort que l'irradiation *pyrénéenne*, importante surtout pendant les périodes glaciaires, se poursuit encore dans une faible mesure quant aux espèces montagnardes. L'essaim migrateur. *alpigène*, par contre, serait glaciaire ; une immigration actuelle du côté des Alpes est improbable et ne peut être révélée, ce qui ne veut pas dire cependant qu'elle soit absolument exclue.

Si l'on examine la répartition locale des orophytes alpinopyrénéens dans les différentes ramifications du Massif Central, on constate que l'essaim pyrénéen s'étend surtout à la partie méridionale (Cévennes méridionales, Vivarais, Aubrac). En Auvergne les groupes alpigène et pyrénéen s'équivalent à peu près. Au delà de l'Auvergne, dans le Forez, les Monts du Lyonnais et du Beaujolais, le courant pyrénéen se dissout de plus en plus et l'irradiation alpigène prend nettement le dessus. Une seule de nos espèces pyrénéennes l'*Epilobium Duriæi* a pénétré dans le Jura méridional, peu favorable aux végétaux calcifuges. Plusieurs, par contre, ont poussé jusqu'aux Vosges granitiques (*Luzula Desvauxii, Epilobium Duriæi, Selinum pyrenæum, Androsace rosea*). Ces témoins indiscutables des migrations quaternaires constituent ici l'avant-poste le plus lointain de l'essaim migrateur pyrénéen.

*
* *

Les recherches paléobotaniques, dont nous avons parlé ailleurs, laissent supposer que le climat glaciaire de l'Europe
moyenne a été froid et assez sec. A côté des forêts de Conifères,
les tourbières occupaient de grandes surfaces, tandis qu'une
végétation à saules nains et à *Dryas* dominait au moins sur la
lisière de l'immense calotte glaciaire et sur les graviers des
torrents.

A l'époque des glaciers cantaliens, qui descendaient jusqu'aux environs de Caillac et d'Aurillac, les grands glaciers
pyrénéens atteignaient la plaine de Lourdes et la moraine
frontale du glacier du Rhône couvrait les environs de Lyon. La
faune à renne poussait encore à l'époque magdalénienne,
c'est-à-dire à la fin de la dernière glaciation, jusqu'aux abords
immédiats de la Méditerranée.

Ces conditions devaient être éminemment favorables aux
migrations de plantes alpines. Les torrents et rivières entraî-
nent des quantités de débris végétaux : fruits, graines, parties
végétatives, parfois même de grosses mottes de terre avec toute
une population végétale. Encore de nos jours ces émigrants
prennent pied et se développent sur les alluvions aux bords des
fleuves qui, par leurs inondations temporaires, écartent la
concurrence trop active de la végétation planitiaire. C'est ainsi
que sur les graviers et sables à l'embouchure de la Linth, dans
le Lac de Walenstadt, à 430 mètres d'altitude seulement, se
maintiennent entre autres :

Poa alpina L.	*Alchemilla Hoppeana* Reichb.
— *annua* L. var. *nana* Gaud.	*Trifolium badium* Schreb.
Allium schœnoprasum L. var. *alpi-*	*Astragalus alpinus* L.
num Lam. et DC.	*Oxytropis campestris* (L.) DC.
Salix appendiculata Vill.	*Myosotis alpestris* Schmidt
Gypsophila repens L.	*Linaria alpina* (L.) Mill.
Kernera saxatilis (L.) Rchb.	*Pedicularis verticillata* L.
Arabis alpina L.	*Scabiosa lucida* Vill.
Saxifraga aizoides L.	*Campanula cochleariifolia* Lamk.
Ribes petræum Wulf.	*Chrysanthemum atratum* Jacq.
Dryas octopetala L.	*Carduus defloratus* L.

Nous avons donné ailleurs des exemples de colonies erra-

tiques semblables (1913, p. 321-322) ; citons-en encore deux.
D'après M. Lauterborn (1917, II, p. 54) *Allium schœnoprasum,
Gypsophila repens, Linaria alpina, Campanula cochleariifolia,*
etc. accompagnent le Rhin jusque vers Brisach ; on sait,
d'autre part, que les *Juncus alpinus, Gypsophila repens, Myri-
caria germanica, Linaria alpina, Hieracium staticifolium*
descendent avec le Rhône jusqu'à Lyon (Saint-Lager, 1883).

Cette émigration passive a dû jouer un rôle efficace dans les
déplacements des flores orophiles au cours des périodes glaciaires. Mais les graviers et alluvions étendus facilitaient aussi
la migration active par les moyens ordinaires de dissémination.
Or, il est intéressant de constater que les espèces sténo-oïques,
c'est-à-dire rigoureusement adaptées à des conditions de milieu
déterminées (comme par exemple beaucoup d'espèces des éboulis
mouvants ou comme les *Primula, Androsace, Potentilla, Draba,
Saxifraga* rupestres) ont, en général, peu étendu leur aire et
n'ont pas pénétré dans les montagnes du Centre de la France.
Le Massif Central n'a reçu, à peu d'exceptions près, que des
plantes orophiles très répandues et très abondantes dans les
deux grandes chaînes voisines.

L'aire occupée pendant le Quaternaire par les espèces alpines
fut morcelée ensuite, non seulement par les transformations
lentes du climat, mais aussi par l'évolution naturelle de la
végétation (successions). L'érosion postglaciaire, et enfin les
perturbations de l'ordre naturel par l'homme et les animaux
domestiques auront contribué encore à faire disparaître les
localités témoins intermédiaires entre le Massif Central d'un
côté, les Alpes et les Pyrénées de l'autre.

CINQUIÈME CHAPITRE

LES ENDÉMIQUES DU MASSIF CENTRAL

L'étude et l'interprétation exacte de l'endémisme d'un territoire est le critérium suprême, indispensable à toute considération relative à l'origine et à l'âge de sa population végétale. Elle nous fait mieux comprendre le passé et les transformations survenues ; elle fournit aussi un moyen pour évaluer l'étendue et l'époque approximative de ces transformations et les conséquences qui en découlent pour le développement de la flore et de la végétation.

Le Massif Central de France est plus riche en espèces endémiques que tout autre massif montagneux de second ordre de l'Europe centrale et septentrionale.

L'explication en est simple : toutes conditions égales, la richesse d'un territoire en endémiques paléogènes est d'autant plus grande qu'il a été moins éprouvé par les perturbations du climat quaternaire. Parcourant les Sierras du midi de l'Espagne, nous sommes frappés du nombre élevé de types spéciaux, paléo-endémiques. Grâce à la faible extension des glaciers quaternaires, la flore orophile des chaînes bétiques a pu évoluer sans interruption depuis le Tertiaire sans être refoulée dans les plaines et sans même être entravée dans son développement par l'invasion d'éléments étrangers. Pour la même raison, les Préalpes sud-orientales sont bien plus riches en endémiques anciens que les Alpes centrales et septentrionales, les Pyrénées proportionnellement plus riches que les Alpes. La péninsule scandinave, recouverte plusieurs fois par une calotte continue de glace, n'a pas d'espèces endémiques d'ancienne formation (1). Il en est de même pour les basses montagnes de l'Allemagne moyenne et méridionale. Mais le Jura déjà accuse une tendance plus marquée à l'endémisme : *Heracleum juranum* Genty, *Pinguicula Reuteri* Genty, *Knautia Godeti* Reuter, endémiques relativement peu anciens, sans doute, mais bien définis, avec plusieurs autres de moindre importance.

A mesure que l'on s'approche de la Méditerranée et que s'efface l'influence des phénomènes glaciaires, l'endémisme acquiert plus d'ampleur. Le Massif Central et en particulier sa ramification la plus avancée vers le Sud, les Cévennes méridionales, sont privilégiés à cet égard malgré leur faible altitude. Les Cévennes méridionales possèdent au moins six espèces endémiques bien tranchées et un nombre assez considérable de formes spéciales dont plusieurs ont la valeur de races.

L'examen détaillé des *endémiques cévenols* permet de distinguer deux groupes d'unités systématiques d'âge différent : endémiques paléogènes (tertiaires) d'une part, et endémiques

---

(1) *Artemisia norvegica* Fries, espèce spéciale des montagnes de la Norvège centrale, doit être considérée de formation récente, interglaciaire. Elle se serait détachée de l'*A. arctica* Less. de la Sibérie et de l'Amérique arctique (v. Wille, 1916, p. 133). Les néo-endémiques, par contre, sont bien représentés en Scandinavie.

Fig. K. — Falaises jurassiques des gorges de la Jonte
sur le rebord du Causse Noir, près de Peyreleau. (Phot. Rousset.)

Fig. L. — Falaises jurassiques de la bordure cévenole à Saint-Guilhem-le-Désert.
(Phot. Rousset.)

néogènes (post-tertiaires) de l'autre. Passons d'abord en revue les *endémiques paléogènes*.

Hieracium stelligerum Fröl., rattaché à la section *Vulgata* (sous-section *Communia* Rouy) nous paraît représenter un groupe (sous-section) nettement caractérisé qui se placerait entre les groupes *Oreadea* Fries et *Vulgata* Fries. Cette épervière, d'un port xérophile, très spécial, trapu, cespiteux ou en « faux coussinet », à tiges divariquées, ne dépassant guère 10 à 15 centimètres, diffère de tous ses congénères par son duvet épais de poils étoilés-farineux, couvrant toute la plante et lui donnant un aspect glauque-grisâtre. L'écologie très spéciale et la répartition morcelée s'accordent avec la position systématique isolée de l'espèce et la caractérisent comme une espèce de formation ancienne. Calcicole exclusive, elle est localisée dans les fissures de rochers souvent inaccessibles et de préférence exposés au Nord. Tandis que d'autres *Hieracium*, moins xérophiles, du groupe du *H. bifidum* s'avancent bien plus loin dans la plaine chaude du littoral méditerranéen, *Hieracium stelligerum* reste cantonné sur la bordure cévenole non envahie par la mer tertiaire. Les quelques localités connues de la plante, assez distantes l'une de l'autre, s'échelonnent entre Saint-Guilhem-le-Désert (localité classique où la plante abonde, v. fig. L.) et Ganges. Quelques sous-espèces voisines habitent les Cévennes, de l'Hérault à l'Ardèche et à la Lozère. Une espèce intermédiaire, *H. substellatum* A.-T. et Gautier *(H. stelligerum-Wiesbaurianum)* des Cévennes, se retrouverait dans une sous-espèce spéciale en Transsylvanie, (comm. de M. *H. Zahn*). Cela indiquerait une distribution préglaciaire plus vaste de ce groupe. Notre *Hieracium stelligerum* ne se présente pas aujourd'hui comme une espèce jeune, expansive, mais comme un type ancien en voie de regression ; il semble avoir diminué de fréquence dans les localités connues des botanistes de Montpellier.

Si l'on cherchait ailleurs des termes de comparaison on pourrait citer comme survivants de la même catégorie : *Phyteuma cordatum* Balb. (dans peu de localités des montagnes de la Côte-d'Azur), *Saxifraga arachnoidea* L. (confiné dans un coin des basses montagnes à l'Ouest du lac de Garde), *Campanula petræa* L. (Côte-d'Azur et seuil des Alpes méridionales italiennes), *Ballota frutescens* (L.) Woods (Côte-d'Azur et Basses-Alpes) (1) et d'autres, toutes reléguées en un petit nombre de localités rupestres, sur la lisière septentrionale de la région méditerranéenne ; toutes sans parents proches et sans pouvoir d'expansion. La disparition définitive de ces types anciens à exigences écologiques des plus spéciales, ayant perdu leur capacité d'accomodation, ne paraît qu'une question de temps.

Le genre *Armeria* est représenté dans les Cévennes par l'élégant endémique *A. juncea* De Girard, espèce très distincte, croissant en touffes serrées, à petits capitules rose-clair, tiges minces, courbées et feuilles graminoïdes. Elle orne les rochers et les sables dolomitiques de la Tude près du Vigan (Gard) et des Causses, de l'Hérault et de l'Aveyron, entre 200 et 900 mètres d'altitude.

A. juncea fait partie d'un petit groupe d'espèces des hautes montagnes, dont une endémique de l'étage subalpin et alpin de Corse (*A. multiceps* Wallr.), une autre propre aux hautes montagnes ibériques, y compris les Pyrénées espagnoles, s'élève jusqu'à 2.500 mètres d'altitude (*A. filicaulis* Boiss.) (2), et la troisième endémique de la Sierra Nevada (entre 2.600 et 3.400 m. fréquent) et des Sierras du midi de l'Espagne (*A. splendens* Boiss.). D'après la morphologie des feuilles on distingue les deux séries des « *Conformes* » à feuilles toutes pareilles, linéaires, uninervées, et des « *Dimorphes* » à feuilles dimorphes, linéaires, les extérieures planes, les intérieures canaliculées. Avec l'*A. filicaulis*, notre *A. juncea* appartient à la série des *Dimorphes* ; mais par d'autres caractères elle se rapproche davantage des *A. multiceps* et *A. splendens*, de la série des *Conformes*. Elle se sépare de l'*A. filicaulis* surtout par son port moins élancé et moins raide, par les capitules de moitié plus grands, par les folioles de l'involucre, le calice, la gaine. Chez l'*A. filicaulis* les folioles de l'involucre sont fortement coriaces, peu scarieuses-argentées aux bords, arrondies et très

_____

(1) Cette espèce, seul représentant français de la section *Acanthoprasium*, se rapproche le plus du *Ballota integrifolia* Benth. de Chypre.

(2) La plante de la Provence (montagnes de la Tourne, au-dessus de Belgentier), rapportée par M. Rouy (Fl. Fr., t. X, p. 169), à l'*A. filicaulis*, diffère sensiblement des échantillons distribués par Bourgeau, de la Sierra Nevada (1851, n° 1438). Elle paraît constituer une race (sous-espèce ?) spéciale.

obtuses, les externes petites, 3-4 fois plus courtes que les
internes. Les lobes du calice sont triangulaires non ovales, atté-
nués en une arête bien plus longue que chez l'*A. juncea.* La
gaine est jusqu'à une fois plus longue que le capitule, peu
déchirée à la base. Abstraction faite des feuilles, conformes
chez les *A. multiceps* et *A. splendens*, et dimorphes chez
l'*A. juncea*, caractère de valeur systématique très discutable (1),
ces trois espèces sont assez étroitement apparentées. Elles ont le
même port, des capitules de dimensions peu différentes (un peu
plus grandes chez l'*A. juncea*) ; les folioles de l'involucre, moins
coriaces que chez l'*A. filicaulis*, sont longuement scarieuses-
argentées aux bords, les extérieures 2-3 fois plus courtes que les
intérieures, ovales, non arrondies et plus étroites, souvent
mucronées (surtout chez l'*A. juncea*).

Il y a quelques années MM. Coste et Soulié (1911, p. 362) ont
décrit sous le nom d'*Armeria Malinvaudii* un *Armeria* spécial
récolté dans la Montagne Noire au-dessus de Citou (700 à
900 m.) qu'ils considèrent comme sous-espèce ou race de
l'*A. juncea* tandis que M. Rouy le rattache à titre de race à
l'*A. majellensis* Boiss. des Pyrénées orientales et de l'Italie
(Fl. Fr. XIII, p. 518).

Le genre *Arenaria* offre deux espèces bien distinctes de leurs
congénères français : *Arenaria hispida* L. et *A. ligericina* Lec.
et Lamotte *(A. lesurina* Loret). Les deux espèces, sans s'exclure
complètement, occupent deux districts différents ; la première
habite la bordure cévénole et les vallées méditerranéennes,
l'*A. ligericina* les rochers dolomitiques des Causses de l'Aveyron et de la Lozère. Tandis que *A. ligericina* n'a jamais été
trouvée ailleurs, *A. hispida* a été rencontré aussi en Catalogne
et dans les Pyrénées orientales. Il s'agit cependant d'une forme
différente, *A. hispida* var. *hispanica* Coste et Soulié.

L'espèce qui a le plus d'affinités avec ce petit groupe naturel
est une plante des Alpes Maritimes *(Arenaria cinerea* DC.). Elle
se distingue par sa pubescence cendrée non glanduleuse, les
dimensions de la corolle, les graines sans tubercules, etc.

---

(1) M. Daveau (1889, p. 17), dans ses études sur les Plombaginées du
Portugal, insiste sur le fait que le dimorphisme des feuilles est un caractère
très variable et plus ou moins accentué, suivant l'époque à laquelle les
échantillons sont récoltés.

lrenaria ciliaris Losc. d'Espagne, de même port, rentre dans
n autre groupe d'espèces annuelles.

Saxifraga Prostii Sternb. *(S. pedatifida* auct. ceb. non Ehrh.

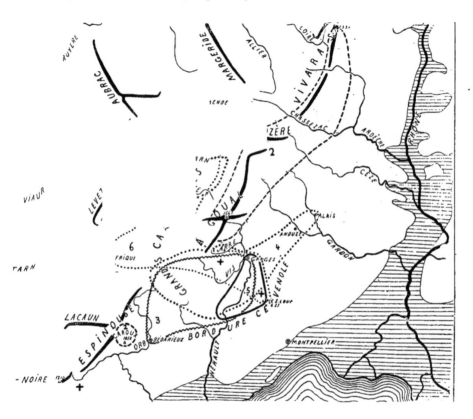

FIG. 12. — Endémiques des Cévennes méridionales.

1. *Arenaria ligericina.* — 2. *Saxifraga Prostii.* — 3. *Armeria juncea.* — 4. *Arearia hispida.* — 5. *Hieracium stelligerum.* — 6. *Saxifraga cebennensis.* — *Diplotaxis saxatilis ssp. humilis.* — ▣ *Gentiana Clusii ssp. Costei.* — ▤ Exnsion de la mer pliocène (d'après M. Haug).

uod est *S. geranioides* L.), magnifique parure des rochers
iliceux des Cévennes du Caroux (Hérault) au Gerbier de Jonc,
ntre 700 et 1.670 mètres (au Malpertus !), occupe avec deux
u trois autres espèces une position isolée parmi les *Dacty-*
*oides.*de France. Des quinze espèces du grex *Ceratophyllæ*
uquel elle fait part, une seule est orientale (Balkans, Car-
athes) *(S. cymosa* Waldst. et Kit.) ; une autre, voisine de la

précédente, est spéciale aux Alpes sud-occidentales *(S. pedemontana* All.), une troisième *(S. cervicornis* Vis.), considérée parfois comme sous-espèce de la précédente, orne les rochers montagneux de la Corse et 'de la Sardaigne. Par contre, huit espèces appartiennent à la flore ibérique (y compris les *S. geranioides* L. et *S. corbariensis* Timb.-Lagr. des Pyrénées), deux à l'île de Madère, et une ne se rencontre qu'au Maroc.

La grande extension territoriale de ce groupe, relativement uniforme aussi au point de vue écologique et des formes biologiques, et la faible malléabilité de ses espèces caractérisent les *Ceratophyllæ* comme sippe de formation ancienne. Ils comprennent des espèces exclusivement rupestres *(Chasmophytes)*, formant de larges coussinets lâches (bien différents des coussinets hémisphériques, serrés, de la plupart des Saxifrages *Dactyloides* alpins), souvent suspendus aux rochers comme des tapis ou guirlandes, à grandes feuilles palmatipartites, plus ou moins charnues, coriaces, toujours vertes et persistant longtemps. Ainsi se traduit, par l'organisation externe, l'influence des conditions spéciales du climat méditerranéen sur un type proprement montagnard.

Notre bel endémique *S. Prostii* a des affinités incontestables avec le *S. cervicornis* de Corse dont il partage l'écologie particulière (espèces rupicoles calcifuges) et avec le *S. corbariensis*, calcicole exclusif des Corbières et des Pyrénées orientales.

Une unité systématique de moindre valeur, mais qui doit être classée dans le même groupe est *Diplotaxis [Brassica] saxatilis* (Lam.) DC. em. Br.-Bl. ssp. *humilis* (DC.) Br.-Bl., le *Diplotaxis humilis* sensu stricto de Grenier et Godron. Il est cantonné dans peu de localités des basses Cévennes calcaires du Gard et de l'Hérault (Causses de Blandas, plaine de Saint-Martin-de-Londres 250 m., Cassagnoles 700 m.). Deux sous-espèces affines sont localisées l'une en Provence (ssp. *Gerardi* [Sm.] Br.-Bl.), l'autre dans les hautes Alpes sud-occidentales (ssp. *repanda* [Willd.] Br.-Bl.). Cette dernière, que nous avons récolté en abondance à 2.700 mètres au Grand Galibier, diffère beaucoup de la ssp. *humilis*, tandis que la plante de la Provence occupe une place systématique intermédiaire. D'autres espèces ou sous-espèces du même cycle croissent dans les Pyrénées *(D. brassicoides* Rouy), en Espagne, en Algérie et

au Maroc. Tous les représentants de ce groupe paraissent déri-
ver d'un même type ancestral méditerranéo-occidental (v. Br.-
Bl., 1919, I, p. 33) (1).

Résumant en peu de mots les données systématiques et
géobotaniques relatives aux endémiques cévenols nettement
différenciés, nous pouvons dire :

1. Leurs affinités systématiques, presque exclusivement
méditerranéo-occidentales, les rapprochent surtout des espèces
de Corse et de Sardaigne *(Saxifraga cervicornis, Armeria multiceps)*, de Provence *(Arenaria cinerea, Diplotaxis saxatilis* ssp.
Gerardi), des basses Pyrénées orientales et de l'Espagne
orientale.

2. La place systématique bien circonscrite de la plupart de
ces espèces, leur malléabilité faible, leur spécialisation écologique très accusée, enfin leur faible puissance d'expansion,
témoignent en faveur d'une origine ancienne, sûrement antérieure aux périodes glaciaires, c'est-à-dire tertiaire. Ce sont des
paléo-endémiques.

Serait-il possible de mieux préciser encore l'époque du début
de la formation de nos endémiques paléogènes et de trouver
dans la flore actuelle des arguments confirmant les relations
anciennes entre les Cévennes et les hautes montagnes tertiaires
du bassin méditerranéen ?

On sait dans quelle mesure la flore du Massif Central de
France a subi l'influence de l'immigration pyrénéenne (v. 214)
Le soulèvement principal des Pyrénées date de l'Oligocène,
l'inclinaison très marquée et constante des couches oligocènes
de la Chalosse l'affirme. D'après M. G. Vasseur (1894) il aurait
eu lieu principalement entre le Sannoisien et le Stampien. Non
seulement les Pyrénées étaient alors en contact avec la
Montagne Noire par les hautes Corbières et le Massif paléozoïque
de Mouthoumet, mais un arc montagneux, effondré plus tard,
les reliait aussi aux montagnes de la basse Provence (Estérel,

---

(1) Le procédé de M. O.-E. Schulz *(Cruciferæ-Brassicæ*, Iʳᵉ partie, Das
Pflanzenreich IV, 105, 1919), qui fait rentrer le ssp. *Gerardi* dans la synony-
mie de son *Brassica saxatilis* sans même en faire mention à titre de variété,
est commode, mais ne nous paraît pas acceptable.

Maures), soulevées également à l'époque oligocène (1). La continuité de cet arc pyrénéo-provençal devait alors rendre possible les échanges d'espèces montagnardes et alpines. Ainsi s'expliqueraient les rapports floristiques anciens entre les Pyrénées et les hautes montagnes de la Provence, révélés aussi par la réapparition inattendue dans les Alpes sud-occidentales d'espèces pyrénéennes paléogènes telles que :

Adonis pyrenaica L.	*Genista delphinensis* Verl.
Dianthus neglectus Lois. (2).	*Oxytropis pyrenaica* Gr. Godr.
Iberis sempervirens L.	*Hypericum nummularium* L.
— *spathulata* Berg.	*Ligusticum pyrenæum* Gouan
Alyssum cuneifolium Ten. (3).	*Teucrium pyrenaicum* L. (?)
Potentilla nivalis Lap.	*Campanula lanceolata* Lap., etc.

Une migration de ces orophytes à travers les plaines du Languedoc, alors occupées par une flore de caractère subtropical, semble exclue.

Qu'il nous soit permis encore d'attirer l'attention sur un fait de distribution très particulier, qui également parle en faveur d'une connexion ancienne, tertiaire, entre les Pyrénées et les sommets de la Provence et de la Corse. Dans les montagnes de cette île on a découvert un *Galium* (*G. cometerrhizon* Lap.) très spécial qui ne se trouve nulle part ailleurs en dehors des hauts sommets pyrénéens (4). On y rencontre, en outre, plusieurs types anciens également présents dans les Alpes occidentales, comme par exemple *Cardamine Plumieri* Vill., *Viola nummularifolia* Vill. (voisin des *V. cenisia* L. des Alpes et *V. nevadensis* Boiss. de la Sierra Nevada), *Sedum monregalense* Balb., etc. ainsi que certains endémiques étroitement apparentés à des espèces alpino-pyrénéennes, par exemple *Saxifraga cervicornis* Viv., *Ligusticum corsicum* J. Gay, *Laserpitium Panax* Gouan ssp. *cynapiifolium* (Salis-

---

(1) V. M. Bertrand *(Bull. Soc. géol. Fr.*, t. XIII, XVI, XXVI) ; P. Termier *(Rev. génér. des Sciences*, t. XXII, n° 6, 1911).

(2) La présence de cette espèce dans le Tyrol est douteuse (v. Dalla Torre et Sarnthein, II, p. 212, 1909).

(3) Aussi dans l'Apennin.

(4) *Veronica repens* Clar. ap. DC. n'est qu'en Corse et dans la Sierra Nevada.

Marschl.) Rouy, Chrysanthemum alpinum L. ssp. tomentosum
(DC.), Ch. corsicum DC. (voisin du Ch. monspéliense L. selon
M. Briquet). Elles constituent des témoins vivants de la jonction
de ces îles avec les Alpes provençales, confirmée d'ailleurs par
la réapparition d'une série de couches des Alpes piémontaises
dans le Nord-Est de la Corse. Cette union aurait eu lieu
pendant le Pliocène inférieur (Plaisancien).

Les îles tyrrhéniennes ne furent pas seulement unies au
continent, mais paraissent aussi avoir été en contact direct
avec les Baléares (1) et indirectement avec la chaîne bétique
(Sierra Nevada). Ainsi l'hypothèse, pressentie par d'éminents
géologues, de l'existence d'une Tyrrhénide, massif dont les
îles et îlots actuels représenteraient les restes, s'affermit de
plus en plus (2). Stratigraphie, tectonique et biogéographie ont
accumulé des preuves pour ainsi dire irréfutables sur ce point.

Pendant la période miocène avaient commencé les grands
effondrements qui se sont étendus pendant le Pliocène au bassin
occidental de la Méditerranée. Le détroit de Gibraltar s'ouvre,
la mer tyrrhénienne avec ses contours actuels se forme. Au
milieu de cet effondrement persistent, comme témoins, les îles
de la Méditerranée occidentale.

Séparés dès lors et soumis à des conditions de milieu variées
et nouvelles, les types paléogènes ont formé souche de nombreuses lignées divergentes, sur les îles aussi bien que dans les
massifs montagneux. Ces lignées ont abouti à des endémiques
nettement définis. Dès la période miocène, dans chacun
des massifs isolés, des races locales d'espèces montagnardes
ancestrales, à aire étendue et plus ou moins continue, ont dû
se différencier, acquérant peu à peu les caractères fixes d'espèces
distinctes.

Le nombre et l'importance de ces endémiques est en rapport
direct avec l'élévation et l'étendue des massifs et surtout avec

---

(1) A l'appui de cette opinion, nous citerons comme endémiques paléogènes confinés strictement aux îles tyrrhéniennes et aux Baléares : Arum
muscivorum, Hyacinthus Pouzolzii, Crocus minimus, Parietaria Soleirolii,
Urtica atrovirens, Arenaria balearica, Helleborus trifolius, Euphorbia Gayi,
Micromeria filiformis, Linaria æquatriloba, etc. (v. surtout Knoche H., 1921).

(2) V. Haug (Traité de géologie, 1911, II, p. 1740), de Lapparent (Traité de
géologie, 1906, p. 1895).

leur isolement. Nous n'avons qu'à rappeler à ce sujet la richesse en endémiques méditerranéo-tertiaires des Pyrénées, de la Cordillère bétique, des îles tyrrhéniennes.

Les Cévennes, chaîne peu individualisée et de faible altitude, influencée dans une plus forte mesure par les variations du

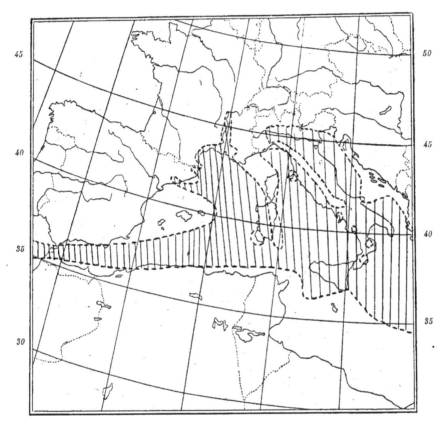

Fig. 13. — La Méditerranée plaisancienne (d'après de Lapparent).

climat et par les migrations de la flore quaternaire, n'ont conservé qu'un petit nombre d'endémiques paléogènes qui représentent des vestiges modifiés de la flore des chaînes méditerranéo-occidentales miocènes, des Altaïdes d'E. Suess, dont les Cévennes constituaient une branche septentrionale, détachée du Massif des Corbières et des Pyrénées.

Des considérations d'ordre phylogénique viennent appuyer notre manière de voir. De nombreux endémiques locaux, actuel-

lement isolés sur les îles et dans les hautes montagnes méditerranéennes, présentent, entre eux, des affinités incontestables.

On peut les paralléliser et les grouper suivant ces affinités
qui assignent à chacun de ces groupes naturels une souche
primitive commune. Ainsi, par exemple, les *Saxifraga cymosa*
des Balkans, *S. pedemontana* des Alpes occidentales, *S. cervicornis* de Corse, *S. Prostii* des Cévennes et *S. corbariensis* des
Pyrénées orientales, étroitement apparentés, seraient les descendants d'une espèce méditerranéo-montagnarde de souche
tertiaire. Il en serait de même pour les *Arenaria cinerea* des
Alpes-Maritimes, *A. ligericina* et *A. hispida* des Cévennes et
A. hispida var. *hispanica* de la Catalogne ; pour les *Armeria
multiceps* de la Corse, *A. juncea* des Cévennes, *A. filicaulis* et
A. splendens des montagnes ibériques ; pour les *Bunium cory-
dallinum* DC. de la Corse et de la Sardaigne, *B. petræum*
Ten. de l'Italie méridionale, *B. alpinum* W. et K. des Alpes
occidentales, *B. nivale* Boiss. de la Sierra Nevada ; pour les
Ligusticum pyrenæum Gouan des Pyrénées et des Basses-Alpes,
L. Huteri Porta et Rigo des Baléares, *L. cuneifolium* Guss. de
l'Italie centrale et méridionale, *L. Kochianum* Rouy (*L. Seguieri*
Koch non Vill.) des Alpes sud-orientales et des Balkans, etc.

Les rapports floristiques entre les divers massifs montagneux
de la Méditerranée occidentale doivent remonter au delà du
Pliocène, car le contact entre ces massifs, ainsi que celui des
îles avec le continent, avait cessé avant la fin du Pliocène. Les
recherches géologiques et biogéographiques sont concluantes
à cet égard.

Les endémiques *paléogènes* des Cévennes méridionales sont
tous de *souche méditerranéenne ;* il n'en est pas ainsi pour *les
endémiques néogènes ou de formation récente* qui sont *d'origine diverse.* Leur interprétation rencontre d'ailleurs de sérieuses
difficultés ; pour beaucoup d'entre eux la place systématique
et la répartition géographique ne sont pas assez connues ; nous
devons donc à leur égard procéder avec beaucoup de prudence
et laisser de côté tous les cas douteux.

Des formes ou petites espèces de *souche alpino-pyrénéenne*
représentent le groupe sinon le plus nombreux, du moins le
plus intéressant, d'endémiques néogènes des Cévennes.

Le superbe *Saxifraga cebennensis* Rouy et Camus (= *S. Pros-*

tiana Ser. nom. princeps, mais qui prête à confusion avec le
S. Prostii Sternb.) occupe la première place. Calcicole absolue,
cette espèce pousse en grands coussinets compacts dans les
fissures des falaises dolomitiques aux environs de Meyrueis
dans la vallée de la Jonte, à la Tessonne, la Tude, dans le vallon
de Saint-Guilhem-le-Désert !, au Pic Saint-Loup, et en d'autres
points des basses montagnes calcaires du Gard, de l'Hérault,
de l'Aveyron et de la Lozère entre 450 et 1.100 mètres d'altitude. Ses affinités systématiques la rapprochent surtout des
S. pubescens Pourret *(= S. mixta* Lap.) et *Ṣ. Iratiana*
F. Schultz, espèces pyrénéennes avec lesquelles on l'a souvent
confondue et dont elle a le port. Elle s'en distingue pourtant
par plusieurs caractères constants (cf. surtout Luizet, 1913).

   Gentiana Costei Br.-Bl. a été récemment décrit comme sous-
espèce du *G. Clusii* Perr. et Song. des Alpes et des Pyrénées. Il
paraît constituer un type de transition, fixé, entre les *G. Clusii*
et *G. occidentalis* Jakovatz des Pyrénées ; il se rapproche
pourtant davantage du premier par la forme du calice et par le
bord cartilagineux des feuilles (cf. Br.-Bl., 1919, I, p. 42). Cette
petite espèce fut découverte par M. l'abbé Coste dans les gorges
de la Jonte, au-dessus de l'Ermitage de Saint-Michel et au
cirque de Madasse près Peyreleau entre 800 et 900 mètres, et
plus tard dans quelques localités voisines de l'Aveyron et de la
Lozère entre 600 et 900 mètres d'altitude (v. fig. K). C'est à
elle que se rapporte peut-être l'indication antérieure du
G. acaulis auct. près de Camprieu dans le massif de l'Aigoual (1).
Le *Gentiana Clusii* ssp. *typica*, répandu dans les Alpes orientales jusqu'en Savoie et dans les Pyrénées, fait complètement
défaut dans les montagnes du Plateau Central. La jonction,
entre les aires alpine et pyrénéenne, a dû être réalisée pendant
l'époque quaternaire lors des grandes glaciations. Le *Gentiana
Costei* constituerait alors un néo-endémique par survivance
dérivé du type *G. Clusii* après la séparation définitive des
deux aires.

   Thlaspi occitanicum Jordan, qui se distingue surtout par son

-----

   (1) Les indications des *Gentiana excisa* Presl. et *G. angustifolia* Vill., dans
les Cévennes (cf. Rouy, Fl. Fr., t. X, p. 258) se rapportent sans doute à notre
G. Costei.   .

port trapu, la couleur glauque de toute la plante et les pétales
lavés de rose, est un néo-endémique détaché du groupe du
Thlaspi alpestre L. s. lat. si répandu dans les montagnes de
l'Europe centrale et méridionale. Fréquent dans les Cévennes
méridionales (Gard, Hérault, Aveyron, Lozère) il a été indiqué
aussi dans le Lot.

Ajoutons ici *Cotoneaster intermedia* Coste, plante intermédiaire entre les *C. integerrima* Medik. (= *C. vulgaris* Lindl.) et
C. tomentosa (Ait.) Lindl., mais qui ne nous paraît pas
hybride (Cévennes du Gard, de la Lozère, de l'Aveyron), *Bupleurum ranunculoides* L. var. *cebennense* Rouy (même distribution), et quelques *Hieracium* de la parenté des *H. pallidum*
Biv., *H. bifidum* Kit., *H. cinerascens* Jordan, etc.

Les caractères distinctifs de ces endémiques portent sur des
variations morphologiques peu importantes. Ils leur assignent
un âge relativement récent et certainement beaucoup plus
jeune que celui des endémiques paléogènes que nous venons
d'examiner. Leurs liens génétiques étroits avec des espèces
alpines et pyrénéennes, leur isolement et leur disjonction
actuelle ne permettent qu'une conclusion : ce sont les
types modifiés d'espèces qui ont occupé des aires plus vastes
et plus continues pendant les glaciations quaternaires. Elles
se rangeraient à côté des survivants glaciaires d'origine
alpino-pyrénéenne, qui n'ont pas modifié leurs caractères
spécifiques.

Les endémiques cévenols *néogènes* de souche *méditerranéenne* ou *méditerranéo-montagnarde* sont également assez
nombreux. Citons comme tels : *Minuartia (Alsine) lanuginosa*
(Coste) (= *Alsine mucronta* var. *pubescens* Lec. et Lamotte ;
A. rostrata Koch forme *A. lanuginosa* Rouy), à notre avis race
locale du *Minuartia rostrata* (Fenzl) Reichb., type méditerranéo-
montagnard, dont on la distingue facilement à son port
ramassé, cespiteux, pubescent-cendré, etc. C'est une caractéristique de l'association à *Potentilla caulescens* et *Saxifraga·
cebennensis* des falaises dolomitiques dans les Cévennes de la
Lozère, de l'Aveyron et de l'Hérault.

Minuartia (Alsine) condensata (Presl) Handel-Maz. var. *Thevenæi* (Reuter pro spec.) paraît localisé dans les Cévennes sud-
occidentales (Espinouse, Caroux), où il croît, parfois en grande

abondance, sur les rochers granitiques et schisteux en compagnie des *Asplenium septentrionale,Sedum hirsutum, Anthirrhinum Asarina, Plantago carinata*, etc. Dans la vallée supérieure de l'Orb, il descend à 400 mètres (au Camp de Lègue, vallon de Vernasoubres !). Il s'élève, d'autre part, à plus de 1.000 mètres. La plante du Mont Lozère (Malpertus à 1.600 m.), rapportée par plusieurs auteurs à notre espèce, s'en distingue nettement par ses feuilles glabres, plus courtes et plus épaisses, non mucronées, les rameaux foliacés moins feuillés, les feuilles non imbriquées, les coussinets moins compacts, etc. Elle ne diffère en rien du *Minuartia recurva* des Alpes et des Pyrénées. La présence du *M. condensata* var. *Thevenæi*, authentique, dans les Pyrénées orientales (Tour de Massane près d'Argelès, Neyraut sec. Rouy) demande à être confirmée.

Une autre race locale détachée d'un type méditerranéen est la var. *calcareomontis* Br.-Bl. de l'*Adenocarpus complicatus* (L.) J. Gay ssp. *commutatus* (Guss.) Br.-Bl. qui habite les Cévennes, de l'Aude (1) au bassin de l'Ardèche. Elle est surtout caractérisée par son port élancé, les grappes florifères très allongées et par le duvet court et fin, apprimé, de toute la plante. Des variétés parallèles se sont développées en Calabre et en Sicile (var. *pubescens*), en Espagne, en Grèce, en Asie Mineure, en Syrie, au Maroc. Une répartition semblable dans les Cévennes possède les néo-endémiques *Iberis Prostii* Soy.-Will., sous-espèce de l'*Iberis intermedia* Guers., *Iberis Costei* Fouc. et Rouy, variété de l'*Iberis pinnata* L., *Teucrium Rouyanum* Coste, détaché du *T. Polium*. — *Odontites cebennensis* Coste et Soulié (*Euphrasia Jaubertiana* Bor. race *E. viscida* Rouy) à corolle jaune-doré n'est connu que dans quelques localités de l'Aveyron.

A cette énumération viendraient s'ajouter plusieurs petites espèces ou variétés de genres critiques, notamment les *Hieracium* détachés du *H. stelligerum* Fröl., provenant soit d'hybridation, soit de variation. Tous sont étroitement localisés ; ils n'ont pas eu le temps de se répandre loin de leur foyer originel. *Hieracium albulum* Jord. et *H. albogilvum* Jord. restent cantonnés dans peu de localités de l'Ardèche et du Gard ;

(1) Indiqué aussi dans deux ou trois localités des basses Corbières.

H. sublacteum A.-T. et Gaut. sur la bordure cénévole de l'Hérault ; *H. lesurinum* Br.-Bl. a été trouvé jusqu'ici seulement dans la vallée de la Jonte près de Meyrueis.

Le groupe des néo-endémiques *de souche eurosibérienne* spéciaux aux Cévennes est peu important. Deux petites espèces ou variétés du serpolet *(Thymus serpyllum* L.) sont à placer ici : *Thymus nitens* Lamotte *(Thymus serpyllum* L. race *nitens* Rouy) du massif de l'Aigoual et *Thymus dolomiticus* Coste des Causses de l'Aveyron. De l'*Hieracium umbellatum* L., répandu à travers tout l'hémisphère boréal, est issue la sous-espèce *H. halimifolium* (Fröl.) Rouy, dont plusieurs formes (races ?) habitent seules les Cévennes. Les Roses *(Rosa micrantha* Sm., *R. glauca* Vill.) et d'autres genres eurosibériens en voie d'évolution active y ont également produit quelques micromorphes.

Après avoir passé en revue les manifestations d'endémisme *cévenol*, il nous reste, pour compléter le cadre, à jeter un coup d'œil sur *les espèces endémiques de l'ensemble des montagnes du Massif Central de la France*.

Remarquons dès maintenant qu'aucune des ramifications qu'il comprend, les Cévennes méridionales exceptées, ne possède *en propre* des endémiques paléogènes. Par contre, plusieurs d'entre eux ont *en commun* un endémique paléogène qui mérite tout notre intérêt. C'est l'élégant *Arabis cebennensis* DC. de la section *Euxena*, le « *Hesperis silvestris flore parvo* » de C. Bauhin, à fleurs violettes portées par une tige de 5o à 110 centimètres. On le connaît des Cévennes méridionales (où Burser l'a découvert autour de 1611 « *ad aggeres aquarum in horto Dei* » [Aigoual]), de l'Aubrac, des montagnes du Vivarais et de l'Auvergne (Cantal, 8oo-1.5oo m. d'altitude). Dans les Cévennes méridionales il embellit les ravins de l'étage du hêtre entre (6oo) 1.ooo et 1.43o mètres, s'attachant le plus souvent à l'association de l'*Adenostyles Alliariæ ;* parfois aussi il forme des peuplements luxuriants à peu près purs, il évite cependant les terrains calcaires. La seule espèce voisine de cette plante remarquable est l'*Arabis pedemontana* Boissier des Alpes Craies et Cottiennes. L'identification spécifique des deux plantes, soutenue par MM. Rouy et Foucaud (Fl. Fr., I, p. 222) ne nous semble pas justifiée. Sans parents proches, *Arabis ceben-nensis* et *A. pedemontana* constituent un petit groupe spécial qui a des affinités lointaines avec des espèces du Caucase et de l'Asie boréo-orientale, mais qui diffère nettement de toutes les espèces européennes. M. Calestani (1908) en a même fait un genre particulier *(Euxena)*, en se basant surtout sur des caractères anatomiques, genre qui a été réduit ensuite à la valeur de section par M. Hayek (1911). Il est certain que nous avons affaire à un endémique ancien de souche euro-sibérienne.

Heracleum Lecoqii Gr. Godr., de même souche, est un endé-mique moins bien tranché. Il possède une aire plus étendue et assez continue dans le Massif Central entre la Montagne Noire, l'Auvergne et le Vivarais. Il déborde même dans le Bassin sous-pyrénéen (environs de Toulouse, etc.) et dans les basses Cor-bières. C'est une caractéristique-préférante des prairies fauchables un peu humides ou irriguées, prairies à *Agrostis tenuis* et à *Luzula Forsteri*. Dans les Cévennes méridionales elle descend jusqu'à 180 mètres (vallée de l'Orb !) et s'élève à 1.520 mètres ; au Mézenc elle atteint 1.600 mètres. Ses affinités phylogéniques la placent au voisinage des *Heracleum Sphondylium* L., *H. sibiricum* L.; *H. algeriense* Cosson. Ce dernier, cantonné dans les montagnes du Djurdjura, constitue le rameau le plus méridional de ce groupe eurosibérien. *H. Sphondylium* et *H. sibiricum* sont surtout répandus dans l'Europe moyenne, orientale et boréale, ils s'avancent jusqu'en Sibérie ; *H. Sphon-dylium* va jusqu'au Kamtschatka. Notre *Heracleum Lecoqii* a été subordonné comme sous-espèce au *H. sibiricum* par MM. Rouy et Camus. Ayant eu l'occasion d'étudier les deux plantes dans la nature, nous ne pouvons accepter cette subordi-nation. *H. Lecoqii* nous paraît une espèce suffisamment caractérisée par ses ombelles peu fournies, de 10 à 20 rayons, les fleurs foncées d'un vert jaunâtre, les pétales émarginés, presque égaux, recourbés vers l'intérieur pendant l'anthèse, l'ovaire et les pedicelles glabres, les fruits glabres, grands, 7 à 10 millimètres de long sur 6 à 7 millimètres de large, le dessous des feuilles couvert d'un duvet blanchâtre de poils fins, apprimés, la tige relativement grêle, finement pubescente, pres-que glabre vers le haut. L'endémique du Djurdjura, *Heracleum algeriense*, que nous n'avons pu étudier sur le terrain, paraît voisin du *H. Lecoqii* (1).

Une espèce peu connue, *Myriophyllum montanum* Martr.-Donos, doit être énumérée ici. Considérée comme une sous-espèce du *M. spicatum* L. par M. Rouy (Fl. Fr., t. VII, p. 151) son rang spécifique lui est restitué par M. Coste (1921, p. 8). La plante paraît plus répandue qu'on ne le croyait dans les eaux courantes des terrains granitiques (Montagne Noire, Levezou, etc. ?).

Parmi les *néo-endémiques de souche eurosibérienne*, plus ou moins répandus dans le Massif Central, on distingue un petit groupe dérivé de types alpino-pyrénéens. Tels sont : *Alchemilla basaltica* Buser (voisin de l'*A. saxatilis* Buser), abondant en Auvergne, au-dessus de 1.500 mètres, Aubrac, Vivarais ; paraît manquer aux Cévennes méridionales ; *Thlaspi alpestre* L. ssp. *arvernense* (Jord. pro. spec.), répandu dans le Massif Central, du Lyonnais à l'Auvergne et au Vivarais ; paraît également manquer aux Cévennes méridionales ; *Sempervivum arvernense* Lec. et Lamotte (sous-espèce du *S. tectorum* L.), des Cévennes méridionales à l'Auvergne, au Forez et au Lyonnais. etc. D'autres micro-endémiques dérivent de types répandus en dehors des systèmes montagneux de l'Eurasie ; ainsi : *Senecio spathulifolius* DC. ssp. *arvernensis* Rouy du Cantal (de Saint-Anastasie à Allanche ; versant Nord du Plomb ; en haut du ravin de la Croix, sec. Rouy) et du Vivarais (Mézenc, sec. Revol). *Phyteuma gallicum* F. Schultz (voisin du *Ph. nigrum* F. W. Schmidt ; *Ph. ambigens* Rouy p. p.), endémique des montagnes de la France centrale d'après Schultz (1904) ; d'après M. Rouy (Fl. Fr. X, p. 85) aussi dans les Vosges, le Jura, les Ardennes, s'il s'agit de la même forme ; *Pulmonaria affinis* Jord. ssp. *alpestris* (Lamotte pro spec.) en Auvergne : Monts Dore, Cantal au Lioran, ravin de la Croix, Puy Violent ; Aubrac (Coste) ; *Hieracium chalybæum* A.-T. en Auvergne et dans la Montagne Noire, sous-espèce du *H. atratum* Fries.

Le nombre des *néo-endémiques* de souche *méditerranéenne*, *plus ou moins répandus dans le Massif Central*, égale à peu près

---

(1) Tout récemment un *Heracleum*, très voisin du *H. Lecoqii*, a été découvert par M. R. Maire dans l'Atlas marocain (comm. verb.).

celui des néo-endémiques de souche eurosibérienne. Dans cette catégorie il convient de mentionner surtout :

Dianthus graniticus Jordan et *Dianthus Girardini* Lamotte, deux œillets très décoratifs. Le premier, voisin du *D. hirtus* Vill. des collines chaudes de la Provence, était considéré comme simple variété par Caruel et Saint-Lager *(Etudes des fleurs*, p. 102) ; Rouy et Foucaud *(l. c.* III, p. 177) lui donnent la valeur de sous-espèce qu'il mérite amplement. Il frappe par son abondance et par la teinte vive de ses fleurs élégantes, garnissant les rochers siliceux et basaltiques des Cévennes méridionales, du Vivarais, du Forez et de l'Auvergne, entre 180 et 1.550 m. ! *Dianthus Girardini*, sous-espèce du *D. barbatus* L. des pays méditerranéens de l'Espagne aux Balkans et à la Russie méridionale, n'est connu que dans quelques localités du Cantal et de l'Aveyron. Les affinités des deux *Dianthus* endémiques les classent parmi les espèces de souche méditerranéo-montagnarde. Il en est de même du *Genista longipes* Rouy (= G. *pedunculata* L'Hér. race *longipes* Rouy = *Cytisus decumbens* Spach var. *longepedunculata* Gr. Godr.) (Plomb du Cantal, Aubrac, sur tous les hauts sommets au-dessus de 1.200 mètres), et de l'*Astrocarpus sesamoides* J. Gay ssp. *firmus* (J. Müller pro var.), petite Resedacée très distincte de l'*Astrocarpus sesamoides* des Pyrénées. Elle abonde dans les arènes granitiques et schisteuses des Cévennes méridionales (entre 800 et 1.600 mètres environ), et réapparaît en Auvergne (Monts Dore : nombreuses localités jusqu'à 1.800 m. ! Plomb du Cantal, etc.).

A la même catégorie d'espèces de souche méditerranéenne appartiennent : *Brassica monensis* (L.) Huds. (= *Sinapis Cheiranthus* Koch) ssp. *arvernensis* (Rouy et Fouc.) (massif du Cantal au Lioran, Col de Cabre, Puy Mary, sommet du Plomb ; Mont Lozère près du sommet), *Biscutella lævigata* L. ssp. *arvernensis* (Jord. pro spec.) Rouy et Fouc. (Auvergne : Monts Dore, Plomb du Cantal, montagne près d'Aurillac ; Vivarais : Mézenc [Revol]), *Biscutella lævigata* var. *granitica* (Boreau pro spec.), *B. lævigata* L. var. *intricata* (Jord. pro. spec.).

On pourrait y ajouter encore : *Chrysanthemum monspeliense* L. *(Leucanthemum cebennense* DC.), espèce paléogène de souche méditerranéenne et *Carduus nigrescens* Vill. ssp.

vivariensis Jord., répandus tous deux à travers les ramifications méridionales du Massif Central jusqu'en Auvergne, mais dépassant quelque peu les limites de notre territoire dans les Pyrénées-Orientales.

Du *Galium hercynicum* Weig. *(G. saxatile* L.), espèce atlantique, s'est détachée la variété insignifiante v. *arvernense* Rouy, indiquée en Auvergne et au Mont Pilat.

Les espèces endémiques, *spéciales à l'une ou à l'autre* des chaînes du Massif Central de France (les Cévennes méridionales exceptées), ont peu d'importance. On peut dire d'une manière générale que les néo-endémiques de souche méditerranéenne diminuent progressivement à mesure qu'on s'éloigne des montagnes du Midi. Une faible compensation résulte de l'apparition de quelques néo-endémiques de souche alpino-pyrénéenne et eurosibérienne dans les Monts d'Auvergne. C'est ici (Cantal et Monts Dore au-dessus de 1.600 m. !) qu'on observe le gracieux *Saxifraga Lamottei* Luizet, type des endémiques auvergnats. Cette race, que l'on peut considérer comme sous-espèce, a été longtemps confondue avec les *Saxifraga exarata* Vill. et *S. moschata* Wulfen des Alpes et des Pyrénées. Par l'ensemble de ses caractères, elle se rattache à ce dernier, dont elle est parfois difficile à distinguer. Il ne nous paraît pas douteux qu'elle se soit différenciée seulement depuis la période glaciaire du *S. moschata*, type très polymorphe ayant donné naissance à une foule de petites espèces néogènes, géographiquement localisées. *Alchemilla Charbonneliana* Buser est un néo-endémique voisin de l'*A. amphisericea* Buser des Alpes.

Citons en outre comme néo-endémiques auvergnats : *Thalictrum minus* L. var. *Delarbrei* (Lamotte pro spec.) Monts Dore, ordinairement au-dessus de l'horizon du sapin, souvent en compagnie du *Juniperus nana :* Capucin, vallée de la Cour, de Chambourguet ; Cantal : environs de Salers) ; *Biscutella lævigata* L. ssp. *Lamottei* (Jord. pro spec.) Rouy et Foucaud (terrains volcaniques des Monts Dore où cette race est assez répandue au-dessus de 1.500 m. !) ; *Thlaspi alpestre* ssp. *brachypetalum* (Jord.) Wild. et Dur. var. *vulcanorum* (Lamotte pro spec.) Rouy et Fouc. (Monts Dômes, Monts Dore, etc., plusieurs localités dans le Cantal ; indiqué par Revel [1885, I,

p. 160] aussi dans l'Aubrac voisin) ; *Trifolium pallescens* Schreb. ssp. *arvernense* (Lamotte) Br.-Bl. (Monts Dore et Cantal en plusieurs localités au-dessus de 1.200 m. !) ; *Polygala vulgaris* L. var. *involutiflorum* (Lamotte pro spec.) et var. *basalticum* Lamotte pro spec.) ; *Polygala calcareum* F. Schultz var. *cantalicum* (Jord. de Puyfol pro spec.) Rouy et Fouc. ; *Euphrasia Rostkoviana cantalensis* Chabert (= *E. hirtella* Jord. var. *cantalensis* Rouy (Monts Dore et Cantal, entre 500 et 1.250 m.) ; *Rhinanthus arvernensis* Chabert (Monts Dore, Cantal) ; *Rh. Heribaudi* Chabert (Cantal) ; *Hieracium columnare* A.-T., sous-espèce du *H. rapunculoides* A.-T. (Cantal) ; *Hieracium cantalicum* A.-T., sous-espèce du *H. lycopifolium* Fröl. (Monts Dore, Cantal) ; *Hieracium cymosum* L. var. *arvernense* Rouy (Cantal), ainsi que plusieurs petites espèces décrites récemment par l'abbé Charbonnel (1920).

Le *Polygala calcareum* var. *cantalicum* seul est de souche atlantique, *Biscutella* est de souche méditerranéenne ; les autres micro-endémiques cités sont dérivés d'espèces alpino-pyrénéennes ou eurosibériennes. Leur interprétation systématique mériterait d'ailleurs une étude critique.

Il n'existe en Auvergne aucun endémique spécial de souche méditerranéenne qui ne se rencontre aussi ailleurs dans le Massif Central.

En dehors des Cévennes méridionales et de l'Auvergne, l'endémisme spécial se réduit à peu de chose (1). Toutes les autres chaînes du Massif Central n'accusent qu'un endémisme particulier insignifiant, négligeable, ce qui permet de les considérer · comme simples dépendances floristiques des deux petits centres voisins : Cévennes méridionales et Auvergne.

Les *Cryptogames endémiques* du Massif Central sont peu nombreux, et les Lichens et les Mousses décrits comme espèces spéciales à ce massif par différents auteurs ont à peu près tous

---

(1) La *Haute-Loire* et le *Vivarais* paraissent avoir en propre : *Thlaspi Arnaudiæ* Jord., variété ou sous-espèce du *Th. alpestre* L. et *Brassica monensis* (L.) Huds. = *Sinapis Cheiranthus* Koch var. *densiflora* (Jord. pro spec.), le *Forez* : *Cerastium Riæi* Desm. ssp. *Lamottei* (Le Grand pro spec.) Rouy (vallée du Vizezy, entre Fraisse et Courreau, 900 m. ; Soleymieu, Verrières, Gumières, 700 à 800 m. d'altitude).

été classés comme variétés par des autorités compétentes. Un seul Lichen *(Stereocaulon curtulum* Nyl.), d'affinité alpino-pyrénéenne, ne permet pas un jugement définitif. D'après Harmand (1909, p. 362), il est trop peu connu et trop mal développé pour qu'on l'admette comme espèce autonome ; la plante fut récoltée par Lamy dans les Monts Dore. Le *Parmeliopsis subsoredians* Nyl., également localisé dans le massif des Monts Dore, est très voisin du *P. ambigua* Nyl. de l'Europe moyenne. *Harmand* (1907, p. 587) dit qu'un échantillon stérile, provenant de la localité classique de Lamy, ne diffère en rien de cette dernière espèce. Enfin, *Physcia interpallens* Nyl. ap. Gasilien des Monts Dore est considéré par M. Olivier (1907, p. 237) comme variété du *Ph. enteroxantha* Nyl., rare et avant tout méditerranéen.

Parmi les *Mousses endémiques*, citons en première ligne *Didymodon Lamyi* (Schimp.) et *Tortula Buyssoni* (Phil.) Limpr., toutes deux localisées dans les Monts Dore. *Didymodon Lamyi*, récolté encore en 1918 dans la vallée de la Cour, à 1.400 mètres, par M. Culmann, serait d'après M. Meylan (in litt.) voisin du *D. luridus* Horn., espèce médio-européenne. Ses caractères différentiels sont suffisamment nets pour la qualifier d'espèce. Les affinités du *Tortula Buyssoni* sont plus difficiles à établir. Par son système végétatif, il se rapproche du *Tortula muralis*. Philibert l'a décrit en 1886 ; il fut récolté aussi par M. Culmann dans la vallée de la Cour à 1.270 et 1.450 mètres et à Riveau-Grand, 1.350 mètres. *Bryum arvernense* Douin, trouvé à l'état stérile en Auvergne, se rapproche beaucoup du *Bryum argenteum* L., espèce cosmopolite. *Anomobryum leptostomum* Schimp. *(Bryum sericeum* de Lacroix ap. Schimp.), voisin de l'*A. filiforme* (Dicks.) des Alpes et des Pyrénées, a été subordonné à cette espèce par l'abbé Boulay (1884, p. 294) ; il est connu en Auvergne seulement (indiqué à tort dans les Alpes suisses, Ammann et Meylan, 1912, p. 177). Le *Grimmia arvernica* Phil. diffère très peu du *G. plagiopoda* Hedw., espèce médio-européenne, dont il constitue une variété (v. Boulay, 1884, p. 389). *Tortula Heribaudi* Corb. du sommet du Puy-de-Dôme n'est qu'une variété du *Tortula muralis*, cosmopolite (v. Culmann, 1920, p. 104).

L'examen des Cryptogames endémiques du Massif Central,

en tant qu'il nous a été possible, fournit donc des résultats qui ne modifient en rien les données obtenues par l'étude des Phanérogames.

Pour compléter ce chapitre, il faudrait traiter encore, à la suite des « sippes » endémiques, les *groupements végétaux* propres au Massif Central. A l'état actuel de nos connaissances, cela n'est pas possible. Nous en avons mentionné quelques-uns (v. p. 181-82, 198) ; il en existe d'autres, mais il s'agit d'abord de les délimiter et de les caractériser avant de pouvoir songer à une synthèse. Certains groupements sont représentés dans le Massif Central par des « races » spéciales, ainsi l'association à *Calluna* et *Genista pilosa*, l'adénostylaie, la nardaie, l'association à *Festuca spadicea*, celle à *Anthirrhinum Asarina*, etc. Leurs affinités paraissent les rapprocher surtout de groupements pyrénéens. Mais, pour en avoir la certitude, il faudrait que l'on connaisse mieux les associations végétales des Alpes occidentales et des Pyrénées.

Un champ très vaste s'ouvre donc aux recherches phytosociologiques. Il est temps de s'orienter un peu plus dans cette direction.

RÉSUMÉ ET CONCLUSIONS

Nos recherches nous ont conduit à distinguer dans le Massif Central de France trois principaux éléments phytogéographiques : les éléments eurosibérien-boréoaméricain, méditerranéen et aralo-caspien.

1. L'ÉLÉMENT EUROSIBÉRIEN-BORÉOAMÉRICAIN, apparaissant dès l'Oligocène, domine aujourd'hui dans le Massif Central quant au nombre des espèces et sous le rapport de leur importance phytosociologique. Dans les parties méridionales (Cévennes méridionales) il reste surtout cantonné aux étages du chêne blanc (au-dessus de 600 m.) et du hêtre qui reçoivent plus de 1.200 millimètres de pluie par an, abandonnant le bas des vallées à l'élément méditerranéen.

Arabis cebennensis représente le meilleur exemple d'un endémique eurosibérien paléogène, tertiaire.

Il y a lieu de distinguer dans le Massif Central trois sous-éléments d'origine différente ; les sous-éléments médio-européen, atlantique et boréo-arctique.

Le SOUS-ÉLÉMENT MÉDIO-EUROPÉEN est autochtone ; ses traces sont fréquentes dans les dépôts tertiaires.

Le SOUS-ÉLÉMENT ATLANTIQUE, immigré surtout au courant de l'époque quaternaire, pendant les périodes interglaciaires humides et tièdes, n'a produit dans le Massif Central que quelques micro-endémiques néogènes. Son importance s'accroît progressivement de l'Est à l'Ouest. Sur sa limite orientale, on constate actuellement une tendance au recul, soulignée par la disparition récente de nombreuses localités avancées, aussi bien en France qu'en Allemagne et dans les pays scandinaves.

Le plateau helvético-souabe et les Alpes forment un hiatus dans la répartition des espèces atlantiques.

Le SOUS-ÉLÉMENT BORÉO-ARCTIQUE date des périodes glaciaires: immigré surtout pendant l'avant-dernière et la dernière période glaciaire (rissienne et würmienne) par des voies différentes, il s'est étendu jusqu'aux Pyrénées. De colonies plus ou moins importantes se sont conservées avant tout dans les tourbières du Massif Central situées à l'étage des pluies abondantes et des brouillards persistants, (en particulier dans l'Aubrac, la Margeride, le Forez et en Auvergne). Des documents fossiles de la végétation glaciaire ont été reconnus dans les lignites de Jarville et de Bois-l'Abbé ainsi qu'à Lasnez. La végétation interglaciaire était dominée par des forêts d'arbres à feuilles caduques, tandis que celle des phases glaciaires était caractérisée dans le N.-E. de la France par des forêts à Conifères et des tourbières. De nos jours, les représentants boréo-arctiques sont en rapide décroissance.

2. L'ÉLÉMENT MÉDITERRANÉEN, d'origine tertiaire, domine aux étages inférieur et moyen des *Cévennes méridionales*. Des colonies méditerranéennes, en grande partie postérieures aux périodes glaciaires, se sont installées dans des localités privilégiées au Nord des Cévennes et même jusqu'au delà de l'Auvergne ; elles ont tendance à étendre encore leur aire. On trouve, en outre, surtout dans les Cévennes méridionales et les Causses, des *survivants tertiaires* à aire très disloquée qui ont dû s'y maintenir même pendant l'apogée des grandes glaciations.

Les espèces paléo-endémiques des Cévennes méridionales, au nombre de six, sont *toutes* de souche *méditerranéo-montagnarde*. On peut admettre qu'elles dérivent de types ancestraux largement répandus à travers les montagnes du bassin méditerranéen occidental vers la fin du Tertiaire et qui ont donné naissance à des espèces parallèles dans différents massifs aujourd'hui séparés. Ce seraient des témoins vivants de l'existence d'un arc montagneux, probablement miocène, reliant les Pyrénées aux montagnes provençales et tyrrhéniennes.

3. L'ÉLÉMENT ARALO-CASPIEN est représenté dans le Massif Central par un petit nombre d'espèces de son *sous-élément sarmatique* dont les avant-postes paraissent avoir atteint la péninsule ibérique pendant l'époque tertiaire. Un dernier témoin de

cette immigration ancienne est le *Spiræa obovata*, endémique paléogène de l'Europe occidentale, apparenté à des espèces sarmatiques. Les périodes glaciaires ont disloqué l'aire auparavant plus continue des espèces sarmatiques de l'Europe centrale. Une nouvelle, mais faible extension a suivi les glaciations.

Des témoins d'une *Flore ancienne, subalpine* ou *alpine, spéciale* aux sommets du *Massif Central* manquent. La flore orophile actuelle y est nettement tributaire de celles des Alpes ou des Pyrénées. Les micro-endémiques orophiles du Massif Central sont de souche pyrénéenne ou alpigène *(Gentiana Costei, Saxifraga Lamottei, Alchemilla* spec., *Hieracium* spec., etc.). Ils possèdent une aire de répartition très restreinte. La limite climatique des forêts dans le Massif Central oscille entre 1.500 et 1.550 mètres. Un *étage alpin* nettement caractérisé par des associations spéciales et par de nombreuses espèces alpines existe en *Auvergne* au-dessus de 1.550 à 1.600 mètres, et peut-être dans le *Haut-Vivarais*.

Nous rappellerons : 1° les données paléobotaniques prouvant l'existence d'une flore glaciaire de caractère alpin et boréo-arctique dans les plaines de l'Europe moyenne (v. p. 157) ; 2° les résultats de l'étude phylogénique établissant l'existence dans le Massif Central de *jeunes micro-endémiques* de souche alpigène ou pyrénéenne, et le manque d'endémiques de la même souche, mais de formation ancienne (v. chap. Endémisme) ; 3° l'absence de beaucoup d'espèces alpines du Plateau Central dans les massifs séparés dès la fin de l'époque tertiaire (îles méditerranéennes, Sierra Nevada) ; 4° leur présence au complet et en grand nombre dans les hautes montagnes dont le contact floristique pendant l'époque quaternaire n'est pas douteux (Alpes, Pyrénées) ; 5° l'impossibilité d'une immigration récente dans les conditions climatiques actuelles (v. p. 205). Tous ces faits concordants aboutissent à la même conclusion : l'époque d'immigration *du gros des espèces alpines* a dû correspondre aux périodes glaciaires, ces espèces sont au moins pour la plupart des « *survivants glaciaires* ».

Les changements de climat et l'influence directe ou indirecte de l'homme ont considérablement réduit l'aire actuelle de ces immigrants glaciaires qui ont été refoulés dans les contrées les plus favorables au double point de vue du climat et des stations. L'Auvergne (Monts Dore et Cantal) en est le territoire le plus riche ; viennent ensuite le *H*aut Vivarais, les Cévennes méridionales, le Forez, l'Aubrac, la Margeride, le Pilat. Les Monts du Lyonnais (et du Charolais) et le Morvan ne possèdent que très peu d'espèces subalpines et aucune espèce alpine. Il n'existe pas de relation entre la présence de glaciers quaternaires et la richesse d'une chaîne en espèces subalpines et alpines.

La très grande majorité des orophytes du Massif Central se retrouve *à la fois* dans les *A*lpes et les *P*yrénées. Cependant, une douzaine ne se rencontrent *que dans les Alpes* et manquent dans les Pyrénées. D'autre part, près d'une trentaine, répandues dans les *Pyrénées*, ne sont pas dans les Alpes. Toute la partie sud-occidentale du Massif Central jusqu'à l'Auvergne (inclus) se rapproche davantage par sa flore et sa végétation des Pyrénées que des Alpes. La flore alpine du Massif Central comprend des végétaux en général très répandus dans les Alpes et les Pyrénées, s'adaptant facilement à des conditions stationnelles assez diverses ; l'immigration des espèces très spécialisées au point de vue de leur station (espèces sténo-oïques) a dû rencontrer beaucoup d'obstacles : des plantes alpines de cette dernière catégorie manquent à peu près dans le Massif Central.

Au point de vue phytogéographique, le *Massif Central* fait partie du *domaine atlantique*, secteur *armorico-aquitanien*. Il se divise en deux sous-secteurs fort bien caractérisés dans leur ensemble par une dizaine d'endémiques paléogènes et un grand nombre d'endémiques néogènes, par beaucoup d'endémiques relatives (espèces boréo-arctiques, alpino-pyrénéennes), enfin, par plusieurs groupements végétaux d'organisation supérieure, absents dans les territoires limitrophes, forêts de Conifères, tourbières bombées, prairies pseudo-alpines, saulaies, associations et fragments d'associations alpines [en Auvergne]. Mais aucun groupement climatique final n'est spécial au Massif Central.

1° Le SOUS-SECTEUR MÉRIDIONAL DU MASSIF CENTRAL comprend deux districts bien caractérisés :

A. Le *district cévenol*, de la Montagne Noire à la dépression de Bourg-Argental, comprenant les Cévennes méridionales et le Haut Vivarais.

B. Le *district des Causses*, depuis la lisière méridionale du Larzac jusqu'à la vallée du Lot.

2° Le SOUS-SECTEUR SEPTENTRIONAL comprend l'Auvergne, l'Aubrac, la Margeride, le Velay, le Forez, le Pilat et les basses montagnes de la bordure septentrionale.

Le DISTRICT CÉVENOL, surtout siliceux, se distingue par l'extension considérable de l'élément méditerranéen dans ses parties inférieures, par la présence de l'association bien développée à *Quercus Ilex*, association climatique finale des basses vallées et par plusieurs associations dérivées par dégradation, notamment les landes étendues à *Erica arborea*, à *Cistus salvifolius* et *C. laurifolius*, par l'association bien développée à *Anthirrhinum Asarina*, par une espèce paléo-endémique *(Saxifraga Prostii)* et un certain nombre de néo-endémiques assez localisés, enfin par la culture de l'olivier, du mûrier et de nombreuses essences exotiques dans les vallées principales. Un caractère négatif par rapport au district auvergnat est la rareté des espèces boréo-arctiques. Les espèces pyrénéennes d'immigration peu ancienne abondent dans la partie sud-occidentale du territoire. Le district cévenol est soumis au régime climatique méditerranéen, caractérisé ici par une période de sécheresse estivale et par des pluies abondantes.

Il paraît rationnel de *subdiviser le district cévenol en six sous-districts :*

1. Le *sous-district de la bordure cévenole*, territoire de transition entre la plaine languedocienne plus sèche et la ceinture des pluies abondantes, comprend la bordure méridionale du Causse du Larzac et les basses montagnes calcaires depuis la Séranne jusqu'aux plateaux des Gras de l'Ardèche. Ce territoire est très riche en survivants méditerranéens tertiaires : *Quercus Ilex* y joue un rôle important.

2. Le *sous-district des vallées méditerranéennes des Cévennes* comprend les grandes vallées jusqu'à la limite supérieure de l'association du *Quercus Ilex* (environ 600 m. d'altitude en moyenne). Les pluies y atteignent et dépassent 1.500 millimètres par an.

3. Le *sous-district des Cévennes sud-occidentales* comprend l'étage du hêtre et du chêne blanc *(Quercus sessiliflora)* de la Montagne Noire, des Monts de Lacaune, du Caroux, de l'Espi-

nouse, de l'Escandorgue. Sous l'influence des courants atlantiques, les limites altitudinales subissent un abaissement notable en comparaison avec les territoires plus à l'Est. Le nombre des espèces atlantiques y est assez élevé, les survivants glaciaires alpino-pyrénéens sont très rares.

4. Le *sous-district de l'Aigoual* va du Saint-Guiral à la Montagne du Bougès. Il comprend l'étage du hêtre et du chêne blanc et se distingue entre autre des sous-districts voisins par un certain nombre de survivants glaciaires d'origine alpino-pyrénéenne *(Alsine Diomedis, Veronica fruticans, Epilobium alpinum*, etc.).

5. Le *sous-district du Mont* Lozère (Mont Lozère et le Tanargue) possède dans les parties supérieures des forêts d'*Abies alba.* Les survivants boréo-arctiques et les tourbières sont plus nombreux que dans les districts voisins ; plusieurs orophytes alpigènes et pyrénéens sont dans le Massif Central limité au Mont Lozère.

6. Le *sous-district du Haut Vivarais* embrasse le massif volcanique du Mézenc avec ses dépendances. Il est riche en espèces alpigènes et pyrénéennes dont plusieurs manquent ailleurs dans le Massif Central.

Le DISTRICT DES CAUSSES, nettement délimité au point de vue géographique et géologique, l'est aussi par sa flore et sa végétation. Les hauts plateaux portent les vestiges de grandes forêts de *Quercus pubescens, Pinus silvestris* et même de hêtres. Dans les vallées encaissées, de fortes colonies méditerranéennes avec *Quercus Ilex* ont pris pied. Les fissures des falaises calcaires et dolomitiques sont peuplées d'une race spéciale, bien développée, de l'association à *Potentilla caulescens* et *Saxifraga cebennensis.* Parmi les groupements végétaux consécutifs à la forêt de *Quercus pubescens* la buxaie (association à *Buxus sempervirens*) prend une extension territoriale énorme. Plusieurs endémiques paléogènes appartiennent à la fois au district cévenol et au district des Causses ; un seul lui est propre *(Arenaria ligericina).* Soumise au régime atlantique, la végétation des plateaux jurassiques des Causses ne revêt pas moins un caractère presque steppique, souligné par plusieurs espèces sarmatiques, survivants tertiaires, très rares où même manquant ailleurs en France *(Piptatherum virescens, Adonis vernalis, Scorzonera purpurea*). Il existe dans les gorges profondes, peu accessibles, des survivants glaciaires d'origine pyrénéenne ou alpigène ; les survivants boréo-arctiques, par contre, font complètement défaut.

Dans le DISTRICT DES CAUSSES, très uniforme, nous distinguons les deux sous-districts suivants :

1. Le *sous-district des plateaux jurassiques* (700-1.200 m. d'altitude).

2. Le *sous-district des basses vallées* (300-700 m. d'altitude).

La végétation des grandes vallées, pour la plupart tributaires du Tarn, diffère de celle des plateaux par un développement considérable des colonies méditerranéennes comprenant *Quercus Ilex, Qu. coccifera*, et les cistes, par des prairies plantureuses, par l'aulnaie avec son cortège d'espèces mésophiles, enfin par la culture de la vigne, du figuier, de l'amandier, du pêcher, etc. Les plateaux arides et leurs rebords abrupts hébergent un certain nombre d'espèces méditerranéo-montagnardes et sarmatiques à aire disjointe, ainsi que des espèces subalpines et même quelques survivants d'origine alpino-pyrénéenne.

Le SOUS-SECTEUR SEPTENTRIONAL DU MASSIF CENTRAL ne comprend que le seul *district auvergnat* s. l. qui se distingue, par de belles sapinières dans les parties élevées, des forêts de *Quercus pedunculata, Qu. sessiliflora, Fagus silvatica, Carpinus Betulus* dans le bas. Aux Monts Dore et dans le Cantal, les prairies pseudo-alpines et les associations et fragments d'associations alpines trouvent leur meilleur développement. Les colonies méditerranéennes, devenues peu importantes, s'attachent aux grandes vallées et paraissent en général d'origine peu ancienne. De nombreux survivants boréo-arctiques et des groupements boréo-arctiques (tourbières, saulaies à *Salix lapponum*) se sont conservés en Auvergne, dans l'Aubrac, la Margeride, le Forez. Il n'existe pas d'endémiques paléogènes spéciaux, les endémiques néogènes sont surtout de souche médio-européenne.

Nous devons laisser provisoirement en suspens la subdivision détaillée du district auvergnat, moins bien connu dans son ensemble que les deux districts méridionaux.

Quant à la question très discutée de l'origine des espèces, nous espérons avoir pu montrer que le Massif Central de

France n'est et ne peut pas être « un des centres les plus importants de création des espèces végétales » comme le pensait
M. Meyran (1894, p. 32). D'autre part, ce n'est pas seulement
« un carrefour, où — suivant Lecoq et M. Beille — se seraient
réunis des émigrants venus de tous les côtés ». Contrairement
à ces auteurs, qui citent comme seul endémique l'*Arabis cebennensis,* nous avons établi que les montagnes du Massif Central
possèdent un nombre remarquable d'espèces, de sous-espèces et
de variétés spéciales. Ces montagnes sont un centre de développement de second ou de troisième ordre, relativement jeune,
il est vrai, et bien inférieur à cet égard aux Alpes, aux Pyrénées, aux Carpathes, à la côte atlantique, mais nettement
caractérisé pourtant et supérieur aux territoires environnants et
aux autres montagnes de l'Europe tempérée et tempérée-froide.

BIBLIOGRAPHIE PRINCIPALE

(Les nombreuses flores consultées n'ont pu être citées qu'en partie.)

1900. ADAMOVIC (Lujo), Die mediterranen Elemente der serbischen Flora *(Englers Bot. Jahrb., t. XXVI).*

1909. — Die Vegetationsverhältnisse der Balkanländer *(Vegetation d. Erde, t. XI, Leipzig).*

1919. AGREL (Henriette), Le Causse de Sauveterre *(Bull. Soc. languedoc. de Géographie, t. XLII, p. 67 et suiv.).*

1921. ALLORGE (Pierre), Les Associations végétales du Vexin français *(Revue génér. de Bot., 1921-22, Paris).*

1907. ALVERNY (A. D'), Les Hautes Chaumes du Forez *(Rev. des Eaux et Forêts).*

1911. — Géographie botanique des Monts du Forez *(Ann. Soc. bot. de Lyon, t. XXXV, 1910, p. 153- 178).*

1897. ANDERSSON (Gunnar), Die Geschichte der Vegetation Schwedens *(Englers Bot. Jahrb., t. XXII).*

1903. — Das nacheiszeitliche Klima von Schweden und seine Beziehungen zur Florenentwickelung *(Bericht d. Zürch. Bot. Ges.).*

1910. — Swedish Climate in the late Quaternary Period. *(Postglaziale Klimaveränderungen, herausg. v. XI. intern. Geologenkongress, Stockholm).*

1910. — *Rhododendron ponticum* fossil in the island of Skyros in Greece *(Ibid.).*

1910. — Beiträge zur Kenntnis des spätquartären Klimas Norditaliens *(Ibid.).*

1897. ANGOT (A.), Régime des pluies de l'Europe occidentale *(Ann. Bur. centr. mét., t. I, 1896, Paris).*

1917. ARLDT (Th.), Handbuch der Palæogeographie, 1re partie (Leipzig, 1917).

1890. ASCHERSON (P.), Botanische Mitteilungen *(Verhandl. Bot. Ver. Provinz Brandenburg, t. XXXII).*

1918. ASPLUND (Erik), Beiträge zur Kenntnis der Flora des Eisfjordgebietes *(Arkiv f. Botanik, t. XV, n° 14, Stockholm).*

1903. AUDIN (M.), Essai sur la Géographie botanique du Beaujolais *(Bull. Soc. Sc. et Arts du Beaujolais).*

1888. BAICHÈRE (l'Abbé), Herborisations dans le Cabardès et le Minervois *(Bull. Soc. bot. Fr., t. XXXV, sess. extr. Narbonne).*

1889. BAICHÈRE (l'Abbé), Un coin du Minervois (Bull. Soc. d'Et. scient. de Paris, 11ᵉ année, 2ᵉ scm.).

1891. BALTZER (A.), Geologisches. Beiträge zur Interglacialzeit auf der Südseite der Alpen (Mitt. Naturf. Ges. in Bern).

1623. BAUHIN (C.), Pinax theatri botanici. Bâle.

1901. BECK (G.), Die Vegetationsverhältnisse der illyrischen Länder (Veget. d. Erde, t. IV, Leipzig).

1913. — Vegetationsstudien in den Ostalpen, III. Die pontische Flora in Kärnten und ihre Bedeutung für die Erkenntnis... einer postglazialen Wärmeperiode in den Ostalpen (Sitzb. Akad. Wissensch. in Wien, CXXII, Abt. I).

1913. BÉGUINOT (Augusto), La vita delle piante superiori nella Laguna di Venezia (Pubbl. n° 54 dell'Ufficio Idrografico d. R. Mag. alle Acque, Venezia).

1916. — I distretti floristici della regione littoranea dei territori circumadriatici (Riv. geogr. ital.; Firenze).

1889. BEILLE (L.), Essai sur les zones de végétation du Massif Central de la France (Bull. Soc. Sc. phys. et nat. de Toulouse).

1888. BEL (Jules), Nouvelle flore du Tarn et de la Haute-Garonne souspyrénéenne. Albi.

1893. — Géographie botanique du département du Tarn (Rev. de Bot., numéro de février 1893).

1864. BELGRAND (E.), Note sur les terrains quaternaires du Bassin de la Seine (Bull. Soc. géol. Fr., 2ᵉ sér, t. XXI, p. 153-193).

1918. BERTSCH (Karl), Pflanzengeographische Untersuchungen aus Oberschwaben (Jahresh. Ver. vaterl. Naturk. in Württemberg, 74. Jahrg.).

1919. — Wärmepflanzen im obern Donautal (Englers Bot. Jahrb. t. LV).

1910. BLANKENHORN (M.), Das Klima der Quartärperiode in Syrien-Palästina und Ægypten (XI. intern. Geologenkongress, Stockholm).

1886. BLEICHER et FLICHE, Note sur la Flore pliocène du Monte Mario (Bull. Soc. scient. de Nancy).

1889. — Recherches relatives à quelques tufs quaternaires du Nord-Est de la France (Bull. Soc. géol. Fr., 3ᵉ sér., t. XVII).

1839-1845. BOISSIER (E.), Voyage botanique dans le Midi de l'Espagne pendant l'année 1837, I et II. Paris.

1877. BOULAY (l'Abbé), Etudes sur la distribution géographique des Mousses en France. Paris.

1884. — Muscinées de la France. Première partie : Mousses. Paris.

1887. — Flore fossile du Bézac (Ann. Soc. scient. de Bruxelles, 11ᵉ année).

1887. — Notice sur la Flore des tufs quaternaires de la Vallée de la Vis (Ann. Soc. scient. de Bruxelles, 11ᵉ année).

1890. — Flore pliocène des environs de Théziers (Gard). Paris.

1892. — Flore pliocène du Mont Dore (Puy-de-Dôme). Paris.

1899. — Flore fossile de Gergovie (Puy-de-Dôme). Paris.

1904. — Muscinées de la France. Deuxième partie : Hépatiques. Paris.

1896. BOULE (Marcellin), La Topographie glaciaire en Auvergne (Ann. de Géogr., 5ᵉ année, n° 21, Paris).

1900. — Géologie des environs d'Aurillac (Bull. Serv. Carte géol. de la France, t. XI, n° 76, Paris).

1897. Bourdin (L.), Essai sur le climat du Vivarais *(C. R. Assoc. franç. Avanc. des Sciences, 26e sess.).*

1877. Bras (A.), Catalogue des plantes vasculaires du département de l'Aveyron. Rodez.

1913. Braun-Blanquet (J.), Die Vegetationsverhältnisse der Schneestufe in den Rätisch-Lepontischen Alpen *(Nouv. Mém. Soc. helv. des Sc. nat.,* vol. XLVIII).

1915. — Les Cévennes méridionales (massif de l'Aigoual). Etudes sur la végétation méditerranéenne, I *(Arch. des Sc. phys. et nat.,* 4e sér., vol. XXXIX et XL, Genève).

1917. — Die Föhrenregion der Zentralalpentäler, etc. *(Verh. Schweiz. Naturf. Ges.,* 98. Jahresvers., Schuls, 1916, II. Teil).

1917. — Die xerothermen Pflanzenkolonien der Föhrenregion Graubündens *(Vierteljahrsschr Nat. Ges. in Zürich,* Jahrg. 62, p. 275-285).

1919. — Herborisations dans le Midi de la France et dans les Pyrénées méditerranéennes. Etudes sur la végétation méditerranéenne, II *(Ann. Conserv. et Jard. bot. Genève,* vol. XXI, p. 25-47).

1919. — Ueber die eiszeitliche Vegetation des südlichen Europa, Vortrag *(Vierteljahrsschr. Nat. Ges. in Zürich,* Jahrg. 64, fasc. 4).

1919. — Essai sur les notions « d'élément » et de « territoire » phytogéographiques *(Arch. des Sc. phys. et nat.,* 5e sér., vol. I, Genève).

1919. — Sur la découverte du *Laurus canariensis* dans les tufs de Montpellier *(C. R. Acad. Sc. Paris,* t. CLXVIII, p. 950).

1918. Braun-Blanquet (J.) et Thellung (A.), Observations floristiques dans le Midi de la France *(Bull. Acad. intern. de Géogr. bot.,* 27e année, p. 40-45).

1891. Briquet (John), Recherches sur la flore du district savoisien, etc. *(Englers Bot. Jahrb.,* t. XIII).

1898-1899. — Les colonies végétales xérothermiques des Alpes lémaniennes *(Bull. Soc. Murithienne,* t. XXVII et XXVIII).

1904. — Le Genista Sorpius DC. dans le Jura savoisien *(Arch. fl. jurass.,* t. V, p. 43-44).

1906. — Le développement des Flores dans les Alpes occidentales *(Résult. scient. du Congrès intern. de Bot. de Vienne,* 1905, Jena).

1910-1913. — Prodrome de la Flore de Corse (t. I et II, Genève).

1909. Brockmann-Jerosch (H.), Das Alter des schweizer. diluvialen Lösses *(Vierteljahrsschrift der Naturf. Ges. in Zürich,* Jahrg. 54, Zürich).

1910. — Die fossilen Pflanzenreste des glazialen Delta bei Kaltbrunn, etc. *(Jahrb. d. St. Galler Naturw. Ges.,* 1909, St. Gallen).

1910. — Die Aenderungen des Klimas seit der grössten Ausdehnung der letzten Eiszeit in der Schweiz *(Sonderabdruck aus Postglaziale Klimaveränderungen,* Stockholm).

1913. — Der Einfluss des Klimacharakters auf die Verbreitung der Pflanzen und Pflanzengesellschaften *(Engl. Bot. Jahrb.,* t. XLI, Beibl., 109).

1908. Calestani (V.), Sulla classificazione delle Crocifere italiane *(Nuovo Giorn. bot. ital.,* t. XV, p. 354).

1808. Candolle (A.-P. de), Rapports sur deux voyages botaniques et agronomiques dans les départements de l'Ouest et du Sud-Ouest. Paris.

1848. CANDOLLE (Alphonse de), Sur les causes qui limitent les espèces végétales (Ann. Sc. nat., 3ᵉ sér., t. I, p. 9, Paris).

1885. — Géographie botanique raisonnée (t. I et II, 1855, Genève).

1897. CARIOT et SAINT-LAGER, Flore descriptive du Bassin moyen du Rhône et de la Loire. Lyon.

1905. CARLSON (C.-S.), Etude comparée de la Flore du Massif Scandinave et du Massif Central de la France. Clermont-Ferrand.

1896. CARTAILHAC (Emile), La France préhistorique, 2ᵉ édition (Bibl. scient. intern., t LXVIII, Paris).

1866. CARUEL (T.), Di alcuni cambiamenti avvenuti nella Flora della Toscana in questi ultimi tre secoli (Boll. Soc. ital. Sc. nat., p. 439-477).

1871. — Statistica botanica della Toscana. Firenze.

1906. CAYEUX (L.), Les Tourbes immergées de la Côte bretonne, etc. (Bull. Soc. géol Fr., 4ᵉ sér., t. VI).

1872. CAZALIS DE FONDOUZE (P.), L'Homme dans la vallée inférieure du Gardon. Montpellier.

1859. CHABERT (A.), Etude sur la Géographie botanique de la Savoie (Bull. Soc. bot. Fr., t. VI, p. 291).

1901. CHANTRE (E.), L'Homme quaternaire dans le Bassin du Rhône (Ann. Univ. Lyon, nouv. sér., t. I, fasc. 4).

1919. CHAPUT (E.), Les variations de niveau de la Loire et de ses affluents pendant les dernières périodes géologiques (Ann. Géogr., t. XXVIII, nᵒ 152, p. 81-98).

1903. CHARBONNEL (J.-B.), Extension méditerranéenne dans la vallée de l'Allagnon (Cantal) (Bull. Acad. Géogr. bot., 12ᵉ année, p. 229-232).

1920. — Essai d'une Monographie géobotanique des Monts du Cantal. Rapp. Herbor. Sess. extraord. Soc. bot. de France, 1913 (Bull. Soc. bot. Fr., t. LX, paru en 1920).

1914. CHASSAGNE (M.), Matériaux pour la Flore d'Auvergne (Bull. Soc. bot. Fr., t. LXI).

1887. CHATIN (A.), Les plantes montagnardes de la Flore parisienne (Bull. Soc. bot. Fr., t. XXXIV, p. 76, 168, 288, 330).

1919. CHERMEZON (H.), Contribution à la Flore des Asturies (Bull. Soc. bot. Fr., t. LXVI, p. 120-130).

1920. CHEVALLIER (A.), A propos d'une Note sur le genre Myrica (Bull. Soc. bot. Fr., t. LXVII, p. 366-374).

1902. CHODAT (R.), Les Dunes lacustres de Sciez et les Garides (Bull. Soc. bot. suisse, t. XII, Berne).

1913. — Voyages d'Etudes géobotaniques au Portugal (Le Globe, t. LII, Genève).

1902. CHODAT (R.) et PAMPANINI (R.), Sur la distribution des plantes des Alpes austro-orientales (Le Globe, t. XLI).

1867. CHRIST (H.), Ueber die Verbreitung der Pflanzen in der alpinen Region der europæischen Alpenkette (Neue Denkschr. Schw. Nat. Ges., t. XXII).

1882. — La Flore de la Suisse et ses origines, trad. par E. Tièche. Paris.

1904. — Les Fougères de la Galice espagnole (Bull. Acad. Géogr. bot., 3ᵉ sér., nᵒ 172).

1908. Christophle (F.), La Viticulture en Auvergne. (37ᵉ sess. de l'Assoc. Fr. pour l'Avânc. des Sc.. Clermont-Ferrand).

1863. Clos (D.), Coup d'œil sur la végétation de la partie septentrionale du département de l'Aude (Extr. Congrès scient. de France, 28ᵉ sess., t. III).

1895. — Phytostatique du Sorézois, bassin méridional du département du Tarn (Mém. Acad. scienc. etc. de Toulouse, 9ᵉ sér., t. VII).

1894. Coste (H.), Florule du Larzac, du Causse Noir et du Causse de Saint-Affrique (Bull. Soc. bot. Fr., t. XL).

1901-1906. — Flore descr. et ill. de la France. Paris.

1904. · — Rapport sur l'herborisation au Plomb du Cantal (Bull. Acad. Géogr. bot., janv., p. 40-58).

1897. Coste (H.) et Soulié (J.), Note sur 200 plantes nouvelles pour l'Aveyron (Bull. Soc. bot. Fr., t. IV, 3ᵉ sér.).

1906. — Odontites cebennensis (Bull. Soc. bot. Fr., t. LIII).

1911. — Plantes nouvelles rares ou critiques.ᵡ (Bull. Soc. bot. Fr., t. LVIII).

1913. — Florule du Val d'Aran (Bull. Acad. Géogr. bot.).

1919-1920. Culmann (M.), Notes bryologiques sur le Val des Bains (Auvergne) (Bull. Soc. bot. Fr., t. LXVI, p. 156-168, et t. LXVII, p. 101-110).

1889. Daveau (J.), Plombaginées du Portugal (Bol. da Soc. Broteriana, vol. IV, Coimbra).

1896. — La Flore littorale du Portugal (Bull. Herb. Boissier, vol. IV, nᵒˢ 4 et 5).

1903. — Géographie botanique du Portugal. — II. La Flore des plaines et des collines voisines du Littoral (Bol. da Soc. Broterium, t. XIX, 1902).

1918. Depéret (Ch.), Essai de coordination chronologique des temps quaternaires (C. R. Acad. ·Sc., t. CLXVI, 1ᵉʳ sem., p. 480-486, 636-641, 884-889 ; 2ᵉ sem., p. 418-422).

1906. Diels (L.), Die Pflanzenwelt von Westaustralien südlich des Wendekreises (Veget. d. Erde, t. VII, Leipzig).

1910. — Genetische Elemente in der Flora der· Alpen (Beibl. Englers Botan. Jahrb., nᵒ 102).

1914. — Diapensiaceen-Studien (Englers Botan. Jahrb., t. L., p. 304-330).

1914. Domin (K.), Eine neue Varietät des Rhododendron ponticum L. von der Balkanhalbinsel (Rep. Spec. nov., t. XIII, p. 392 ; C. R. Bot. Centralblatt,· p. 128).

1884. Drude (O.), Die Florenreiche ·der Erde (Ergänzungsheft, nᵒ 74 zu Petermanns Mitt., Gotha).

1890. — Handbuch der Pflanzengeographie. Leipzig.

1902. · — Der Hercynische Florenbezirk (Veget. d. Erde, t. VI).

1905. — Entwicklung der Flora des mitteldeutschen Gebirgs- und Hügellandes (Résult. scient. du Congrès intern. de Bot.,· Vienne). ·

1916. Drude (O.) et Schorler (B.), Beiträge zur Flora Saxonica (Abh. naturw. Ges. Isis in Dresden, 1915, Heft 2).

1886. Durand et Flahault, Les limites de la Région méditerranéenne en France (Bull. Soc. bot. Fr., t. XXXIII).

1915. Dziubaltowski (S.), Etude phytogéographique de la Région de la Nida inférieure (Thèse, Neuchâtel).

1912. EICHLER (J.), GRADMANN (R.) und MEIGEN (W.) Ergebnisse der pflan-
zengeograph. Durchforschung von Württemberg, Baden und
Hohenzollern, t. V. Stuttgart,

1882. ENGLER (A.), Versuch einer Entwicklungsgeschichte der Pflanzenwelt, t. I et II. Leipzig.

1916. ENGLER (A.) et IRMSCHER (E.), Saxifragaceæ Saxifraga, I. (Pflanzenreich, IV, 117, I. Leipzig).

1915. EVRARD (F.), Les Facies végétaux du Gâtinais français, etc. (Thèse,
Paris).

1893. FLAHAULT (Ch.), La distribution géographique des végétaux dans un
coin du Languedoc. Montpellier.

1897. — Rapport sur les herborisations dans la Vallée de l'Ubaye
(Bull. Soc. bot. Fr., t. XLIV).

1901. — La limite supérieure de la végétation forestière et les prairies
pseudo-alpines en France (Rev. Eaux et Forêts, t. XL).

1901. — La Flore et la végétation de la France (Introd. à la Flore descript.
et illustrée de la France, par H. Coste, Paris).

1906. — Les progrès de la Géographie botanique depuis 1884. Progres-
sus rei botanicæ.

1909. — Au sujet de la Géographie botanique de l'Ardèche et du Vivarais (Introd. au Catal. d. pl. vasc. du dép. de l'Ardèche, par
M. J. Revol, Lyon).

1875. FLICHE (P.), Sur les lignites quaternaires de Jarville, près de Nancy
(C. R. séanc. Acad. Sc., 10 mai 1875, Paris).

1883. — Sur les lignites quaternaires de Bois-l'Abbé, près d'Epinal
(C. R. séanc. Acad. Sc., 3 déc. 1883, Paris).

1884. — Etude sur les tufs de Resson (Bull. Soc. géol. Fr., 3e sér.,
t. XII).

1889. — Note sur les tufs et les tourbes de Lasnez, près de Narcy (Bull.
Soc. scient. Nancy, 2e sér., t. X).

1897. — Note sur la Flore des lignites, des tufs et des tourbes quaternaires ou actuelles du Nord-Est de la France (Bull. Soc. géol.
Fr., 3e sér., t. XXV).

1900. — Le pin sylvestre dans les terrains quaternaires de Clércy (Mém.
Soc. Acad. de l'Aube, t. LXIII, 1899).

1895. FLICHE (P.), BLEICHER et MIEG, Note sur les tufs calcaires de Kiffis
(Bull. Soc. géol. Fr., 3e sér., t. XXII).

1904. FRÜH (J.) et SCHRÖTER (C.), Die Moore der Schweiz (Beitr. z. Geol.
d. Schweiz, Geotechn. Ser., 3e Lief., Bern).

1903. GADECEAU (E.), La Flore bretonne et sa limite méridionale (Bull. Soc.
bot. Fr., t. L, p. 325-333).

1906-1907. — La Géographie botanique de la Bretagne (Rev. bretonne de
Bot., nos 1 et 3).

1919. — Les forêts submergées de Belle-Ile-en-Mer (Bull. biol., t. LIII,
p. 2, Paris).

1920. GAGNEPAIN (F.), Coup d'œil sur la Flore de Portrieux (Côtes-du-Nord)
(Bull. Soc. bot. Fr., t. LXVII, p. 110-113).

1908. GAIN (Edmond), Introduction à l'étude des Régions florales (Bull. de
l'Inst. colon. de Nancy).

1898. GAUTIER (G.), Flore des Pyrénées orientales. Paris.

1890. GEBHART (F.), Pâturages et forêts. Mise en valeur des terres incultes
du Massif Central de la France. Paris.

1917. GLANGEAUD (Ph.), Les anciens glaciers du Massif volcanique des Monts Dore (C. R. Acad. des Sciences, t. CLXIV, p. 1011).

1919. — Le Massif Central de la France. Clermont-Ferrand.

1919. — La chaîne des Puys (Rev. d'Auvergne, 36ᵉ année).

1920. — Sur les traces laissées dans le Massif Central français par les invasions glaciaires, etc.; étendue et multiplicité de ces invasions (C. R. Acad. des Sciences, t. CLXXI, p. 1222).

1921. — Les Monts de la Margeride, leurs éruptions porphyriques, leurs cycles d'érosion et leurs glaciers (C. R. Acad. des Sciences, t. CLXXII, p. 462).

1909. GOLA (G.), Piante rare o critiche per la Flora del Piemonte (R. Ac. d. Scienze di Torino, 2ᵉ sér., t. LX).

1913. — La vegetazione dell'Appennino piemontese (Annali di Botanica, vol. X, fasc. 3, Roma).

1878. GOMEZ-BARROS (B.), Notice sur les arbres forestiers du Portugal. Lisbonne.

1901. GRÆBNER (P.), Die Heide Norddeutschlands (Veget. d. Erde, t. V, Leipzig).

1884. GRISEBACH (A.), Die Vegetation der Erde (2ᵉ éd., Leipzig).

1906. GUINIER (Ph.), Le Roc de Chères. Etude phytogéographique (Rev. Savoisienne, Annecy).

1913. HAGEN (H.-B.), Geographische Studien über d. florist. Beziehungen des mediterr. und orient. Gebietes zu Afrika, Asien und Amerika, I. Teil (Mitt. Geogr. Ges. in München, Bd. IX).

1905-1909. HARMAND (J.), Lichens de France. Catalogue systém. et descriptif. Epinal.

1866. HEER (O.), Die Pflanzen der Pfahlbauten (Neujahrsblatt d. Zürch. Nat. Ges., Zürich).

1904. HEGI (G.), Mediterrane Einstrahlungen in Bayern (Abh. bot. Ver. Prov. Brandenburg, t. XLIV).

1905. — Beiträge zur Pflanzengeographie der bayerischen Alpenflora, München.

1915. HEINTZE (Aug.), Om synzoisk Fröspridning genom Faglar (Svensk Bot. Tidskr., t. IX, fasc. 1).

1916. — Om endozoisk Fröspridning genom Trastar och andra Sangfaglar (Svensk Bot. Tidskr., t. X, fasc. 3).

1917. — J hvilken utsträckning förtöra och sprida smavadarna växtfrön ? (Fauna och Flora):

1917. — Om endo-och synzoisk Fröspridning genom europæiska Krakfaglar (Botan. Notiser, Stockholm).

1891. HERDER (F. de), Die Flora des europæischen Russlands (Englers Bot. Jahrb., t. XIV).

1899. HÉRIBAUD (Joseph, frère), Les Muscinées de l'Auvergne. Paris.

1901. — La Flore d'Auvergne en 1901 (Bull. Soc. bot. Fr., t. XLVIII).

1915. — Flore d'Auvergne, nouvelle édition. Paris.

1905-1907. HERVIER (J.), Excursions botaniques de M. Elisée Reverchon dans le massif de la Sagra et à Velez-Rubio (Espagne) (Bull. Acad. intern. de Géogr. bot.).

1909. HERZOG (Th.), Die Vegetationsverhältnisse Sardiniens (Englers Bot. Jahrb., t. XLII).

1906. HESCHELER (K.), Ueber die Tierreste der Kesslerlochhöhle (Verh. Schweiz. Naturf. Ges., 89 Jahresvers. in St. Gallen, Aarau).

1916. Hofsten (Nils), Zur ältern Geschichte des Diskontinuitätsproblems in der Biogeographie *(Zoolog. Ann.,* t. VII, Würzburg).

1900. Holmboe (Jens), Notizen über die endozoische Samenverbreitung der Vögel *(Nyt Magazin f. Naturvidensk.,* t. XXXVIII, vol. 4, Kristiania).

1907. — Quelques résultats obtenus par des recherches sur la stratigraphie et la paléontologie des tourbières en Norvège *(Bull. Herb. Boiss.,* 2ᵉ sér., t. VII).

1913. — Kristtornen i Norge. En plantegeogr. undersœkelse *(Bergens Mus. Aarb).*

1914. — Studies on the vegetation of Cyprus *(Bergens Mus. Skrifter, Ny Række* Bd. I, 2. Bergen).

1897. Homén, Der tägliche Wärmeumsatz im Boden und die Wärmeausstrahlung zwischen Himmel und Erde, Helsingfors.

1898. Houdaille (F.), Recherches sur la circulation des vents des Cévennes méridionales à la Méditerranée *(Bull. météorol. du dép. de l'Hérault,* 1897, Montpellier).

1910. Humbert (Henri), La végétation de la partie inférieure du Bassin de la Maudre *(Rev. gén. de Bot.,* t. XXII, p. 1).

1894. Huteau (H.) et Sommier (F.), Catalogue des plantes du département de l'Ain *(Ann. Soc. d'émulation de l'Ain,* 27ᵉ année, Bourg).

1909. Issler (E.), Die Vegetationsverhältnisse der Zentralvogesen *(Englers Bot. Jahrb.,* t. XXIII, Beiblatt).

1910. — Helianthemum fumana im Unter-Elsass, etc. *(Mitt. Philom. Ges. in Elsass-Lothr.,* t. IV).

1892. Jænnicke (W.), Die Sandflora von Mainz. Frankfurt.

1903. Jerosch (Marie-Ch.), Geschichte und Herkunft der schweiz. Alpenflora. Leipzig.

1908. Jodot (Paul), Note sur la Faune conchyliologique des tufs quaternaires de la Celle-sous-Moret (Seine-et-Marne) *(C. R. Assoc. Fr. Avanc. des Sc.,* 37ᵉ sess., p. 425-430, Paris).

1885. Jvolas (J.), Note sur la Flore de l'Aveyron *(Bull. Soc. bot. Fr.,* t. XXXII).

1887. — Quelques herborisations dans les environs de Millau (Aveyron) *(Ibid.,* t. XXXIII).

1889. — La végétation des Causses. Etude de Géographie botanique *(Bull. Soc. languedoc. de Géogr.,* Montpellier).

1888. Kerner (A.), Studien über die Flora der Diluvialzeit in den œstlichen Alpen *(Sitzungsber. Ak. d. Wiss. Wien. Math.-naturw. Kl.,* t. XCVII, 1).

1908. Kilian (W.), Sur les « vallées glaciaires » *(C. R. Assoc. franç. Avanc. des Sciences,* 37ᵉ sess.).

1921. Knoche (H.), Flora Balcarica (t. I, Montpellier).

1900. Köppen (W.), Klassifikation der Klimate *(Hettners Geogr. Zeitschr.,* t. VI).

1909. Koken (E.), Diluvialstudien *(Neues Jahrb. f. Miner. etc.,* année 1909, t. II).

1877-1880. Lamotte (Martial), Prodrome de la Flore du Plateau Central de la France *(Mém. Acad. de Clermont,* t. XIX et XXII).

1906. Lapparent (A. de), Traité de géologie (5ᵉ éd., Paris).

1910. Lauby (A.), Recherches paléophytologiques dans le Massif Central *(Bull. d. Serv. de la Carte géol. de la France,* t. XX).

1904-1905. Laurent (L.), Flore pliocène des cinérites du Pas-de-la-Mougudo et de Saint-Vincent-la-Sabie, avec introduction par P. Marty (Ann. Mus. Hist. nat. de Marseille, t. IX).

1908. — Flore plaisancienne des argiles cinéritiques de Niac (Cantal) (Ann. Mus. Hist. nat. de Marseille, t. XII).

1909. — Sur quelques empreintes végétales des tufs quaternaires de Coudes (Ann. Fac. Sc. Marseille, t. XVIII, fasc. 8).

1912. — Flore fossile des schistes de Menat (Ann. Mus. Hist. nat. de Marseille, Géol., t. XIV).

1917-1918. Lauterborn (R.), Die geographische und biologische Gliederung des Rheinstroms, II. u. III. Teil (Sitzungsber. d. Heidelberger Akad. d. Wissenschaften).

1854-1858. Lecoq (Henri), Etudes sur la Géographie botanique de l'Europe, etc. (8 vol., Paris).

1871. Le Grand (A.), Observations sur quelques plantes du Forez (Bull. Soc. bot. Fr., t. XVIII, p. 145).

1873. — Statistique botanique du Forez (Ann. Soc. d'Agric., Indust., Sc., etc., du dép. de la Loire, t. XVII).

1907. Lewis (Francis-J.), The Plants Remains in the scotish Peat Mosses (Trans. R. Soc. Edinburgh, t. XLVI, P. 1).

1898. Lloyd (J.), Flore de l'Ouest de la France, par E. Gadeceau (5e éd., Nantes).

1880. Locard (A.), Nouvelles recherches sur les argiles lacustres des terrains quaternaires des environs de Lyon (Mém. Soc. d'Agric., Hist. nat. et Arts utiles de Lyon, 5e sér., t. III).

1896. — Les coquilles terrestres de France (Ann. Soc. d'Agric. Sc. et Industr. de Lyon, 7e sér., t. I-III).

1879. Loew (E.) Ueber Perioden und Wege ehemaliger Pflanzenwanderungen (Linnæa, t. XLII).

1862. Loret (H.), L'Herbier de la Lozère de M. Prost (Bull. Soc. d'Agric. etc., du départ. de la Lozère, t. XIII).

1887. Loret et Barrandon, Flore de Montpellier (2e éd., Paris et Montpellier).

1910-1913. Luizet (D.), Contribution à l'étude des Saxifrages du groupe des Dactyloides Tausch (Bull. Soc. bot. Fr., t. LVII-LX).

1886. Magnin (A.), La végétation de la Région lyonnaise et de la partie moyenne du Bassin du Rhône. Lyon.

1907. Maheu (J.), Les Lichens des hauts sommets du Massif central de la Tarentaise (Savoie) (Bull. Soc. bot. Fr., t. LIV).

1916. Maire (René), La végétation des montagnes du Sud oranais (Bull. Soc. Hist. Nat. de l'Afr. du Nord, t. VII, fasc. 7).

1916-1921. — Nombreux articles dans Bull. Soc. d'Hist. Nat. de l'Afrique du Nord, t. VIIe-XIIe.

1906. Maranne (Is.), Contribution à l'étude de la distribution géographique des végétaux dans le Cantal (Bull. Acad. Géogr. bot., n° 196, p. 23-32).

1920. — Taille anormale de quelques arbrisseaux (Le Monde des Plantes, 21e année, n° 12).

1908. Marc (F.), Catalogue des Lichens recueillis dans le Massif de l'Aigoual et le Bassin supérieur de la Dourbie. Paris.

1891. Marçais (Ed.), Liste des plantes observées dans les environs du Mont Dore (Rev. de Bot., Toulouse).

1890. Martin (B.), Florule du cours supérieur de la Dourbie *(Bull. Soc. bot. Fr.*, t. XXXVII).

1893. — Supplément à la Florule du cours supérieur de la Dourbie *(Bull. Soc. bot. Fr.*, t. XL).

1893. — Indication de 250 plantes trouvées dans le Gard, etc. *(Bull. Soc. bot. Fr.*, t. XL).

1868. Martins (Ch.), Sur l'ancienne existence, durant la période quaternaire, d'un glacier de second ordre occupant le cirque de la vallée de Palhères, etc. *(C. R. Acad. Sc. Paris*, t. LXVII).

1871. — Observations sur l'origine glaciaire des tourbières du Jura neuchâtelois, etc. *(Bull. Soc. bot. Fr.*, t. XVIII, p. 406-433).

1864. Martrin-Donos (V. de), Florule du Tarn. Paris.

1903. Marty (P.), Flore miocène de Joursac. Paris.

1904. — Un nouvel horizon paléontologique du Cantal *(Rev. de la Haute-Auvergne)*.

1905. — Végétaux fossiles des cinérites pliocènes de Las Clauzades. Aurillac.

1908. — Sur la Flore fossile de Lugarde (Cantal) *(C. R. Acad. Sc. Paris*, 17 août 1908).

1908. — L'If miocène de Joursac *(Feuille des Jeunes Naturalistes*, p. 177-182, Paris).

1912. — Florule miocène et géologie des environs de Lugarde (Cantal) *(Rev. de la Haute-Auvergne)*.

1912. — Trois espèces nouvelles pour la Flore fossile du Massif Central *(Rev. d'Auvergne)*.

1912-1913. Marty (L.), Catalogue de la Flore des Corbières, par Gaston Gautier *(Publ. Soc. d'Et. scient. de l'Aude*, Carcassonne).

1910. Massart (Jean), Esquisse de la Géographie botanique de la Belgique. Bruxelles.

1916. — D'où vient la Flore du littoral belge *(Ann. de Géogr.*, t. XXV, n° 137, Paris).

1906. Maury (P.), Les alluvions pliocènes et miocènes de la haute vallée de la Véronne *(Rev. de la Haute-Auvergne)*.

1867. Mejer (L.), Die Veränderungen in dem Bestande der hannoverschen Flora seit 1780. Hannover.

1894. Meyran (Oct.), Observations sur la Flore du Plateau Central *(Ann. Soc. bot. de Lyon)*.

1916. — Catalogue des Mousses du Bassin du Rhône *(Ann. Soc. bot. de Lyon*, t. XXXIX, 1914).

1900. Mortillet (G. et A. de), Le Préhistorique *(Bibl. des Sc. contemp.*, Paris).

1913. Mortillet (Paul de), Le Préhistorique dans les grottes, abris sous roches et brèches osseuses des bassins des fleuves tributaires de la Méditerranée *(VIIIe Congrès préhist. de France*, sess. d'Angoulême, 1912, p. 390-434).

1912. Morton (F.), Die Bedeutung der Ameisen für die Verbreitung der Pflanzensamen *(Mitt. Naturw. Ver. Univ. Wien)*.

1915. — Pflanzengeographische Monographie der Inselgruppe Arbe *(Englers Bot. Jahrb.*, t. LIII, Beibl. 116).

1910. Moss, Rankin et Tansley, The woodlands of England *(The New Phytologist*, t. IX, p. 3-4).

1916. Müller (Karl), Die geographische und ökologische Verbreitung der europæischen Lebermoose *(Rabenhorsts Kryptogamenflora,* vol. VI, 2ᵉ partie, Leipzig).

1909. Murr (Jos.), Vorarbeiten zu einer Pflanzengeographie von Vorarlberg und Liechtenstein *(54. Jahresb. d. Staatsgymnas. in Feldkirch).*

1920. Nægeli (O.), Die pflanzengeogr. Beziehungen der süddeutschen Flora besonders ihrer Alpenpflanzen zur Schweiz. *(Ber. Zürcher Bot. Ges.).*

1894. Nathorst (A.-G.), Die Entdeckung einer fossilen Glazialflora in Sachsen, am äussersten Rande des nördlichen Diluviums *(Ofversigt af K. Vetensk.-Ak. Förh.,* nº 10, Stockholm).

1911. Negri (G.), La vegetazione del Bosco Lucedio *(R. Acad. d. Sc. di Torino,* 2º sér., t. LXII).

1905. Neuweiler (E.), Die prähistorischen Pflanzenreste Mitteleuropas *(Bot. Exkursionen u. pflanzengeogr. Studien in d. Schweiz herausgeg. v. C. Schröter,* Heft 6, Zürich).

1905. — Zur Interglazialflora der schweiz. Schieferkohlen *(Ber. Zürch. botan. Ges.,* Zürich).

1910. — Untersuchungen über die Verbreitung prähistorischer Hölzer in der Schweiz *(Vierteljahrsschr. Nat. Ges. Zürich).*

1919. — Die Pflanzenreste aus den Pfahlbauten am Alpenquai in Zürich und Wollishofen sowie einer interglazialen Torfprobe von Niederweningen *(Mitteil. aus d. botan. Museum d. Universität Zürich,* t. LXXXII ; *Vierteljahrsschr. Nat. Ges. Zürich.).*

1908. Niedenzu (F.), Garckes ill. Flora von Deutschland (20ᵉ éd., Berlin).

1917. Nordhagen (Rolf), Planteveksten paa Frooene og nærliggende Oer, Trondhjem..

1920-1921. — Vegetationsstudien auf der Insel Utsire im westlichen Norwegen *(Bergens Museums Aarbok).*

1910. Nordmann (V.), Post-glacial climatic changes in Denmark. *(Veränd. d. Klimas etc.,* XI. intern. Geologenkongress, Stockholm).

1902. Nüesch (J.), Das Schweizersbild, eine Niederlassung aus palæolithischer und neolithischer Zeit *(Nouv. Mém. Soc.. helv. Sc. nat.,* t. XLVI, 2ᵉ édit.).

1921. Offner (J.), Une nouvelle plante jurassienne : Erica vagans L. *(Bull. Soc. bot. Fr.,* t. LXVIII, p. 207-209).

1907. Olivier (H.), Lichens d'Europe *(Mém. Soc. nat. Sc. nat. et math. de Cherbourg,,* t. XXXVI, p. 77-274).

1907. Olivier (E.), Les transformations de la Flore à Moulins et aux environs *(Rev. scient. du Bourbonnais et du Centre de la France,* 20ᵉ année, Moulins).

1910. Paczoski (J.), Lignes principales du développement de la Flore de la Russie sud-occidentale. Cherson (Russe, résumé allemand).

1912. Pagès (E.), Florule de la vallée supérieure de la Marc et des environs *(Bull. Acad. Géogr. bot.).*

1886. Palacky (Joh.). Ueber die Grenzen der Mittelmeer-Vegetation *(Sitzungsb. böhm. Ges. Wissensch. Prag).*

1903. Pampanini (R.), Essai sur la Géographie botanique des Alpes, etc. *(Mém. Soc. Frib. Sc. nat.,* sér., *Géol. et Géogr.,* vol. VIII, fasc. 1).

1912. — Astragalus alopecuroides Linneo *(Append. Nuovo Giorn. bot. ital.,* p. 327-481).

1878. Parlatore (Ph.), Études sur la Géographie botanique de l'Italie. Paris.

1901. Pavillard (J.), Eléments de Biologie végétale. Paris et Montpellier.

1905. — Recherches sur la Flore pélagique de l'Etang de Thau (Thèse, Paris).

1912. Paulsen (Ove), Studies on the vegetation of the Transcaspian Lowlands, Copenhague.

1908. Pax (F.), Grundzüge der Pflanzenverbreitung in den Karpathen, II (Veget. der Erde, t. X, Leipzig).

1909. Penck (A.) et Brückner (E.), Die Alpen im Eiszeitalter, Leipzig.

1863. Perrier de la Bathie et Songeon, Distribution des espèces végétales dans les Alpes de la Savoie (Bull. Soc. bot. Fr., t. X, p. 675).

1884. Perroud, Coup d'œil sur la Flore de la Normandie (Ann. Soc. bot. de Lyon, p. 4-12).

1900. Picquenard (Ch.-Arm.), La végétation de la Bretagne dans ses rapports avec l'atmosphère et avec le sol (Thèse, Paris).

1864. Planchon (G.), Etude des tufs de Montpellier. Paris.

1912. Porsild (Morton-P.), Vascular plants of West Greenland between 71° and 73° n. Lat. (Arbejder fra d. danske Arktiske Station paa Disko, n° 6. Kjöbenhavn).

1909. v. Post (L.), Stratigraphische Studien über einige Torfmoore in Närke (Geolog. Fören. in Stockholm, Förh. t. XXXI, 7).

1910. v. Post (L.) et Sernander (R.), Pflanzenphysiognomische Studien auf Torfmooren in Närke (Geolog. Conventus Stockholm).

1889. Post (George-E.), The botanical geography of Syria and Palestine (Journ. of Transact. of the Victoria Institute, vol. XXII, London).

1862. de Pouzolz, Flore du département du Gard, Montpellier et Paris.

1911. Preuss (Johannes), Die Vegetationsverhältnisse d. deutschen Ostseeküste (Thèse, Königsberg).

1901. Privat-Deschanel (P.), La végétation du Beaujolais et ses conditions géographiques (Rev. scient.).

1820. Prost, Notice sur la Flore du département de la Lozère; lue à la Soc. d'Agric. etc., de Mende, dans sa séance publique du 25 août 1820.

1899. Radde (G.), Grundzüge der Pflanzenverbreitung in den Kaukasusländern (Veget. d. Erde, t. III, Leipzig).

1826. Ramond, Etat de végétation au sommet du Pic du Midi de Bagnères (Mém. du Museum, t. XIII, Paris).

1903. Range (Paul), Das Diluvialgebiet von Lübeck und seine Dryastone, nebst einer vergleichenden Besprechung der Glazialpflanzen führenden Ablagerungen überhaupt (Zeitschr. f. Naturw., t. LXXVI, Stuttgart).

1907. Raunkiær (C.), Planterigets Livsformer og deres Betydning for Geografien. Copenhague.

1899. Reid (Cl.), The Origin of the British Flora. London.

1885-1900. Revel (J.), Essai de la Flore du Sud-Ouest de la France, continué et terminé par l'abbé H. Coste (2 vol., Villefranche et Rodez).

1910. Revol (J.), Catalogue des plantes vasculaires du département de l'Ardèche, Lyon.

1914. — Du Rhône aux Boutières et au Mézenc (Ann. Soc. bot. Lyon, t. XXXVIII, 1913, p. 49-68).

1908. Reynard (J.), La question sylvo-pastorale dans le département du Puy-de-Dôme (C. R. Assoc. fr. Avanc. d. Sc., 37e sess.).

1913. Rikli (M.), Die Florenreiche der Erde (Handwörterb. d. Naturw., t. IV, p. 776-857).

1904. Rivière (Emile), La Flore quaternaire des cavernes (Bull. Soc. préhist. Fr., t. I, p. 66-72, Paris).

1921. Rodié (J.), Note sur quelques plantes du Midi de la France (Bull. Soc. bot. Fr., t. LXVIII, p. 75-82).

1883. Roth (E.), Ueber die Pflanzen welche den atlantischen Ozean auf der Westküste Europas begleiten (Abh. Bot. Ver. für Brandenburg, t. XXV).

1905. Roux (Cl.), Le domaine et la vie du Sapin (Abies pectinata DC.) (Ann. Soc. bot. Lyon, t. XXX).

1908. — Etude phytogéographique et paléobotanique à propos de la présence du pin à crochets dans le Plateau Central français (Pierre-sur-Haute, Mont-Dore et Margeride) (Ann. Soc. bot. Lyon, t. XXXIII).

1912. — Géographie agricole de la région Rhône, Loire, Puy-de-Dôme. Lyon.

1893-1913. Rouy (G.), Foucaud (J.) et Camus (E.-G.), Flore de France, I-XIV. Paris.

1914. Rübel (E.), Die Kalmückensteppe bei Sarepta (Engl. Bot. Jahrb., t. L, p 238-248).

1910. Rutot (A.), Essai sur les variations du climat pendant l'époque quaternaire en Belgique (XI. int. Geologenkongress, Stockholm).

1912. Rytz (Walter), Geschichte d. Flora des bernischen Hügellandes (Mitt. Nat. Ges. Bern).

1918. — Ergebnisse der botan. Untersuchung des diluvialen Torfes von Gondiswil. (Mitt. Nat. Ges. Bern).

1884. Saint-Lager, Catalogue des plantes vasculaires de la Flore du bassin du Rhône. Lyon.

1916. Salisbury (E.-J.), The oak-hornbeam woods of Hertfordshire (I-II, Journ. of Ecology, vol. IV, n° 2; III-IV, ib., vol. VI, n° 1, 1918).

1910. Samuelsson (G,), Scotish Peat Mosses. A contrib. to the knowledge of the late-quaternary vegetation and climate of North Western Europe (Bull. of the Geol. Inst. of Uppsala, vol. X).

1915. — Ueber den Rückgang der Haselgrenze und anderer pflanzengeographischer Grenzlinien in Skandinavien (Bull. of the Geol. Inst. of Uppsala, vol. XIII).

1864. Saporta (G. de), Sur les tufs quaternaires des Aygalades et de la Viste (Bull. Soc. géol. Fr., 2e sér., t. XXI, p. 495-499).

1867. — Sur la Flore des tufs quaternaires en Provence (Congr. scient. Fr., 33e sess., t. I, p. 267-296).

1867. — Aperçu sur la Flore de l'époque quaternaire (Ann. Instit. des Provinces, 1868, Caen).

1876. — Sur le climat des environs de Paris à l'époque du diluvium gris à propos de la découverte du Laurier dans les tufs quaternaires de la Celle (Assoc. fr. Avanc. des Sc., 5e sess., Congrès de Clermont-Ferrand).

1879. — Le Monde des plantes avant l'apparition de l'Homme. Paris.

1879. — Etudes sur la végétation du S.-E. de la France à l'époque tertiaire.

1885. Saporta (G. de) et Marion, L'Evolution du règne végétal. Paris.

1779. Saussure (H.-B. de), Voyage dans les Alpes, I-IV, Neuchâtel.

1909. Scharfetter (R.), Ueber die Artenarmut der ostalpinen Ausläufer der Zentralalpen *(Qesterr. bot. Zeitschr.*, n° 6).

1912. — Die Gattung *Saponaria* Subgenus *Saponariella* Simmler ; eine pflanzengeographisch-genetische Untersuchung *(Oesterr. bot. Zeitschr.*, n° 1-4).

1883. Schröter (C.), Die Flora der Eiszeit *(Neujahrsblatt der Naturforsch. Ges. in Zürich,* t. LXXXV).

1894. — Neue Pfahlbaureste aus der Pfahlbaute Robenhausen *(Bull. Soc. bot. suisse,* vol. IV).

1908. — Das Pflanzenleben der Alpen. Zürich.

1913. — Genetische Pflanzengeographie *(Handwörterbuch d. Naturwissenschaften,* t. IV, p. 907-942).

1918. Schustler (Fr.), Xerothermi Kvetena ve vyvoji vegetace ceské (résumé anglais), Prague.

1901. Sernander (R.), Den skandinaviska Vegetationens Spridningsbiologie, Uppsala.

1906. — Entwurf einer Monographie der europæischen Myrmekochoren *(K. Sv. Vetensk. Ak. Afh.*, t, XLI).

1910: — Die schwedischen Torfmoore als Zeugen postglazialer Klimaschwankungen *(XI. intern. Geologenkongress,* Stockholm).

1906. Simmons (H.-G.), The Vascular Plants in the Flora of Ellesmereland. Kristiania.

1909. — A revised list of the flowering plants and ferns of North Western Greenland *(Soc. of Arts and Sc. of Kristiania).*

1913. — A survey of the Phytogeography of the Arctic American Archipelago *(Lunds Univers. Arskrift,* Afd. 2, Bd. 9, n° 19).

1919. Soergel (W.), Loesse, Eiszeiten und palæolithische Kulturen. Jena.

1912. Sorre (Maximilien), Les Pyrénées méditerranéennes. Etude de géographie biologique (Thèse, Paris).

1914. Stapf (O.), The southern Element in the British Flora *(Engl. Bot. Jahrb.,* t. L).

1912. Stark (Peter), Beiträge zur Kenntnis der eiszeitlichen Flora und Fauna Badens *(Ber. Nat. Ges. zu Freiburg i. Br.,* Naumburg).

1908. Stoller (J.), Beiträge zur Kenntnis der diluvialen Flora Norddeutschlands, I, Motzen, Werlte, Ohlsdorf-Hamburg. *(Jahrb. preuss. Geolog. Landesanst.,* t. XXIX, fasc. 1).

1911. — Beiträge zur Kenntnis der diluvialen Flora Norddeutschlands, II. Lauenburg an der Elbe (Kuhgrund) *(Jahrb. preuss. Geolog. Landesanst.,* t. XXXII, p. 1, fasc. 1).

1883-1909. Suess (E.), Das Antlitz der Erde, I-III b., Leipzig.

1912. Szafer (W.), Eine Dryas-Flora bei Krystinopol in Galizien *(Bull. Acad. Sc. de Cracovie).*

1911. Tansley (A.-G.), Types of British Vegetation. Cambridge.

1904. Thellung (A.), Monographie der Gattung *Lepidium (Bull. Herb. Boiss.,* 2ᵉ sér., t. IV).

1912. — La Flore adventice de Montpellier *(Mém. Soc. nat. Sc. nat. et math. de Cherbourg,* t. XXXVIII).

1915. — Pflanzenwanderungen unter dem Einflus des Menschen *(Engl. Bot. Jahrb.,* t. LIII).

1919. Toepfer (Ad.), *Anarrhinum bellidifolium* Desf. eine alte Pflanze Bayerns *(Mitt. Bayr. Bot. Ges.,* t. III, fasc. 26-27).

1897. TRELEASE (W.), Botanical observations on the Azores *(Ann. Rep. Missouri Botan. Garden)*.

1912. TROTTER (A.), Gli elementi Balcanico-Orientali della Flora italiana et l'ipotesi dell' « Adriatide ». Napoli.

1917. — Ancora sull'ipotesi dell' « Adriatide », etc. *(La Geografia, t. V, n°s 5-6)*.

1911. VACCARI (L.), La Flore nivale del Monte Rosa *(Bull. Soc. de la Flore Valdotaine,˘ Aoste)*.

1913. — Contributo alla Briologia della valle d'Aosta *(Nuovo ˘Giorn. bot. ital.*, vol. XX, n° 3).

1905. VAHL (M.), Ueber die Vegetation Madeiras *(Engl. Bot. Jahrb.*, t. XXXVI, fasc. 3).

1885. VALLOT (J.), Flore glaciale des Hautes-Pyrénées *(Bull. Soc. bot. Fr.*, t. XXXII, p. 133).

1893-1894. VASSEUR (G.), Nouvelles observations sur l'extension des poudingues de Palassou *(Bull. Serv. Carte géol. de France*, t. V, n° 37).

1905. VIDAL (L.) et OFFNER (J.), Les Colonies de plantes méridionales des environs de Grenoble. Grenoble.

1911. VIERHAPPER (Friedrich), *Conioselinum tataricum*, neu für die Flora der. Alpen *(Oesterr. botan. Zeitschr.*, n° 1 et suiv.).

1919. — *Allium strictum* L. im Lungau *(Oesterr. botan. Zeitschr.*, n°s 5-7).

1881. VIGUIER (M.), Etude sur quelques formations de tufs de l'époque actuelle *(Rev. des Sc. nat.*, Montpellier).

1901. VOGLER (P.), Ueber die Verbreitungsmittel der schweizerischen Alpenpflanzen *(Flora*, t. LXXXIX).

1910. WAHNSCHAFFE (F.), Anzeichen f. d. Veränderungen des Klimas seit der letzten Eiszeit im norddeutschen Flachlande *(Zeitschr. Deutsch. Geolog. Ges.*, t. LXII, p. 2).

1910. — Die Veränderungen des Klimas seit der letzten Eiszeit in Deutschland *(XI. intern. Geologenkongress*, Stockholm).

1880. WALLACE (A.-R.), Island life. London.

1914. WANGERIN (W.), Die gegenwärtigen pontischen Pflanzengemeinschaften Deutschlands *(Aus der Heimat,˘ n° 4)*.

1919. — Die montanen Elemente in der Flora des nordostdeutschen Flachlandes *(Schriften d. Naturf. Ges. in Danzig N. F.*, t. XV, p. 1).

1903. WARMING (Eug.), The history of. the Flora of the Færöes *(Botany of the Færöes*. Copenhague).

1909. — Oecology of plants. Oxford.

1873-1874. WATSON (H.-C.), Topographical Botany etc. toward shewing the distribution of British Plants, I-II. London.

1900. WEBER (C.-A.), Versuch eines Ueberblicks über die Vegetation der Diluvialzeit. Berlin.

1905. — Ueber Litorina-und Prälitorinabildungen der Kieler Föhrde *(Engl. bot. Jahrb.* t. XXXV).

1914. — Die Mammuthflora von Borna *(Abh. Nat. Ver. Bremen*, t. XXIII, fasc. 1).

1894. WEHRLI (L.), Ueber den Kalktuff von Flurlingen *(Vierteljahrsschr. Nat. Ges. in Zürich)*.

1910. WELSCH (J.), Sur les dépôts de tourbe littorale-de l'Ouest de la France *(C. R. Acad. Sc.*, 13 juin).

1917. WELSCH (J.), Les lignites du littoral et les forêts submergées de l'Ouest de la France (*L'Anthropologie*, t. XXVIII).

1912. WERTH (E.), Die äussersten Jugendmoränen in Norddeutschland etc. (*Zeitschr. f. Gletscherkunde*, t. VI).

1914. — Die Mammuthflora von Borna (*Naturw. Wochenschrift*, Neue Folge, t. XIII, n° 44).

1892. WETTSTEIN (R. von), Die fossile Flora der Höttinger Breccie (*Denkschr. Akad. d. Wissensch. Math.-naturw. Klasse*, t. LIX).

1792. WILLDENOW (C.-L.), Grundriss der Kräuterkunde. Berlin.

1870-1893. WILLKOMM (M.) et LANGE (J.), Prodromus Floræ Hispanicæ, et Suppl. Stuttgartiæ.

1896. WILLKOMM (M.), Grundzüge der Pflanzenverbreitung auf der iberischen Halbinsel (*Veget. d. Erde*, t. I, Leipzig).

1914. WILLE (N.), The Flora of Norway and its immigration (*Ann. Missouri Bot. Garden*, t. II, p. 59-108).

1916. — Om Udbredelsen af *Artemisia norvegica* Fr. (*Botan. Notis.*).

1883. ZITTEL (K.-A.), Beiträge zur Geologie und Palæontologie der Lybischen Wüste und der angrenzenden Gebiete von Ægypten (*Palæontographica*, t. XXX, p. CXLI, Kassel).

TABLE ALPHABÉTIQUE

des principales espèces traitées dans le texte (1).

(1) Les Cryptogames, les espèces de moindre importance et celles figurant dans les listes à deux colonnes ne sont pas énumérées.

ERRATA

Page 59, Fig. 4, Légende ; *lisez :* précipitations.
Page 81, *au lieu de* uncinnatus, *lisez :* uncinatus.
Page 84, *au lieu de* Jaquini, *lisez :* Jacquini.
Page 113, Espèces eu-atlantiques, *ajouter :* Tamarix anglica Webb.
Pages 111, 113, *au lieu de* Tozza, *lisez :* Toza.

TABLE DES MATIÈRES

Société anonyme de l'Imprimerie A REY, 4, rue Gentil, Lyon. — 86025

Lightning Source UK Ltd.
Milton Keynes UK
UKHW01f0222140818
327178UK00015B/1081/P